專家與設計師共同推薦

當個快樂的裝修主人

裝修達人
王乙芳 著

推薦文

當個快樂的裝修主人

王乙芳兄所著《當個快樂的裝修主人》，在顧客至上的服務年代，本書是室內設計領域所有專書裡首見。對消費者而言，在從事室內設計策劃之前，應該是好好閱讀的一本寶典工具書，同時也是室內設計執業者服務的指標與圭臬。

在分工如此精細的年代，科班理論與匠師實務必須是和諧兼顧的，室內設計業在台灣，自光復以降已屆甲子，全國各縣市室內設計公會林立。在臺灣：大學室內設計大學教育已有二十餘年的歷史，學校有二十六所之多，但是整個室內設計專業在國內仍然是渾沌不明確，讓客戶消費者模糊不清的行業。雖然民國85年明訂『建築物室內裝修管理辦法』，只是內政部為公共安全把關的行政命令。關於室內設計的委託流程與業務執行上，仍不免糾葛情事，亦常見業主與執業者的尷尬與矛盾。

本書《當個快樂的裝修主人》將務實的裝修須知與流程規範公告於世，藉由作者豐富的專業經驗與學養，更以精湛的文采，鉅細靡遺的介紹給普羅大衆，嘉惠給消費客戶，這是國內室內設計領域，對於消費者權益空前與首創之著作。

例如：第一篇、告知業主如何實現夢想，消費者如何慎選專業設計師與工程施工管理的要領，分析設計師與承包商的差異，明確指出室內設計師只有專業，沒有僥倖的武功秘笈及捷徑，如何委託設計師的要領、時機、適任與否？何謂名牌與雜牌設計師的差別，設計圖說的概念、何謂詳細圖說？當然很重要的是如何與設計師溝通、如何支付設計費等等。第二、三、四篇則詳述了業主應該如何面對設計師，如何面對工程單位，所應注意的細節是什麼？第五篇、尤其是最貼心的站在消費者的立場，詳細描述教導消費者，如何讓業主成為一個享受設計的快樂與愉快驗收工程的喜悅，感受完美的空間美學，成為一位快快樂樂入住新裝修的主人。

作者王乙芳兄是國內室內設計界資深的專業設計師，具有導正國內室內設計專業屬性的熱誠與使命感，多年來著作等身，其著作多為各大學之專業教材，學子受益良多。今再度出版《當個快樂的裝修主人》，是獻給每一位國民，當策劃室內設計之前必讀的葵花寶典，同時也是室內設計同業的服務專業指標與圭臬。

樹德科技大學室內設計系前主任

徐明乾

推薦文

對症才能下藥

「對症下藥」是很多人都熟知的成語，也可以說是老生常談，其原意是指醫生開處方前必須先精準判斷症狀，再針對病症開立藥方，以求藥到病除。人都會老，老了就多病痛，有病痛就要求醫，求醫要找對醫生（內科或外科），才能對症下藥；人會老，房子也會老，房子老了問題就多，輕者磁磚破裂，有礙觀瞻；重者處處壁癌，甚至漏水，影響居住品質，問題是房子要如何「求醫」？

我想很多人都跟我一樣，購買了新屋，都會在入住前先裝潢一下，把房子弄得美美的再住進去，但住了一段時間後，屋況難免會變差；小孩長大了，使用需求也會隨之改變，除了要解決房子的屋況問題，還要重新思考空間的規劃，畢竟不是人人都有財力再去新購一戶，而且要找到地點合適的新屋也十分不易，這時就是房子要「求醫」的時候了。

一般人遇到房子「求醫」的問題，通常是先上網找一家室內設計公司來幫忙解決問題，我也不例外。內人與我曾經為此找了六、七家名稱與室內設計相關的公司，並抽空與每一位接觸的設計師詳談房子的問題與需求，說真的，單從公司的名稱上我們很難判斷誰有能力為房子對症下藥。根據我個人與室內設計師接觸的經驗，室內設計公司可粗略分成三類：美工藝術類、系統家具類與裝修工程類，第一類的設計師專長於將你的房子視為他的藝術創作，美感是主要目標，希望在完成後給你耳目一新的感覺，但前提是整個過程中你要尊重他的設計理念，我卻很擔心花了錢換來許多多餘的裝飾；第二類的公司很像系統家具公司的延伸，其設計師都會推薦你在整個過程中使用他指定的系統家具或廚具，而且他的設計中也設法加入系統家具，但感覺就像以賣系統家具為主，其他部分為輔，讓我很擔心他承諾解決的屋況問題是否真能做到；第三類的設計師很像營造業的工程師，有基本的室內設計觀念，但其強項在於解決或改善屋況問題。許多中古屋所面臨的問題：滲漏、壁癌、空間規劃、管線檢修、重新整理門窗、廚房與浴室等，這些問題非僅僅幫房子進行「醫學美容」（裝潢美化）所能解決，需要徹底除去病灶方能見效，因此我在與幾位設計師討論的過程中，專注於尋找第三類的室內設計師。對於居家經驗十年以上的我而言，室內的美化與裝潢已不如實用性來得重要，太過於美工藝術的設計非我所需，而系統家具其實與上述問題無關，最後再考慮到個人時間有限且缺乏房屋修繕專業，在整合施工項目上有極高的困難度，因此，委請具有「居家生活經驗」的室內設計師統籌處理所有項目，總算藥到病除，順利讓房子再次充滿活力。

如果你的房子也要找醫生，希望進行房屋裝修而不是單純的美化裝潢，就要從房屋裝修的角度來看問題，找一位真正懂得居家生活需求又有裝修工程能力的室內設計師，才能把錢花在刀口上，住得舒服又安心。

國立中興大學物理及奈米研究所　副教授

張茂男

目次
CONTENTS

第二篇：設計專業的服務價值

第三篇：發包裝修工程要注意的事

第四篇：業主在裝修工程施工期間要做的事

第五篇：快樂驗收工程當主人

附錄：裝修工程契約樣本

第一篇：實現夢想的開始

裝修工程與設計的概念

現代人在一生當中幾乎都會面對「裝修房子」這樣的事，不論房子是自己的或租的，是當住家還是開店做生意；或者是裝修屬於自己的辦公室，相信這當中每個人都會把一些夢想寄託在裡面。但在許多親朋好友的裝修經驗中，或是坊間一些似是而非書籍傳說、新聞報導的片面，多多少少都給人面對裝修這件事好像如臨大敵。不能完全說那些負面說法都不是真的，這個行業當然有專業與非專業之分；也當然有正派及不正派經營事業的人，這種現象其實存在在社會上各種行業，但畢竟還是好人比壞人多。

裝修工程的設計與施工管理已經走上一種專業，在現代人的生活需求中已經是不可或缺的一個環節，並且在專業分工專業導向下，面對他；只有正確的心理準備，就能讓實現夢想的過程與結果都是快樂的。而方法是對這個行業有基本的了解，對自己所要實現夢想的需求「設計創意與施工品質」與能力「付工程款的能力」也要有所了解，你和幫你做設計與幫你施作工程的兩方都是快樂的合作關係，先不要用「敵對」或「上下」的關係去面對，這樣在實現你的夢想的過程與結果才會有當個快樂主人的感覺。

1-1　哪些裝修工程需要委託專業設計與專業施工管理？

所謂法治，有些時候會給人民上許多不方便，但因時空環境的不同、因著眼於公共安全等，政府頒布法令以規範一些活動，這對生活所造成的無奈也是情不得已的。在民國85年內政部頒布【建築物室內裝修管理辦法】以前，裝修工程「需不需要委託」是你自己可以決定的，甚至需不需要先請人「設計」也是你自己可以決定的，

圖1-1-1　住家

但85年之後「需不需要」，有些事主管機關幫你決定；有些事由不得你自己決定。至於因為這紙「命令」會讓你多花多少銀子，我在內文裡會在相關的篇幅一一提到。

台北市政府建管處對於申請「裝修許可」有這樣的說明：

酒吧、樓地板面積三百公尺以上的餐廳或咖啡廳，和六層樓以上的集合住宅，如果做室內裝修，都應申請「施工許可證」，才能開工。

圖1-1-2　KTV

但不要以為「施工許可證」這幾個字很簡單，實際狀況不是那麼單純。所謂「施工許可」就可以分兩個層級，一是進入集體住宅的施工許可；一是室內裝修施工許可，後面這條才是真文章。

到底哪些裝修工程依規定需委託「室內裝修業」承攬，這需要「引經據典」不能亂說，所以會稍微說的有點「八股」，這一段請容許我講的正經一點，但還是請你要耐心的看下去。

圖1-1-3　酒吧

裝修工程在建築物新建時，可以同時於建築設計一起設計，但為因應建築物的「建照」申請審查，為避免

圖1-1-4　供非特定人士使用之商場

不必要的麻煩，建築設計在申請「新建」執照的設計內容，盡量只以符合【建築法】的規定為基本建築架構做為申請標的，這也方便建築物營造完成之後申請「竣工查驗」，以利順利取得「使用執照」。因此之故，不論是新房子或是舊房子，當房子要真正能具有居住或是使用機能時，它都必須進行第二次的營造行為。而又因為這些工程的施工行為不在【建築法】的規範當中，所以也不用依法「需」由營造業承攬，這才出現「異業結合」新行業——室內裝修業的產生。

在這個「室內裝修業」沒有出現之前，你的裝修工程可以有幾個方式來進行：把工作委託給設計公司統包，找人設計後，將工程發包給自己相熟的工程承包商，自己設計，然後找工匠來討論施工後發包，隨意發揮創意，找各種工匠依自己的想法搞，這都沒人去干涉你；但現在不行。

在這個改變之下，屬於命令所規範的裝修行為，都必須遵從法令規範的管理，在施工之前需

圖1-1-5　商業大樓之辦公處所

先取得「裝修許可」，而在工程完工之後必須報請「竣工查驗」。

因這個法令所改變的情況有：裝修設計需由專業設計技術人員設計、工程施工必須委託專業施工技術人員管理，也就是說，在法令所規範的施工範圍，業主不可以任意的自己設計，也不可以任意的將工程交付給不具有施工管理專業的人承攬工程。

而以前那種自己找泥工、木工來做個浴室或釘個天花板都是不可以的，法令沒規範的除外。

在這樣的規範之下，不論裝修自己住的房子，或是開店做生意，如果想把房子裝修的符合自己的生活需求與華麗，把做生意的地方搞的有點創意跟吸引客人，他就必須出現將裝修設計或工程委託專業技術人員的動作。

當然也不是所有裝修工程你都不能這樣做，但以下這些工程你必須依法委託「專業」；所謂「專業」，就是主管機關認為他是專業，而這依據幾種法源基礎：

圖1-1-6　餐館、旅館業

圖1-1-7　大型展覽處所

圖1-1-8　集合住宅大樓

（一）【建築物室內裝修管理辦法】（行政命令位階）

第二條：供公眾使用建築物及經內政部認定有必要之非供公眾使用建築物，其室內裝修應依本辦法之規定辦理。

請注意法令文字中的「經內政部認定有必要之非供公衆使用建築物」文字，就「公衆」這句話，很多「住家裝修」被規範在裡面。經認定為供公衆使用的多數為商業場所，例如：飯店、醫療院所、餐飲業、八大行業、特種行業、視聽娛樂業、補習班、托兒所、幼稚園、服飾業、百貨業、辦公室……，幾凡你的開業場所為供非特定人士出入，又必須辦理事業或開業登記證者，都是規定你必須先將室內裝修設計送主管機關做設計審查（事實上是送【建築物室內裝修管理辦法】中所規定的『審查機構』，你要另外花一筆審查費用，然後在竣工查驗時還要再另花一筆，至於費用多少，可以討價還價，但通常是『死豬也價』。）

（二）【公寓大廈管理條例】（法律位階）

圖1-1-9 只要是一樓大廳有警衛室的大樓，通常都適用【公寓大廈管理條例】／林承翰攝影

第五條：區分所有權人對專有部分之利用，不得有妨害建築物之正常使用及違反區分所有權人共同利益之行爲。

【公寓大廈管理條例】在民國84年經總統公布實施，正好早【建築物室內裝修管理辦法】一年多發佈，在實施【公寓大廈管理條例】的前幾年，多數的「區分所有權人」在私有區域進行裝修施工時，管理委員會也只要求住戶裝修施工時「辦理裝修施工登記」，繳納若干的裝修施工保證金而已（這時期表示住戶有權力自行鳩工進行自家裝修工程）。

第二階段：增加了要求施工廠商必須在辦理裝修施工登記時，需繳納「室內裝修業」之登記證（這時期已經進入住戶需委託專業廠商進行裝修工程施工）。

第三階段（現階段），部分大廈管理委員會要求進入施工的廠商須先取得「室內裝修許可」，而這個要求的法源不得而知，檢視【公寓大廈管理條例】的法條中，相關權力可能是依據：

第三十六條　管理委員會之職務如下：

一、區分所有權人會議決議事項之執行。

二、共有及共用部分之清潔、維護、修繕及一般改良。

三、公寓大廈及其周圍之安全及環境維護事項。

五、住戶違規情事之制止及相關資料之提供。

六、住戶違反第六條第一項規定之協調。

八、規約、會議紀錄、使用執照謄本、竣工圖說、水電、消防、機械設施、管線圖說、會計憑證、會計帳簿、財務報表、公共安全檢查及消防安全設備檢修之申報文件、印鑑及有關文件之保管。

九、管理服務人之委任、僱傭及監督。

十一、共用部分、約定共用部分及其附屬設施設備之點收及保管。

十二、依規定應由管理委員會申報之公共安全檢查與消防安全設備檢修之申報及改善之執行。

十三、其他依本條例或規約所定事項。

這可以很清楚的看出來，除非你「違法經營」事業或是你的房子沒有成立「管理委員會」，不然，不論你要開家小店或是裝修一下自己住的房子，你都必須將工作委託「專業」承攬（至於這樣的命令是否違憲，這不是本書要談的重點）。

（三）另一種會委託專業設計與施工管理的原因是

你相信專業，這是很正確的生活態度。所謂「術業有專攻」，專業確有其專業的一面，你用你的專業去賺錢，然後用你賺的錢找裝修專業的人幫你設計、施工你所想要的空間。這樣，可以讓「學有所用」，促進貨幣流通，減少你不必要的困擾，然後社會更祥和。

1-2　室內設計師與工程承包商的差異性

從古至今，所有營造工程在造作行為之前一定先有設計，這個行為在很古代的時候就已經存在。在建築設計概念未形成之前，房屋建築的構築概念都來自於官方制度或師匠的經驗法則，不論有沒有「比例圖」，在施工前都會經過造型與構造「設計」，自古自今，沒有一位合格木匠是不會畫圖的。

> ■ 名詞小常識：八大行業
>
> 所謂「八大行業」的定義因主管機關的認定而不同；一種以「特種行業」為界定，例如：KTV酒店、茶室、飲酒業、視聽理容…等；但不全然指向為「色情行業」；一種則純為畫定單位面積的「容留人口」為畫分，如醫療院所、學校、證券行…等。

室內設計師所開設的公司與室內裝修工程公司，在營利事業項目上是沒有什麼差別的，但在「專業」走向上會有差別，有的偏重於設計業務，有的偏重於工程施工管理業務。

所謂「室內設計」是由美國人將原本的「裝潢設計」改成interior design而來，在中文的定義上，他是一種專業工作的名詞。而「室內設計師」則只是一般人對於從事這份工作者的尊稱而已，目前在官方所承認的正式職業身分為「室內裝修設計專業技術人員」，與此相對的工作還有「室內裝修施工專業技術人員」，目前現況，多數從事本業的專業工作者，大部分同時具有這兩種證照。

其中最大的差異在於「服務」專業，這以出身「專業」及其學習過程是有關係的。

（一）以設計專業的服務導向

在專業走向上，以工程設計為導向的經營模式，多數以「設計公司」的型態出現，他的作品或是廣告也容易出現在報章、雜誌，而為一般社會大眾所容易接觸。在「士大夫」的潛在意識裡，從事「設計」的人總是給於人較有「學識文化」的感覺，會感覺有設計「專業」的能力。以真正具有設計專業能力的設計師而言，他的設計能力是可以肯定的，但不是每個自稱自己是設計師的人都真正具有專業能力。

圖1-2-1　在傳統營造建築的年代，大匠本身就是一個設計師

先不論設計師所具備的設計能力，最少在外型上會比「工匠」會打扮，設計專業服務導向的工作在於能提供新的設計資訊，提供一些工程施工作業外的服務。例如：陪業主喝咖啡、逛精品店、選購家具、擺設，這些工作，業主會認為設計師有能力幫自己。雖然不是每個設計師都具有這些美學與藝術的鑑賞能力，但與專門從事施工管理的承攬人相比，專門從事設計的人在學歷上、閱歷上確實比較有這方面的能力。而設計師的這些服務是賺取設計費與「監工費」所必須付出的代價，如果因此而有額外獲利也是應該的，但在工程施工管理專業上，很多設計師沒有這方面的專業能力。

（二）以施工管理專業的服務導向

前面說過，任何一個具有裝修工程承攬的人，他一樣也具有工程「設計」的製圖能力，但是缺乏將工程所需的施工圖繪製完整的技巧，但一定需具備完整「讀圖」的能力。

圖1-2-2　氣質還是有差。穿黑色衣服的是王玉麟先生，背對鏡頭的是作者／史金興攝影

相對於專門從事工程施工業務導向的工程承攬人，因為多數是由學徒而出身，多數是具有某一種技術專業技能。而具有裝修工程統包及施工管理能力的承攬人，以木作出身的居多，這是行業專業習性與養成過程之不同。能具有裝修工程專業承攬的人，最大的可能為木作與泥作這兩種行業的匠師，而因泥作為「營造」轉型而來，在細膩的工法上有不及之處，並且其工程施工範圍不像木作從開工到收尾連串貫穿，所以多數的統包工程承攬人還是以木作專業所開設的工程公司為主。

以目前市場生態而言，最常見的工程承攬人還是「設計公司」，也就是工程多數由原設計單位所承攬，這就關係到工程發包與施工管理的專業問題了。

由施工技術為施工管理專業的服務導向，因學習過程為「師傳徒受」，在技職教育尚無法落實在學校教育領域裡時，這樣的專業學習無法取得任何學歷證明，當然，在學習過程當中，也無法與學習設計學科正規教育相比，說坦白一點：在氣質上自然與學習設計的設計師有差異。在設計能力上，因學習接收

圖1-2-3　不論哪類型的設計師　在工地還是會在需要時自己動手

資訊的能力有差，相對的，對於流行資訊與美學理論也就相對薄弱。但並非就沒有能力做工程「製圖」，只是這些「設計圖」可能只是一些他學習過程中的經驗，沒有辦法像接受正規美學教育的人發揮那麼多的創意。

另外，裝潢行或者系統家具業者也可能是設計及工程承攬人，但所謂的設計，往往會以販售商品為導向，在施工管理上可能有轉包的可能。

（三）業主對於這兩種專業人士的分別心

常聽到身居高位的人說：「職業不分貴賤」，越會講這種話的人在內心裡對職業貴賤越會有「分別心」，通常他自己已經先占據好的位置，只是不希望別人爬的比他高。

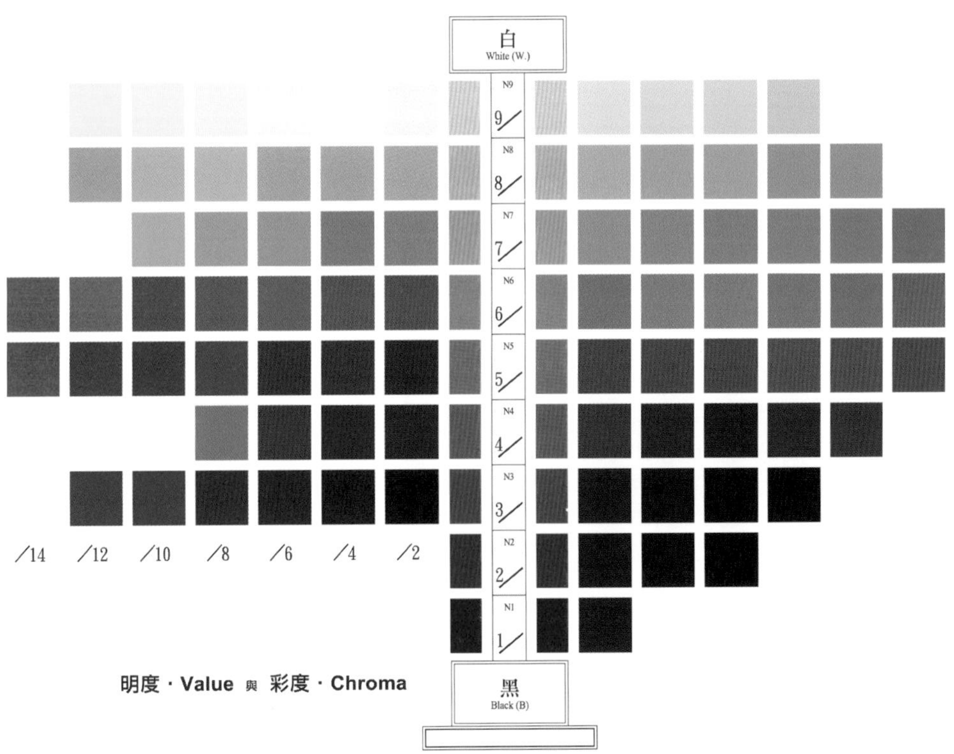

圖1-2-4　色彩學中的明度與彩度表

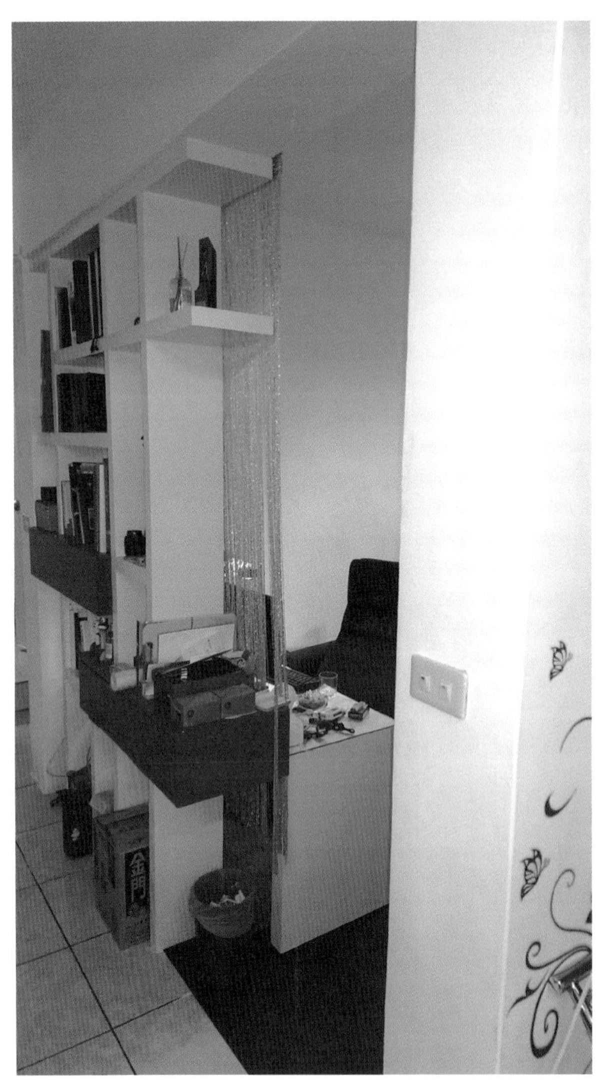

圖1-2-5　水性漆與油性漆在任何情況下都會產生一定的色差

多數的業主對設計師的尊重一定比對工程承攬人來的高，甚至明顯的輕視「藍領」工作，這當中是一種對「專業」的錯誤認識，一種「近廟欺神」的心態，這是「人心不古」。而這樣的心態，對於必須仰賴工程施工管理專業的人是不公平的，講坦白一點，對業主不會有好處。

我講一個實際發生的案例：

工程接近收尾階段時，業主與設計師一起到工地驗收各項工程細部，他們站在客用浴室外，當著工程承攬人的面，開始用英文討論起那片浴室門及浴室外牆的漆。那是設計成「隱藏門」的浴室門，設計的目的是消除浴室門的明顯視覺，和牆壁一樣使用白色塗裝。已經完成塗裝的浴室門與牆壁雖然同為白色，但明顯的產生了色差，工程承攬人當場馬上解釋產生色差的原因，沒想到業主笑著跟設計師說：「他竟然知道我們在講什麼！」

裝修工程的塗裝材料使用是一門很深的學問，並且讓工程費用差很大，不同的功能需設計不同的塗裝材料與施工方法，這跟表面所表現的材質與使用功能有很大的影響。原來的設計就是把牆壁設計為乳膠漆塗裝，而浴室門設計為噴漆（Lacquer），一種為水性塗料，一種為油性材料，無論如何調色，在反光係數不同的原理下，不可能消除色差。並且兩者的施工程序也有很大的差異，施工費用更是天高地別，而依據使用功能，這樣的設計配置並沒有錯。浴室門不可能使用水性的乳膠漆為塗裝材料，一是表面沒有防水功能，一是在頻繁的觸摸下，門片所留下的汙漬不容易清理。牆壁不合適為了配合浴室門片而一體採用噴漆，他有幾個問題：

1. 工程費用增加，並且在大面積的表面做噴漆施工，很難達到好的平整面。

2. 室內牆面大面積使用油性塗料，因塗料表面沒有調節濕度的功能，很容易讓牆面在空氣濕度高時，形成凝聚水分的現象。

3. 除非全部的牆面都塗裝為噴漆材料，不然一樣會與其他牆面產生色差現象。

工程承攬人依設計圖估算工程費用，依設計圖施工，這問題的責任不在承攬人身上，但從業主用英文與設計師討論的心態來看，顯然有先入為主的觀念，並且有可能輕易的相信設計師卸責的話。

就以上這個案例，如果你堅持找出消除「色差」的方法，你認為誰該付修改費用？設計師已經在施工前讓你確認過施工圖，這個設計是經過你同意的，設計師如果只負責設計，當然不用負責。但工程由設計公司所轉包時，多數的設計師在跟你溝通時會把責任耍賴給施工單位，而施工單位依工程圖估算、依圖施工，不是工程施工品質的問題，能叫人家賠本做生意嗎？

我講這個例子，只是想告訴你，你故意用以為別人聽不懂的話在人家面前討

▌名詞小常識：Interior design

interior design這個英文字在台灣被翻譯成「室內設計」，在大陸則翻譯成「建築活動的裝修、裝飾業」，理論上是大陸的用詞比較正確。

論與他權益有關的事情，這本身就是一種很不禮貌的行為。再者，你還驚訝人家：「他竟然知道我們在講什麼！」不論你用的語言再高級，你做人的態度已經不可取。

1-3 對裝修業現況的基本認識——這個行業只有專業，沒有武功秘笈

食衣住行育樂，「住」這個問題排在第三，不論排在第幾，他都是所有人生活當中所不可缺少的一部分。最窮的就像是作者小時候住過的茅草屋，起碼能遮風避雨，阻擋夜露。當然，那時是談不上所謂「室內設計」的，那是只要有一張乾淨的床鋪能睡覺，一張桌子配給幾張椅子能吃飯，就能生活過日子了，不是因為生活「簡樸」，主要是因為窮。

當時年代與今日不可同日而語，當時鄉下建造一間茅草屋，有很多的工及材料可以想盡辦法節省，甚至無師自通請親朋好友幫忙建造的。但在都市生活型態改變之後，許多生活習慣也必須跟著改變，因為我們很少能有自己的土地，也不可能只是為了遮風避雨的基本需求來看待裝修營造這件事了。因為鋼筋水泥建築的興起，因為都市集體的生活文化，因為新的法規，因為需適應新型專業的導向，需要將昔日自己可以做的「活」委託給專門從事該項工作的專業，因而形成一種專門行業是必然的趨勢。

新形態的裝修業是因應新形態的生活文化而興起，因為是「異業結合」的新興行業，並且是因引進國外部分觀念，所以，在本業都不能說清楚自己行業特性的情況下，有所需求的業主當然也會對這個行業有所迷惘。

其實，用簡單一點的說，這個行業除了不蓋房子之外（在法令許可內也可以連房子一起蓋），他幾乎什麼都做，但專業領域還是有分別的。我們常見分類的

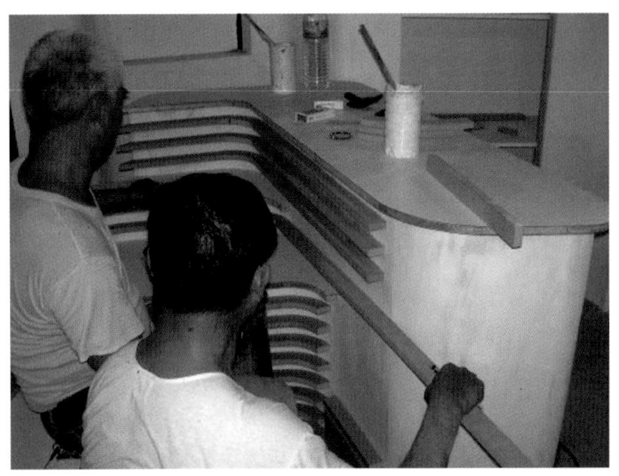
圖1-3-1　木作與塗裝的交叉工藝

圖1-3-2　木作與塗裝交叉工藝的完工作品

木作、泥作、油漆、鐵工、裝潢、玻璃……等行業，在事實上都還是各自獨立的行業，只是因為新型設計創意與工藝表現，常出現「混合工法」與「交叉工藝」（這點在後面會詳細說明），他最大的差異表現在「施工」上。這種將所有行業異業結合的另一個行業就是「營造業」。

在木造建築的年代，起造一間房子時，會連同一些生活機能必須的構件一起營造。這是因為古代的建築物在興建之前都已經設定好使用目標或是房子的主人，所以在設計建築物時，可以將裝修、裝飾、裝潢、家具、擺設等非主要構造物一起設計及營造。

這個方法一樣可以使用在現代的建築物設計，例如：獨棟別墅、獨立住宅、供特定使用目的的建築物，只是依據現代建築法令的約束，為了避免申請建照及申請竣工查驗的困擾，現代式建築物多數只營造完成「主構造物」及應有「設備」，這種建築物基本上是還不能提供基本生活機能所需。

圖1-3-3　餐桌構件　木作與塗裝的交叉工藝

不論是古代建築，或是現代的西式洋樓建築（集合式住宅或商業大樓），因為必須改善生活機能設施，或是增加使用機能與商業性服務機能目的，或因改善內部陳舊的格局與設施，因此而產生第二～N次的營造行為。這個新行業的出現就是在這種時代與經濟需求下所應運而生。

圖1-3-4　完成後的餐桌

因為這些施工行為都不是建築管理範圍內的，但在公共安全上已經涉及公共安全，因此，內政部才依據【建築法】第77條之2頒布【建築物室內裝修管理辦法】以管理這項行為，因這個「命令」的發佈，改變了百姓在住的部分的權力。

室內裝修業的主要業務如下：

室內裝修業是這個行業現在的行業名稱，是在民國85年由內政部頒布【建築物室內裝修管理辦法】所制定的正式行業名稱。我們最熟習的「室內設計」就是這個行業裡面的一項專業設計工作，另一種為專業施工管理。這兩種專業工作都可以單獨成立公司，但獨立成立的公司只能承攬其中的一項工作而已，因此大部分的裝修公司都會有這兩種專業證照。

圖1-3-5　裝修的主要目的就是要加強建築物的生活機能

大家慣稱的「設計公司」不會只承包設計業務，只是因為行業的轉型，「室內設計」為一種新興名詞，並且其專業工作在工程施工之前，所以多數將設計冠在營業項目之前。所以在民國85年之後，很多以前叫做「室內設計公司」的行業名稱紛紛改名為「室內裝修工程設計公司」，但行業性質還是一樣的。其業務承攬可分成幾種型態：

（一）專業承攬設計業務

只承攬設計而不承攬裝修工程的設計師是多數屬於理想工作者，他不一定會成立公司組織，而可能為個人工作室，這樣的營業行為，無論他有沒有具有「裝修專業技術人員」的證照，是不可以申報「裝修設計審查」業務的，只能是一種單純的設計工作。

（二）專業承攬裝修工程

在既有的營造相關行業裡，如：營造業、工程行、土木包工業、裝修工程公司、專業裝修工程承攬，這些行業都有可能承攬室內裝修工程業務；除「專業裝修工程承攬人（指自然人）」因是非營利事業單位，不具有法人資格外，其他各種法人都具有投標公共工程的資格。

在以專業眼光去看專業承攬，仍然還是以裝修工程公司、專業工程承攬人、工程行，這三種身分在工程承攬上較為專業，但不一定具有「室內裝修業」的合

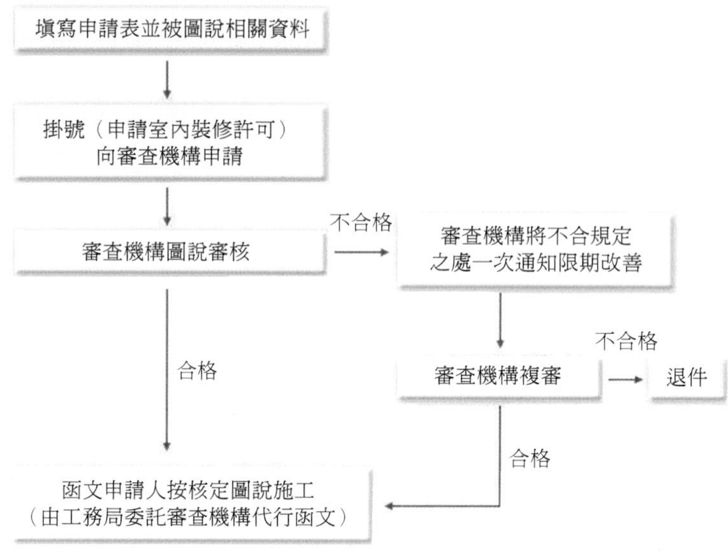

圖1-3-6　建築物室內裝修圖說審查流程

法資格。裝修工程如需依法申請「竣工查驗」，其需由登記有「裝修工程施工專業技術人員」的裝修公司提出報驗。如此一來，專業工程承攬人、工程行都不具有這樣的合法資格，而所謂「專業裝修工程承攬人」因不是法人組織，連統一發票都開不出來。

（三）同時承攬設計與裝修工程

這是目前室內裝修業多數的營業型態，前文提到過，這個行業的從業人員大部分都具有設計與施工管理專業的兩張執照。但必須說明一點，不見得擁有哪張專業證照就真的具備實質的專業能力。

以工程承攬為主要業務的裝修公司一樣可以登記設計專業設計人員，相對的也可以登記工程施工管理專業人員，但不一定都需由自己執行業務。當你把裝修工程的設計與施工業務委託給同一家裝修公司時，他可能做這樣的專業分工：

1. 設計部分自己執行，工程轉包，工程轉包一定將施工管理一起轉包，這在工程的施工管理上算是比較好的方式，設計公司只要負責工程「監造」即可。這個方式可以比較有效執行工程施工管理，但如果發生在公共工程上是不合規定的。

圖1-3-7　專業的設計規劃與施工管理，可以幫裝修工程打造正確的基礎

2. 設計部分自己執行，工程發小包，也就是把大包的工程依行業專業分包，例如：木作、泥作、石作、裝潢、油漆……等，分項發包而管理，但採用工程發小包作業時，多數以設計為主業務的公司很少具有這樣的工程施工管理專業技術人員（沒有實質工程施工管理的人）。一般以設計為專業的公司，多數採用這樣的工程管理方式，這可以讓工程利潤提高，但也容易發生工程施工錯誤。

3. 設計部分委託製圖，工程發小包，這是以施工管理為專業的公司所提供的服務方式。業主會接觸這樣的公司多數是肯定施工品質而上門的，通常設計圖只是一種工程施工的溝通與工程計算依據。這樣的承攬模式會出現很多的「免費設計」；或是承攬設計的設計單位沒有直接溝通設計理念的能力，因而設計出很多現場施工的固定裝修工程，設計風格是不用談了。

以上所談的是目前這個行業的合理專業的營業概況，其他以家具行、裝潢行、系統家具……等型態存在的相關行業，並不在上述所討論的三項當中。

1-4　了解這個行業的常用名詞

對於裝修工作這個名詞，很多人更容易接受「裝潢」這個字眼，但室內設計師很討厭人家說他是「做裝潢兮」。就事實而言也該生氣，因為他所要發揮的設計創意不是只有「裝潢」而已。在我們的生活當中，不論是準備搬新住家或開業做生意，當親友問起進度時，最容易回答的一句話就是：「還在裝潢」。用裝潢代替裝修的辭彙，這在大陸與香港並不多見，香港很早以前就將這個行為稱之為裝修，而中國大陸講的比較拗口；稱之為建築活動的裝修裝飾行為，台灣的行業

圖1-4-1　裝潢一詞原本指的是用黃色的布包裹物件，也就是裱褙作的行業。現在則廣泛用在地毯、窗簾、軟包、壁紙……等

名稱則稱之為「室內裝修業」，這是以【建築物室內裝修管理辦法】的管理範圍而出現的行業名稱。

而大家已經能接受的室內設計與工程施工管理的範圍與專業範圍不是這樣的，因為這裡面所使用的材料、行業別、設備等的複雜關係，可以說是一種「異業結合」的管理行業，用任何單一行業的名稱都不能很順理成章。當你因為必須委託這個行業幫你裝修你的住家或商業空間時，你應該對這個行業有些基本的認識，這可以幫助你保障自己的權益，也可以讓你不會因不了解這個行業，因此產生誤會，而隨便罵這個行業是「黑心」。

這些常用名詞對於你要委託的案子有密切關係，最少耐心看一下，起碼遇到需要吵架時，也有點資本：

（一）要說裝潢還是叫做裝修？

在室內設計概念普及之前，台灣人普遍稱這個行為叫做「晟格」，對於活動的現代進行式稱之為「造作」。所謂「晟格」的「晟」在台語用法上有「栽培與養成」的意思，而「格」則表示分割與塑型。造作一詞可解釋為「故意作態」，但營造工程的用法上，「造作」只是表示正在進行的匠作工藝。

不討論台語用法，針對這些專有名詞可以很簡單的介紹一下：

1. 裝潢：

原本指的是用布包裹物件，用在本業的工藝定位是指地毯、壁紙、窗簾、軟包等工作，一種在本業屬於營造工程中「粉刷」的表面工程。

圖1-4-2　裝飾一詞的原意為以漆彩塗抹物件，廣義的解釋為油作，也就是現在的塗裝工程

圖1-4-3　裝修與小木作相通，現在的用法把他定位為裝修木作會更清楚

2. 裝飾：

所謂裝飾，明確的定位就是油漆工程，但在近代的應用上，他被使用於「擺設」，也就是家具、盆栽、掛畫及藝術品，再廣泛歸類，燈具、家電也會被歸類於裝飾工程當中。

3. 裝修：

裝修這個名詞比較廣泛，主要原因是這個「修」字會被定位於「修理」，並且與「整修」一詞常被混淆。裝修是專有名詞，主要是指「小木作」工藝，而所謂的「小」木作，是取之與「大」木作的對應名稱。

在傳統營造工程上，大木作是指「建築結構」的工藝行為，小木作則是指結構工程外，所有讓房子能區分使用機能、功用與美觀的所有木作工藝。但就現在本業的行業本質而言，他不止包含這三項而已，而是必須有一種更完整的行業規模解釋。這個問題，我在2011年曾出版一本《營造經裝學》，我把他正名為「經裝業」，當然這不是我說了算。

（二）室內裝修業名稱由來

「室內裝修業」這個行業名詞是在民國85年內政部頒布【建築物室內裝修管理辦法】的命令而來。這個行業名稱在現實上並不完整的概括行業規模，而是在制定法令時，選擇法令內的行業管理所命名。

【建築物室內裝修管理辦法】：

第三條　本辦法所稱室內裝修，指除壁紙、壁布、窗簾、家具、活動隔屏、地氈等之黏貼及擺設外之下列行為：

一、固著於建築物構造體之天花板裝修。

二、內部牆面裝修。

三、高度超過地板面以上一點二公尺固定之隔屏或兼作櫥櫃使用之隔屏裝修。

四、分間牆變更。

圖1-4-4　大木作指的是營造梁柱頂蓋的主體工程

圖1-4-5　【建築物室內裝修管理辦法】中所謂的「分間牆」，並非單指定砌磚牆一種材料的隔間，如圖中這種三明治隔間一樣在管理範圍中

從引文中可以很明白的看出，這個辦法只「管理」到傳統工程中的「內裝修」工作而已，實際上並不是為了行業管理的法令，而是為了工作行為。

（三）室內設計

以美國人創造的interior design這個英文字翻譯而來，我們翻譯成「室內設計」，以英文的文法在英文語系的國家可能能理解行業歸屬，但台灣將interior翻譯成「室內」，其實比大陸翻譯成「建築活動」還差勁。

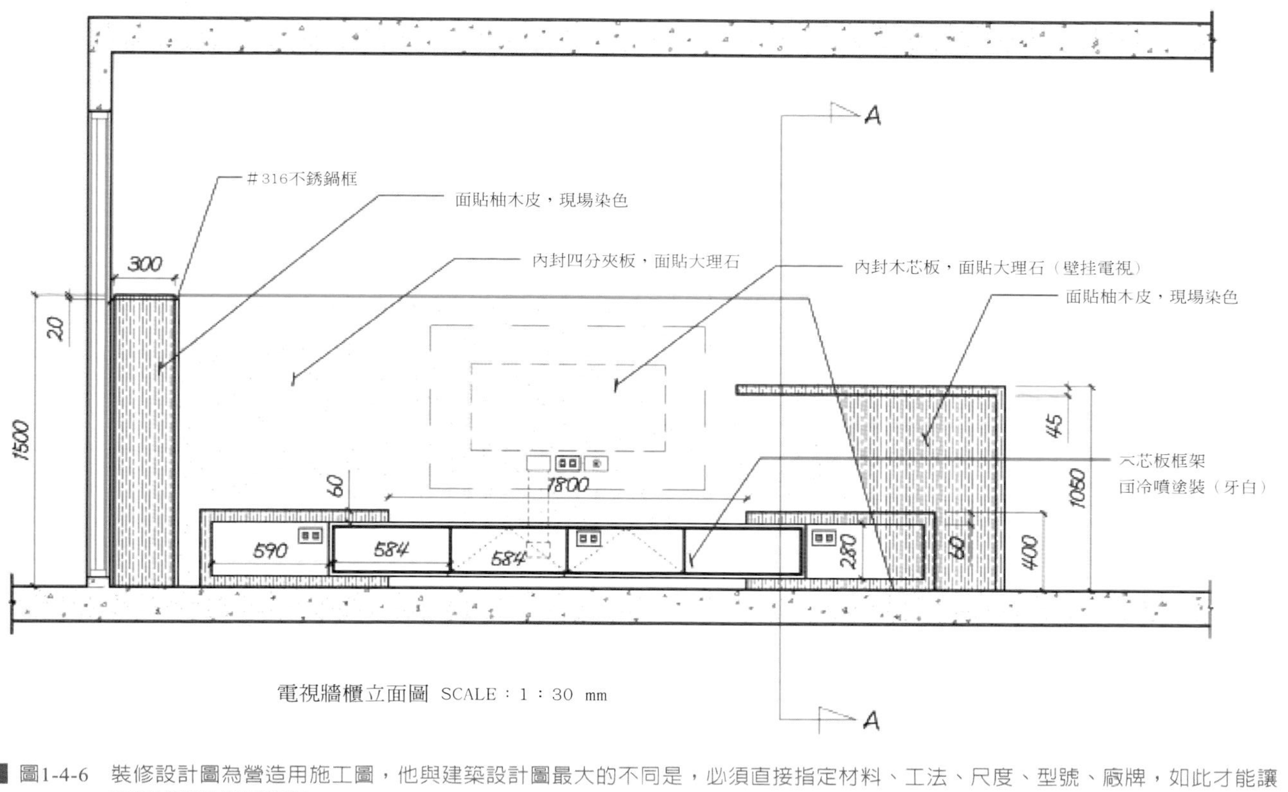

■圖1-4-6 裝修設計圖為營造用施工圖，他與建築設計圖最大的不同是，必須直接指定材料、工法、尺度、型號、廠牌，如此才能讓工程完整估算及施工

現在內政部承認的「室內裝修業」，他的業務範圍是現實中這個行業所有的工程承攬，而「室內設計」把這個工程繪製圖樣的工作，在實際上不能算是一種獨立行業，只是一種行業裡的專業工作的一部分。因為使用interior design而產生名稱困擾的不是翻譯問題而已，聯合國為了將建築業與室內設計行業畫分開，一樣不得不在interior design後面加上property，以完整行業名稱。但這在漢字文化的用法上很不合邏輯，他變成「室內設計產業」。

以建築設計而言，因建築設計可以獨立於工程營造之外，並且所設計規畫的內容不僅限於建築物，但也不可能講成「建築設計之營造工程」。一樣的道理，室內裝修工程設計，不能反過來稱之為「室內設計之工程」，因為設計的標的物是裝修工程才對。

1-5　找設計師之前的準備工作

每個人的一生，對第一次一定都會充滿期待與理想，第一次擁有自己的房子；第一次有能力請室內設計師幫忙設計一個家；第一次準備開個店；第一次準備開公司創業。在人生的很多過程當中，也許永遠不會有機會跟建築師打交道；但有很大的機會跟室內設計師打交道。

在講如何做好找設計師之前的準備工作之前，先介紹一下現在的大陸婦女是如何先做準備的：

大陸的裝修材料賣場跟台灣的不太一樣，他們有點像所謂的 shopping mall，他的規模比台灣的特力屋都還要大，並且經營內容比特力屋還要多樣性、基礎性，如果你一個店面一個店面的逛，保證你兩天還逛不完一家賣場。

大陸的女人現在除了有錢之外，還有的是時間，而她們對「室內設計師」的印象，跟大部分被一些不良書籍或新聞報導所誤導的人一樣，都把室內設計師當成吃人不吐骨頭的壞蛋。因此在找設計師之前都認真的做足功課，以準備能跟設

圖1-5-1　大陸的建材賣場規模都很驚人／陳正義攝影

圖1-5-2　參考一些專業雜誌也是一種準備的方法

計師做長期抗戰、有效溝通。

先參考一些設計雜誌以獲得最新的流行資訊，這是最基本的功課，了解哪位設計師的風格品味的行情高低，這是第二步要做的。最重要的是，要實現孫子兵法所說的：「知己知彼，百戰不殆」的最高指導原則，就是要了解市場材料與工資行情，而且要貫徹徹底的了解。這時這些大型又集中的展示商場就可派上用場了，邀幾個志同道合的死黨，就當做是逛街，反正一定有冷氣吹，逛累了，幾個好友還可以坐下來喝咖啡聊是非。

人家大陸經濟起飛不是沒有原因的，不要以為這些女人真的只是去逛街，那可是都做足了市場調查的。從一根釘子、一片夾板、一塊磚頭、一包水泥、一根水管、一副水龍頭……到玻璃、窗簾布，鉅細靡遺一一全部打探清楚掌握在手中。

最後，他找不到設計師願意幫他設計及承攬裝修工程。

準備工作不是這樣做的，那些材料單價也不用那麼大費周章的去市場訪價，這是標準的「土法煉鋼」式的一廂情願。如果設計師或工程承攬人跟你討論工程單價時，還要聽你分析材料、工資的單價結構，沒人有興趣承攬這樣的工程，你需先做的工作是：

（一）準備好將委託設計標的的權力證明

「產權證明」是室內裝修許可審查的其中一項必須文件，不要搞到工程完工後才知道你還沒簽訂租賃契約。這也才不會害設計師或工程承攬人誤闖私宅。

曾經發生過這麼一個案例：一個裝修工程的包工，業主找他去一個準備租下來開店的現場，在初步討論之後，業主把鑰匙給他。這包工也不知道是為了「先做先贏」還是「放屎號跡」，第二天就進去把人家的舊裝修都給拆了；但問題是，業主根本就還沒跟人家簽訂好租賃契約。

在建築物室內裝修審查的表格欄裡，第一項就會要你房屋所有權的資料：如表1-5-1：

表1-5-1

【建築物使用執照號碼】
【1.所有權人或使用人】 【姓名或法人名稱】 【法定負責人】 【出生年月日】　　年　　月　　日 【國民身份證統一編號】 【戶籍地址】　　　　【電話】

建築物使用權同意書（如附件）

（二）委託範圍

除非是剛買的新房子，不然你手上很少有設計標地的平面圖，如果只是獨立面積的設計標的，並且是可以讓設計師親眼目睹的現場，當然可以不用調閱建築平面圖。如果你想委託的設計標的還不能自由進出，或者不可能是一眼望穿的空間面積，那你最少在與設計師洽談之前能將建築平面圖調閱出來，這才有利於與設計師做設計溝通的基本資料。當然，設計師可以去幫你申請那張建築平面圖的影印，但你還沒跟設計師建立委任關係之前，除非是你長期合作的夥伴，不然這工作費用會很難算！

如果你只是想利用平面圖與工程承攬人直接溝通施工內容，你可以利用影印放大的方法將施工範圍以倍數放大。一般的建築平面圖約為1/100～1/200（基地圖會更小），以1/100的比例圖放大100%約為1/50（影印機有防影印有價證券功能，所以不會100/100比例縮放），1/50的平面圖在施工位置溝通上就很好用了。大部分的工程承攬人都有繪製空間平面圖的能力，這只是基本圖面，算不上是畫設計圖，如果為了尺寸比例精準，可以藉由影印的圖形就現場測試一些尺寸後，重新繪圖亦可。

不論你是先委託設計或是直接委託工程施工，平面圖是最基本的工程合約文件之一，在工程委託合約上，不論所付的施工位置圖是否合於比例，但只要明確表示「位置」，以及在工程估價單上標示清楚規格、材料、數量等，就具有基本的法律證據力。

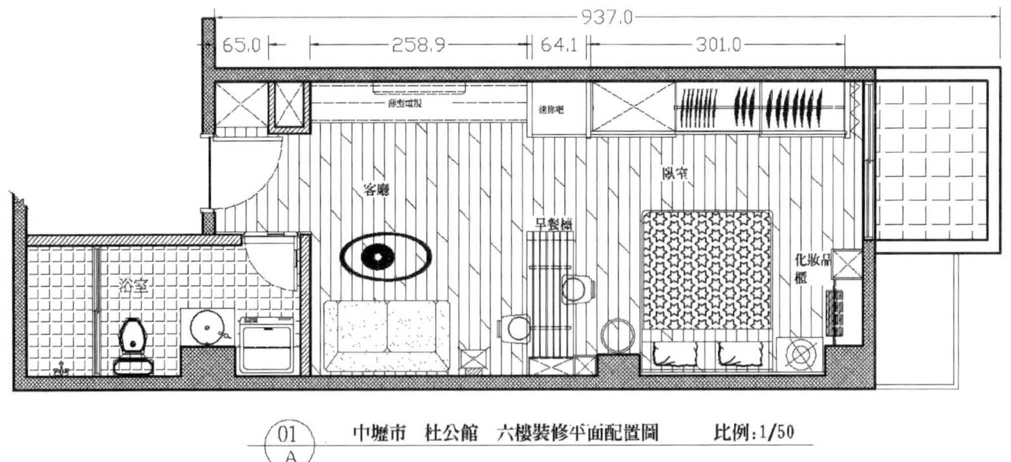

圖1-5-3　不論用手繪或是電腦繪圖，也不論是設計師或是專業工程承攬，多數都能繪出一張依比例的平面圖

（三）準備好錢

錢不是萬能，但如果你想找人幫你做裝修工程，沒有準備好錢，萬萬不能。坊間很多書都在教你如何提防「黑心設計師」，教你如何釘緊施工細節，都先把你設定為可能的受害者。當然；在你是一個先決條件是很「正派」的業主之前，你可以拿放大鏡檢視對方，但你不一定是。

通常，住宅裝修因為業主付「錢」而出的糾紛不多，但問題是你委託的工程不會只是「住家」，因為這跑得了和尚跑不了廟。你有可能委託的工程是餐廳、理容院、酒店、卡拉OK、三溫暖……等，這些行業的投資者很少是獨資，而且會有些「有的、沒有的」的背景。工程承攬人更怕你「是熊是虎」，所謂「皇帝不差餓兵」，人家做這工作也是為了養家活口。

你雖然是契約上的「甲方」，但在契約關係上，任何一方都有可能是壞人。你一定不是上面說的那種人，但是，俗話說：「錢銀三不便」，誰能保證哪天桶子不會掉到井子，而突然「手頭不方便」。你的一時不方便，那牽一髮就會動全身，會造成承包人發不出工資，會帶給工人生計不方便，會造成不必要的工程延宕的糾紛。

相信多數的業主在進行裝修工程之前都會把預算準備好，但有些資金不一定就完全到位，這大概有下面幾種可能：

1. 股票捨不得賣，或是根本就是套牢，又捨不得跟人家借錢付利息。

圖1-5-4　巴洛克風格

2. 被別人倒會，或是人家該給你的期款沒有準時入帳，你認為工程承攬人好說話，能拖欠就拖欠。

3. 合夥生意，股東的資金互不信任對方，你拖我欠的，總在等別人先拿錢出來，或者是那種股份用喊的，根本就是沒準備錢。

4. 小鼻子、小眼睛的愛占便宜，放在銀行能多生一天利息算一天。

我說的這些狀況是經常發生的，以前股市加權指數一萬兩千多點時，有個股市名人找來一個專門規畫飯店的建築師，請他用十五億規劃一間飯店，並找好了專業管理團隊。後來那個計畫胎死腹中，原因無他，股市崩盤。

（四）先弄明白自己所要的設計需求

在找設計師之前，應對於自己所要的需求進行一番評估，要評估的項目約有：

1. 設計風格：

每個人所愛好的設計風格都不一樣，這沒有品味高低的問題，這些所謂的「設計風格」並不是完全不能修改的，所以會有所謂的「混搭風格」。

經典的設計風格有其經典價值，而某些設計師自己所發展出來的風格雖然還沒定位出設計風格，但會有其獨特風格。對於這些所謂的「設計風格」，你確實可以先參考一些雜誌或書籍的介紹，但你所喜歡的風格需考慮自己的經費預算，有些典型風格要在工程裝飾上完全比照出那種質感，他所能調整的單價就有限度。

圖1-5-5　洛可可風格

2. 空間需求：

以住家而言：房間的配置、公共區域的面積比例。商業空間，同樣面積的一家餐廳，有的想盡辦法多塞幾張椅子，有的講就一種營業氣氛，有的把廚房搞的像傭人房，但有的就講究寬敞舒適的大廚房。

圖1-5-6　新古典主義風格

這些空間需求是你應先有的主觀喜好，是將來你自己要用的，要自己先在心裡有初步計劃。這樣在與設計師做第一次溝通時，會讓第一次配置出來的配置圖與你的理想接近，可以減少圖面討論的時間。

3. 施工品質：

室內設計的施工圖必須能就圖面做工程估算，所以不能如建築設計那樣保留那麼多的「但書」，尤其是私人工程，他沒有圖利廠商的說法。這部分必須把廠牌、材料、材質（會直接影響使用工法，就會影響工程單價），例如：分離式冷氣的廠牌效應與功能，不同的廠牌值就對工程經費產生直接影響，因為同樣的空間，其冷氣值效應必須相同，但價格不會一樣。同樣是拋光石英磚，本地的、大陸的、東南亞進口的、歐洲進口的、規格大小、廠牌……等，都會影響工程品質，而工程費用也不一樣。

4. 工程期限：

工程施工日的寬裕與否會影響工程承攬的風險評估，也就是你工程期限越緊迫時，工程估算費用會越提高，並且越沒有議價空間。可能發生工程施工不寬裕的原因可能有：

圖1-5-7　新解構主義風格

圖1-5-8　空間應用因人而異，就像畫一張畫，要留多少空白，每個人的意境不一樣，但室內使用空間的設計不能這樣隨心所欲

(1) **設計階段浪費太多時間**：如果整體裝修工程期限是包含設計與工程施工，常會發生在設計階段太過慢條斯理、猶豫不決，一副無關緊要的態度。當設計的時間浪費太多，自然會壓迫工程施工時間，這不僅會提高工程經費，進而影響施工品質。

(2) **工程發包時程與過程曠日費時**：很多的情況是一直在貨比三家，結果越比價開工時間越壓迫，工程費也就越高，在不得已的情況下勉強將工程發包出去。可能因為感覺沒有殺價的快感，又感覺被人家坑殺，然後對承攬人就不可能很尊敬，這種情形下趕工出來的工程一定不會有好下場。

(3) **開業時程的壓迫**：例如十幾年前在瘋蛋塔時，所有投資者一窩蜂的設點開店，工程沒日沒夜的趕，好像早一天開業可以早一天日進斗金；但這只是「盡量趕工」，而不會定完工期限，這沒有人感冒這種風險去承攬。這種工程的利潤最高，但那時很多人承攬這種工程的人，在工程尾款還沒收齊時，那個店就倒閉的很多。

(4) **為了節省房租的**：俗話說：「會曉算，袂曉除」，這種抓小放大的人很多。有些人眼睛只看到房租一天多少錢，但搞不清楚「加班」工資才可怕，以為加班費算工程承攬人的，天底下沒那種事。

圖1-5-9　施工品質的好壞，很多時候在設計工法時就決定好壞了

(5) **有施工管理時程的場地**：例如：展覽場的進退場時間管制；如百貨公司的個別專櫃的裝櫃施工；如避開營業人潮的施工時間管制。這種工程多數計算在「正常」工程成本當中，不能視為是受壓迫的工程期限，但在內製期程的工作時間如果受壓迫，也算是一種非寬裕工期。

名詞小常識：工程標的

「工程標的」是法律名詞，在工程契約當中，意指甲方需付給乙方的工程價金，而乙方有義務完成甲方委任的工程。

名詞小常識：非寬裕工期

「非寬裕工期」是管理學上的一種專有名詞，意指施工時間不是在一個正常施工管理成本的施工期。

1-6　找室內設計師的時機

一般人對建築的概念，一定是等到「建築物」完成之後才會想到找人規畫裝修設計，但這有可能錯過一些先機。現代人能自己買地自建的人很少，但有很多

圖1-6-1　這種房子需要建築師設計？

人有能力買「預售屋」，這兩種裝修工程設計都是可以在完成建築物之前先有室內設計規畫的。

新建的建築物並非不可以同時施作裝修工程，只是因為竣工查驗方便，不必多增加不必要的麻煩，而不把非關使用執照申請的工作提前施工。建築物的裝修行為在新舊建築不同時，可以有以下的時機點先進行設計規畫：

（一）整棟新建建築物

依據【建築法】第16條：

> 建築物及雜項工作物造價在一定金額以下或規模在一定標準以下者，得免由建築師設計，或監造或營造業承造。
>
> 前項造價金額或規模標準，由省（市）政府於建築管理規則中定之。

建築法的這一規定只是不得不的「公平原則」，因為訂定【建築法】不只影響一般百姓的權力、義務，也影響「既有」的工作權力者，這是一種最具體的權力壓榨。在【建築法】之前，無論民居或是廟宇，很多的建築規模一定大過建築法第16條的「造價在一定金額以下或規模在一定標準以下者」[1]，那時候不必要建築師設計與簽證，也不需要結構技師計算建築結構。但憑建築工匠的「經驗施工」，很多建築用了一百年還不會垮掉。而在【建築法】出現後，完全否定這些建築工匠的傳統技術，及剝奪其生存權、工作權，而加定這條條文以杜民怨。

這是既定事實，只是提出來讓讀者了解一點法規的真實面貌，對現實情況是無法改變什麼。你不找建築師設計、監造，不找營造廠施工，你就是違章建築，你就拿不到建築物使用執照，台電就不供電給你、自來水公司就不給你配自來水管路。

圖1-6-2　這是許正孝先生在南京所設計的案子，是典型先規劃室內設計再規畫硬體建築的成功案例

建築物之建照申請是建築師的權限，但房子要怎麼設計是起造人

[1] 依「臺北市建築管理自治條例」規定：（台灣省與高雄市另有規定）

第十條　起造人申請建築執照時，得免由建築師設計及簽章之工程如下：

一　選用內政部或市政府訂定之各種標準建築圖樣及說明書者。

二　非供公衆使用之平房，其總樓地板面積在六十平方公尺以下且簷高在三．五公尺以下者。

三　雜項工作物中，圍牆及駁崁（不含山坡地整地及擋土工程）高度在二公尺以下；水塔、廣告塔（臺）及煙囪，高度在三公尺以下者。

前項第二款及第三款之建造執照或雜項執照之施工，得免由建築師監造及營造業承造。

的權力，只要這建築物符合「建築管理」的規定即可。所以，房子是可以「由內而外」規畫建築設計的。獨棟自用建築物比較沒有那些通風、日照的問題，縱使有，那也是建築師的問題。只要是具有專業經驗的室內設計師，都有能力憑空規畫出一個空間平面配置圖，並且規畫出合理的動線配置。當要建築設計之前，是可以先設計完成室內設計配置的，然後再由建築師或者由原來的室內設計師完成景觀建築設計，反正要送出申請新建建築物使用執照之前，所有的圖一定會由建築師再審閱一遍，不會產生建築結構上的問題，有問題也是建築師的問題。

因為一些如空調設備管路、開關、插座、天花板燈具迴路……等，以後續裝修位置而設計定位，不會產生第二次大量開挖管路線的問題。這樣的設計配置可以讓完成後的內部空間發揮最好的配置效果，也不用因為需遷就建築物格局而做削足適履的配置設計，讓建築物營造工程減少不必要的施工。

（二）預售屋建築

預售屋建築的提前做室內設計只能用於準備當自宅用的單位，如果是辦公大樓或是準備做為賣場空間，因為使用標的不明確，並且可能日後的裝修工程頻繁，為了使建築物原管線配置標準化，不要要求做單獨修改，以利後續施工或設計單位容易檢修管路。

預售屋建築物的外部空間格局（載重或剪力牆）是無法變動的，但內部隔間可以。

台灣一般小家庭的公寓面積都在25～45坪之內，如果是新建的大樓，扣去所謂的「公共面積」，實際能使用的面積真的不多。在台北市，如果能買下一間45坪的住宅，已經快接近所謂的「豪宅」了。以45坪的面積計算，其中必須扣除30%以上的「公共面積」。也就是45坪減掉14坪後，實際使用面積只剩下約31坪，這當中還要包含你家外牆的厚度，但很多人還是以為自己是住在「45坪」的房子裡面。

使用面積30坪的空間，扣除陽台、外牆，實際使用面積會更少，而很多建商

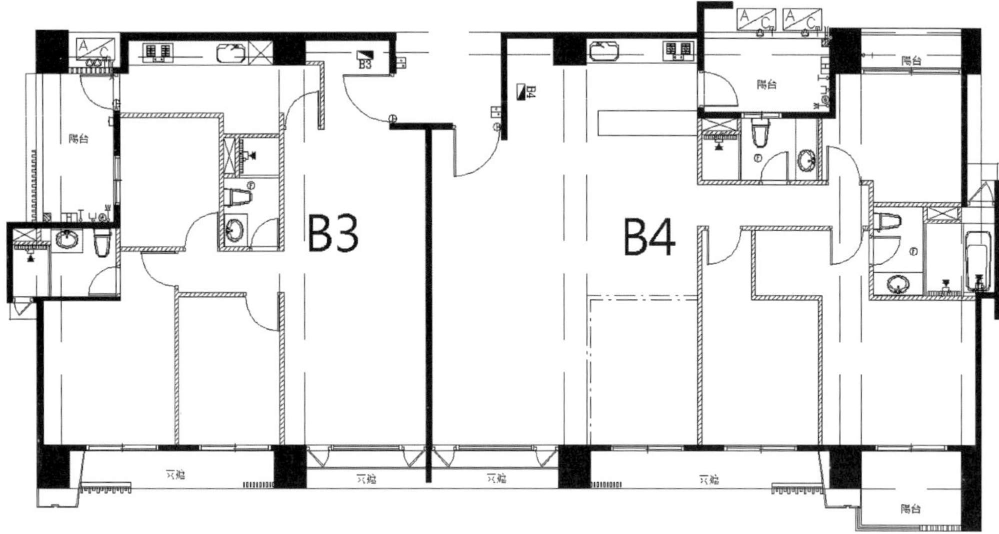

圖1-6-3　本圖為兩戶的預售屋設計，在申請建築物使用執照之前，如果使用人需要做隔間變更，都有機會做客戶變更

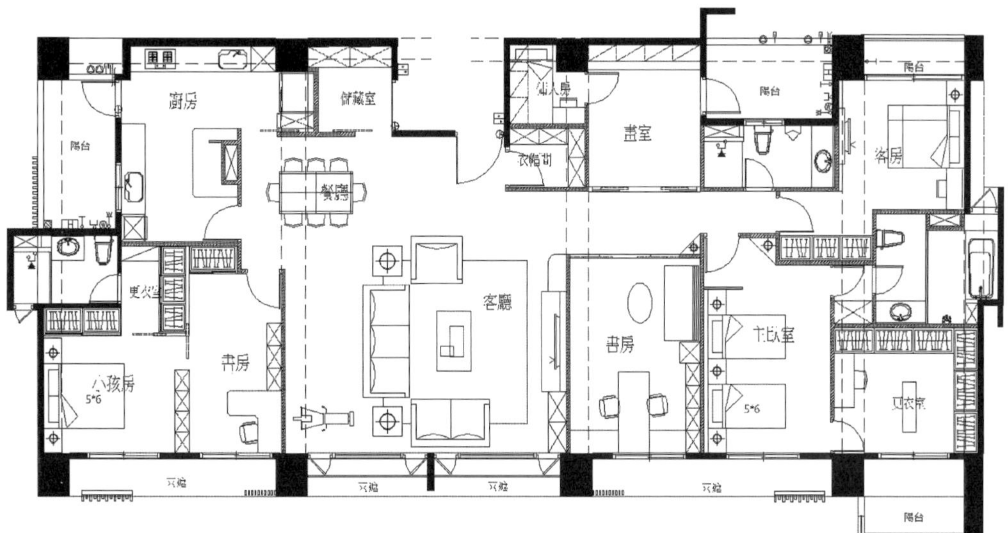

圖1-6-4　這是上圖的兩戶，在建築物尚未申請使用執照之前，先完成室內設計之後的變更

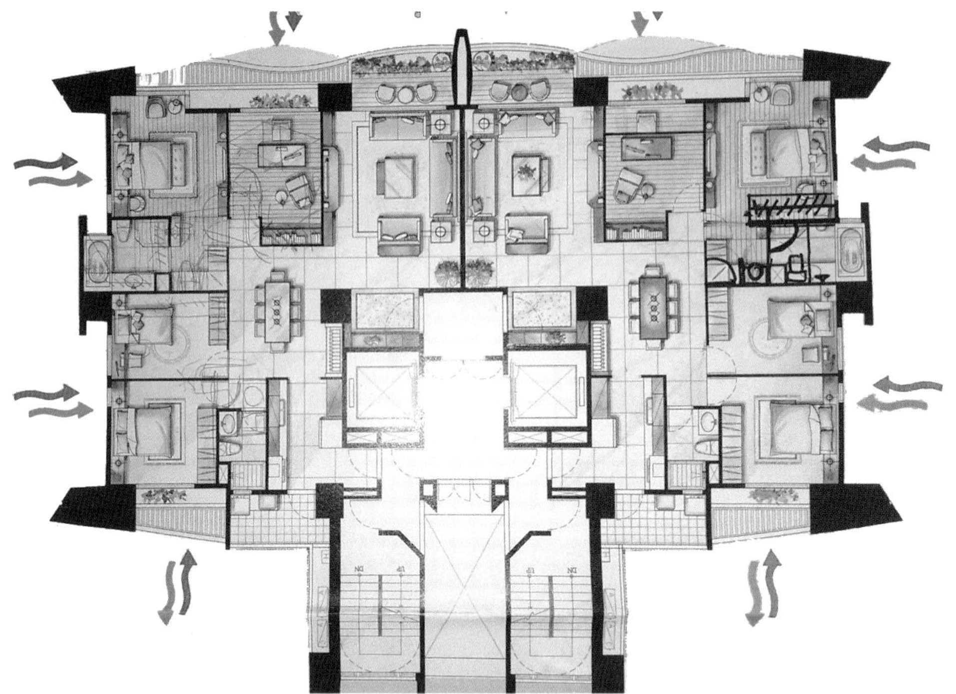

圖1-6-5　圖為某建商的預售屋廣告平面圖，本建築設計為獨棟雙拼，每戶是四房兩廳雙衛設計。從平面圖上可以發現，每個房間只要擺上一張床就幾乎塞滿了，況且，還不知道床的比例是不是正確。在圖面上你所看到的白色區域，就是所謂的公共設施面積，還要計算一樓、地下室的健身房、交誼廳、大廳……，那些面積都會平均分攤在你購屋的面積當中

只要40坪以上的建案，多數會設計成「四房二廳雙衛」，光用簡單的加減乘除去計算，就知道每間房間是什麼樣子，所以，在許多的案例裡，多數會修改為「三房」的格局。

室內隔間只要一變動，那真的牽一髮而動全身，包括地板、水電管路線、粉刷、門斗……等，幾乎無一倖免，尤其這當中牽動廚房與浴廁增減時。這如果在建築物內部隔間之前先自行規畫好內部格局，是可以在交屋前由建設公司直接做隔間營造的，並且能預先設定廚房設備、地板鋪設面積等需求而做粉刷需求設

定[2]，這最少可以省拆除清運的費用，而實際上一定會比自己拆自己改來的省很多。

近年來的建案標榜「豪宅」，動輒80～200坪以上，這種建案多數會規畫為單層獨戶，最多就是一層兩戶（不同電梯），電梯間幾乎就可當玄關。這樣的建築物更是以客為尊，在內部隔間的設計上更會配合客戶需求，甚至在一些設備與粉刷設計上完全以客戶需求為原則（很少有人會保留原始設計的粉刷敷面），如果你是這樣的讀者，那不用懷疑，當你訂購房子之後，馬上就可以找設計師了。

（三）能早盡量早

很多裝修工程設計其實都有很寬裕的工作時間的，很難探討為什麼那麼多人會浪費掉可以從容準備的時機，然後讓所有的工作都在一種緊迫的時間內趕工完成。以住家裝修工程而言，他是所有裝修工程品質要求最高的，使用期限也最久，不管前面的設計工作有沒延誤時間，但業主很少能同意工程的施工期限縮短。不論那個因工期所縮短可能增加的費用由誰吸收[3]，他就是會影響施工品質，並且這個裝修工程會是在工程承攬人很「不爽」的氣氛下施作的。

我們面對的裝修設計機會不會只是住家而已，並不是所有的人平常就認識各行各業的人，縱使有相熟的朋友在從事這個行業，也可能發生你不想找他，或他不想做你的生意。別的設計師的態度如何我不知道，以我這三十幾年的經驗，我有幾種人的生意不做：

親戚不做、在同鄉會裡認識的人的住家工程不做。所以，不要以為你「認識」設計師，「隨時」可以找到人，而是要有尊重專業工作的態度，一碼歸一碼，這樣你才不會延誤找人設計的時機。

並不是很多的室內設計師都大牌到很難約，但如果你找的是有名氣的設計

[2] 集體住宅或是大樓的的管道間都會被設計在同一個位置，如果變動不大，在建築物營造過程當中，管路配置比較方便更改。

[3] 通常羊毛出在羊身上。

師，那他一定有自己的時間規畫。

也不是設計師故意拿翹，室內設計業的客戶，像你會看我的書的沒幾個，而更多的是那種以為「給錢是老大」或是對設計工作盲目崇拜的業主，然後因為沒有對這個行業的任何正確概念，而發生「問題」一堆。那些問題一定不會在我身上發生，因為我的專業能力夠；但我的一些同業會有專業能力不足的可能，不得不承認這個行業的從業人員的專業水準「參差不齊」。

當你已經確認您有裝修工作需要找設計師幫忙，你應該以最積極的方法找到負責設計規畫的人，例如：

1. 裝修辦公室：

不論新舊辦公室的裝修工程，他一定是一種計畫性的工作，是最可以從容設計的。在你準備開設公司並準備設計辦公室時，辦公室的裝修風格、面積、設備需求等，一定都在你腦海裡已經有一定概念。你準備找50坪的單位，不可能無緣無故變成100坪，而找設計師的時間點就不必在簽下租約之後，你可以先約定你的設計師（只能就設計風格溝通）。

圖1-6-6 這是2008年經濟日報所舉辦的建材展CSID的會員作品展覽廳，總面積80幾坪。因為相信自己的專業，工程發包拖延到展出前的十幾天才要發包，不但工程費用提高，也沒人敢接。最後是筆者負責工程管理，在三天內把他趕出來

2. 展覽場布置：

所有的展覽時間都一定在半年以上就定案的，而再大規模的展場布置工程，其內製時間也不會超過一個月的工程規模。這種工作的設計案有非常寬裕的工作時間，但很奇怪，

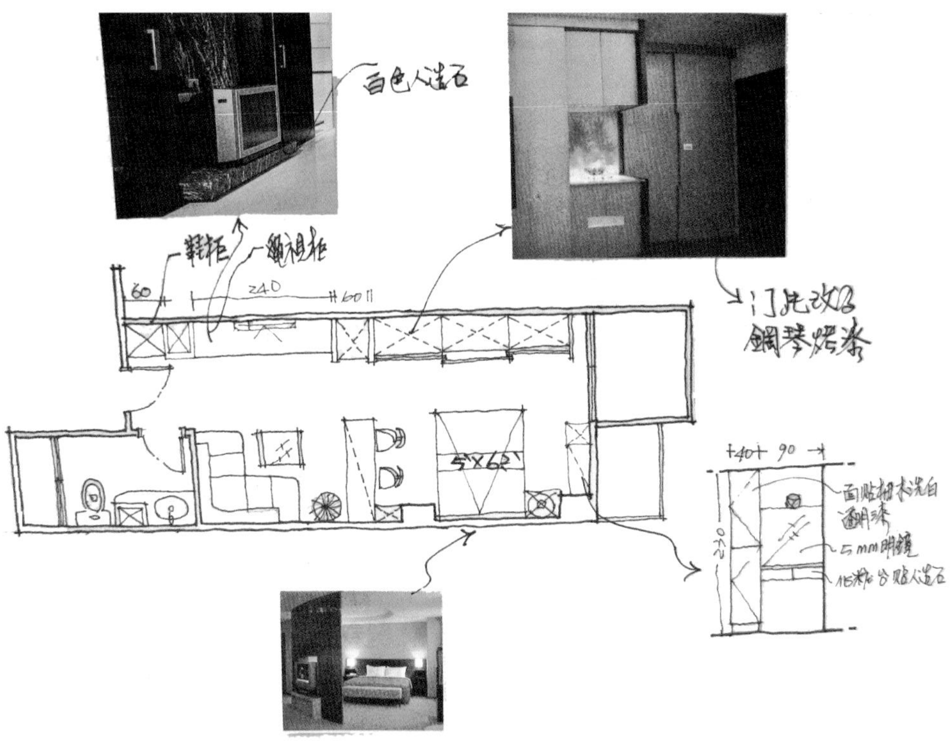

▌圖1-6-7　如圖中所示，你可以利用手繪的方式將空間平面依比例繪製出來，然後搭配一些照片及文字說明，就是一張簡單的DIY設計圖了

我處理過的展場工程沒有一個不是需要趕工的。

3. 商業空間：

餐飲業、咖啡廳、服飾店、酒店、KTV……等，其改裝設計會有較從容的工作時間，但多數的新空間都有開業的急迫性。這些商業空間的設計圖說很少有完整的，而且前置作業時間的寬裕度很少，你找的設計師必須確有這方面的設計經驗，可以在短時間之內，先提出可供「工程估算」的施工圖說，不然很難有效的發包工程。

▌名詞小常識：分戶牆

「分戶牆」，係指「分隔住宅單位與住宅單位或住戶與住戶或不同用途間區劃之牆壁」。

這種裝修工程常發生一邊設計一邊進行工程施工的狀況，這也不能說不是一種方法，但有兩種缺點：

(1) 不能事先掌握完工後的設計樣貌，須隨時與設計者保持在討論設計樣式與工程品質的狀態。

(2) 無法有效掌握總工程費的預算。

不論哪種裝修工程設計，工作時間還是最高原則，室內設計並不一定要畫出圖來才叫室內設計，但有寬裕的發想與發揮創意的工作時間，總比趕鴨子上架來得好。能先準備好工程設計圖再發包工程，總是比不清不楚來的好，對你好、對做設計的人好、對工程承攬人也好，況且，不一定所有的設計師都具有應付一邊施工、一邊設計的專業能力。

1-7　怎樣找到適用的設計師

所謂「室內設計」的定義（這個定義還在研究階段，本書只就現況而言），很多人會以為「有畫圖的」就叫做有設計，沒圖面的就叫做「造作」，這其實是很大的錯誤觀念（包含業主跟一些所謂的設計師都有這種觀念）。長久以來，室內設計會讓很多人以為容易入門的原因就在這裡。以為只要懂得照比例尺把規畫情境放樣在一張平面圖上，就以為自己會「室內設計」了。事實上，這張平面圖上只是表現空間動線與擺設規畫而已，這只要會塗鴉的人都會做，但裡面有關裝修設計所需具備的許多要素不見得存在。

很多人對「專業」這兩個字都會有一種錯誤的概念，會把專業當成「專門」，並且會把某些專門工作的一部分當成是人人都懂的「專業」。在裝修工程的設計工作上，大家最在行的設計領域首推「住家」，並且有一個概念是認為自己要住的房子自己最清楚如何「設計」，因此在為自己裝修住家之前，幾乎很少家庭主婦沒有不參考一些相關雜誌的內容，而據以跟設計師「溝通」，或者乾脆自己「設計」，然後找人施工，這很少有好結果，更不一定省錢。

這其實也是很多人對這個行業專業的誤解，以為「設計」就是畫圖與表現創意而已；而這個錯誤的觀念就連學習本業的一些學子也有，事實上不是這樣的。室內設計的空間規劃除了基本的法令規範外，還要對動線、人體工學、美學、材料、工法、預算管控、相關法規常識……等，有一定的知識，還要有對於工程施工的專業管理有基本的技能，這樣才能整份設計圖製作完整。因此才能讓施工圖說據以成為可做工程估算、發包、造作、工程驗收的標準[4]。

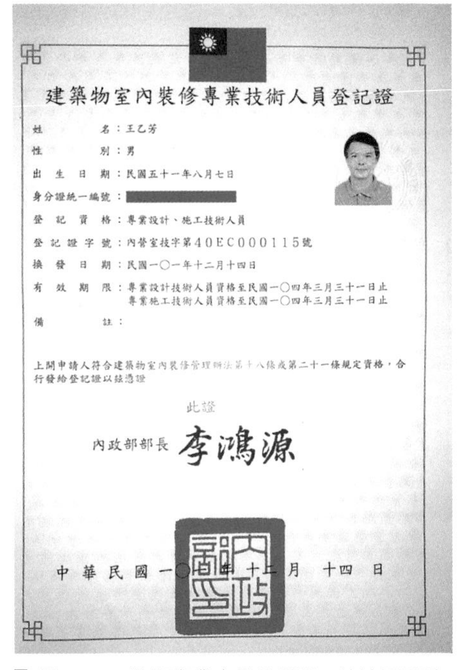

建築物室內裝修專業技術人員登記證

姓名：王乙芳
性別：男
出生日期：民國五十一年八月七日
身分證統一編號：
登記資格：專業設計、施工技術人員
登記證字號：內營室技字第40EC000115號
換發日期：民國一○一年十二月十四日
有效期限：專業設計技術人員資格至民國一○四年三月三十一日止
專業施工技術人員資格至民國一○四年三月三十一日止
備註：

上開申請人符合建築物室內裝修管理辦法第十八條或第二十一條規定資格，合行發給登記證以茲憑證

此證

內政部部長 李鴻源

中華民國一○[illegible]年 十二月 十四日

■ 圖1-7-1 裝修專業人員登記證，依法可同時登記為設計、施工管理兩種專業資格。但證照是一回事，真正的專業又是一回事

進而，如果設計公司一同承攬工程施工，這個公司還需具有工程發包、工程協調、施工管理等專業技能[5]，這才是這個行業從事設計或施工承攬需具有的

[4] 美國室內設計教育與研究基金會〈FIDER〉是一個獨立的學術性組織，成立於1970 年，他每年均會公布一份「室內設計教育的專業標準」，藉由對學校室內設計教育的研究與考核來優化室內設計教育。

FIDER專業標準認為：一個合格的室內設計師應從教育、經驗和執業三方面來檢視，作為專業室內設計師，應能分析客戶的需要、目標和生活安全要求；結合研究成果和室內設計知識，闡述初步的、美學的、恰當的和功能的設計理念，並符合規範和標準；通過合適的媒介表達介紹和提出最終的設計推薦；為室內裝修準備設計施工圖和工程量清單，並反映頂棚、照明、細部、材料、裝飾、空間組織、家具陳設、構造以及指標明確和標準合適的設備等。目前在台灣有台中技術學院室內設計系採用這套理論作為課程設計。

資料來源：《室內》2009, 05 第190期

[5] 依據工程發包之粗細

基本技能，因為這個行業的經營規模有可能小到一人工作室而已。但公司規模的大小與專業能力不必然是等值的，這有時只是關係經營者的人脈、名氣及個人的服務態度，有些人把這工作當成一種興趣；或者是一種對藝術的追求，不一定想要讓自己去陷入公司經營形態。

在前面所講的「專門」，在這個行業一樣會被分類，但那跟經營者的經營策略或是人際關係的導向有關。例如有的人專門承攬公共工程、百貨公司、超商、百貨專櫃……等，這會因為公司財力，或是同類型客戶的介紹、慕名，而導向出一種專門服務客層的導向。因為長期接觸某種專門商品，所謂「熟能生巧」，對這些領域生態自然比未接觸過的人更懂得一些門道。

對於可能必須尋求廣告、報章雜誌、朋友……等，間接關係而接觸室內設計師的你來說，設計師的專業能力是很抽象的，我建議你可以有以下的方法去篩選：

（一）設計風格

不論專門經營哪一區塊的裝修業務，在工作到一定的成熟階段，一個具有一定專業能力的設計師都會發展出自己的設計風格。或者因為長期服務同屬性客戶群的原因，會傾向於某種風格設計的掌握，而形成一種被信賴的設計專業領域。

一般跟隨流行而設計的風格，任何一位設計師都能做，但掌握完整經典設計風格設計能力，必須長時間的經驗累積。例如我們常聽到的洛可可、巴洛克、英國古典、文藝復興、中國風、解構主義、現代主義、後現代主義……等，要真的仔細分別他的設計風格差異，是很專精的一門學問。但這些經典設計風格的成型都有一定的理論基礎，應用的線條、材質、比例、顏色與擺設的整體搭配，都有嚴謹的設計精神在裡面。

常會聽到設計新血會用「混搭設計」來形容自己的設計風格，並不能說設計風格不能「混搭」，而是要展現混搭的功力是一種「設計創意」，他不是用嘴巴說的。不管用哪種主題做為設計風格，一定要有一個「主調」。例如，幾年前香港的半島酒店，在新古典及巴洛克風格的裝飾為主調，但擺設加入了大量中國的古典家具，很多人都能接受這樣的設計混搭。

要了解一個設計師的設計風格導向，可以經由這個設計師所發表的作品、他過去的作品實績、他自己的部落格或公司網站而獲得訊息。

（二）專門領域

圖1-7-2　一個專業的設計師，應能依據業主所喜好的風格，而統一整個風格基調

電影院、三溫暖、KTV、百貨專櫃……等，這些行業因涉及「行業設備」的一些專門知識及工作型態，久而久之會形成專門的業務導向。這些專門的設計業務，在與業者做設計溝通時可以提供許多最新資訊，並且對於這個設計領域能確實掌握。這部分設計師名聲很容易在同業當中傳開，甚至你在準備開店之前他就會主動找上你，而你敢涉及這方面的生意，你一定也不是省油的燈，其他就沒什麼好幫你擔心的了。

連鎖店、加盟店、超商，這種商業空間的設計業務是一種很封閉的，他的設計是一種很龐大的計畫，裝修設計只是其中的一部分，他包含企業形象、企業識別、空間管理等。這不是單純的室內設計，如果你真有心發展加盟店事業的話，這份Know-How是這企業的重要資產，他不是一般的室內設計公司所能規畫的，你必須經由專業的行銷顧問公司為統籌規畫，而裝修設計是其中的一部分。就像一家大型的百貨公司，他不能以為只要是室內設計公司就懂得所有的「設計」，

<table>
<tr><td rowspan="2">住家</td><td>酒店</td></tr>
<tr><td>西餐廳</td></tr>
<tr><td>專櫃</td><td>辦公室</td></tr>
</table>

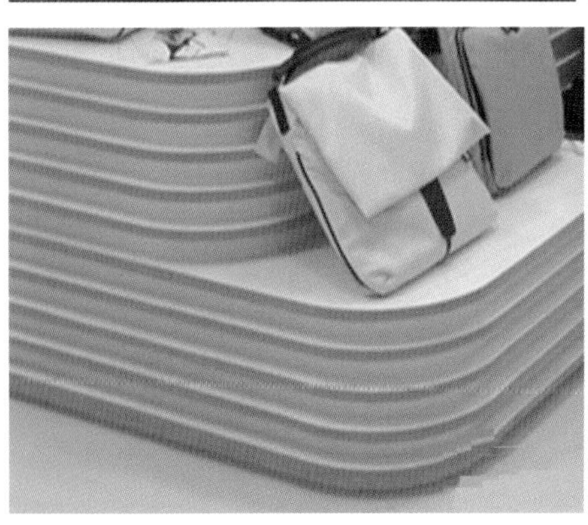

圖1-7-3　多數具有專業能力的設計師，應都有設計各種不同領域的技能

設計領域有很多專業分類。

（三）親友介紹

做生意靠口碑，做室內設計也是一樣，不論哪一種設計生意，靠客戶介紹客戶總比靠自己做廣告來的實在。如果你要設計你的住家，你除了在報章、雜誌看報導之外，你腦中浮現的第一印象一定是親戚朋友家的裝修，一個好的設計師，你的朋友會不厭其煩的說他好話。你如果想開家服飾店，你也可能在逛街的時候看到哪家服飾店的設計風格是你喜歡的，這要在同業中打聽出原設計者並不困難。

不過我必須強調一點，俗話說：「人親晟，錢生命」，你的親戚好友你能不能信任，你自己要有判斷能力。

經由親友所介紹的設計師也會有一個缺點，那就是「人情」，這是大多數人都會產生的情面問題，可能設計師不好，你忍了；也可能你難搞，設計師吞了。不過這些世態炎涼的故事一直在人事間重複上演，就看你自己的處事態度與智慧了，有時候朋友好意幫你介紹一個設計師，你就只能心存感激的接受。

（四）廣告

做生意賣廣告是天經地義的是，室內設計是一種接近美學創意的工作，但開店做生意為的就是生活，不必把他想成不食人間煙火的脫俗。我們最常看到的裝修業務的廣告管道大部分是專業雜誌，再來是一些經由電視節目的報導而連結到網路，最後是一些專門賣系統家具、窗簾壁紙、床單棉被，甚至是賣磁磚、建材的「免費設計」的廣告。

就專業角度來談，我只認為第一種還可以接受，網路廣告所出現的弊端不勝枚舉，而那些打出「免費設計」幌子的，我根本不會認同他的專業。

專業能力的培養本身就是一種成本，一種應該賣錢的專業能力，不應該出現那種「免費設計」的競爭花招，更何況那不一定真有設計專業。坊間把許多因為自己貪小便宜而被騙，就一竿子打翻一船人，說成本業都是騙子，這種心態不正確。

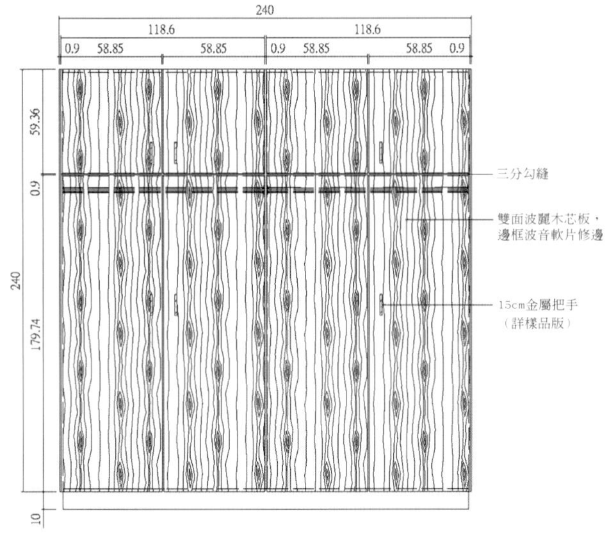

圖1-7-4　最基本的衣櫃設計

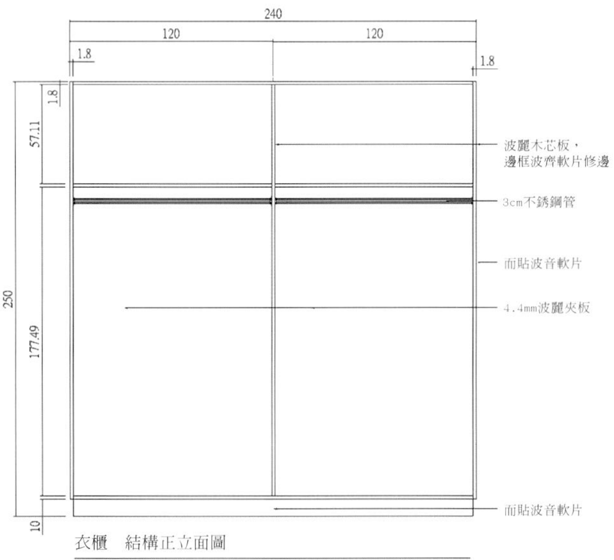

圖1-7-5　最基本的衣櫃結構

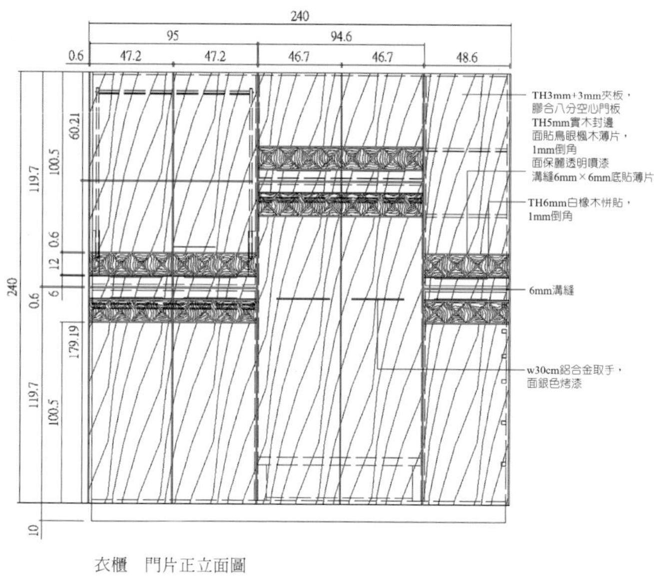

圖1-7-6　材質與造型不一樣的衣櫃設計

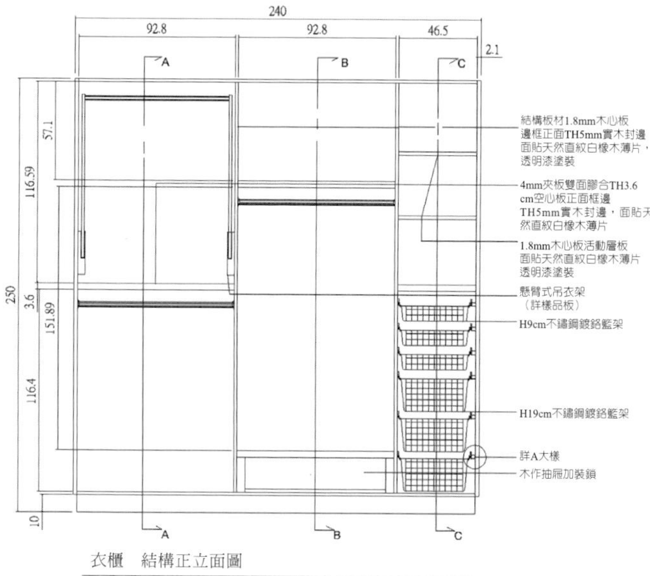

圖1-7-7　材質與配件不一樣的衣櫃內部結構

現代人的生活，包含食衣住行，哪一種資訊不是經由廣告管道而來，哪個廣告不是包裝精美，不然哪會吸引你的光顧，你要相信一尺衣櫃2000元[6]而找上門，那是你的「需求」與判斷力的問題。

1-8　名牌、新銳與雜牌設計師的差別

在崇拜名牌的心理下，一個用「龍」皮做的不知名的包包，很少有人會認為他比塑膠皮做的LV包來的有價值，這就是品牌效應。在有工藝、設計創意表現的各行各業，也一樣會因業務經營能力的差異，而產生知名度的高低差別，相同的，他的價值也會產生品牌效應。

到底室內設計該找名牌、新銳或雜牌設計師，這因人而異。也因你的設計標的而異。任何的產品都有「市場區隔」，裝修業務的市場亦有服務區隔，俗話說：「小孩玩大車」，經驗能力在一定程度內，公司營運規模在一定的業務能力內，他所能承攬與執行的業務能力就到那個等級。相對的：公司營運規模到達一定等級，也不可能再回頭執行「不敷公司營運成本」的業務。

在「服務」為前提下，不論其規模大小，多數的設計公司不會輕易放棄任何一位找上門的客戶，但服務成本有別。這是業主在找尋設計委任之前，自己應有的基本概念，這才能避免「所託非人」的困擾。任何一位「成名」的設計師都有其一套「奮鬥」過程，但不一定名牌就代表專業，所謂「朝中無人莫做官」，在這個行業裡，出身背景對於業務能力有很大的影響，人格特質對於個人魅力的展現也會有一定的影響，這是分析你要找哪種「位階」設計師時，我必須在前面先說明的。

[6] 如圖，每尺可能2000元，最少需八尺，廣告沒騙你，但不作單一工程。

（一）設計規模

■ 圖1-8-1　設計的創意在於適用性與美觀性，而不是一昧的搞造型、新奇

以要求服務規模的來說，台灣人算是幸福的，小至3～4坪的小飲料店，大到一整間百貨公司，都可以找到市場定位的設計服務。不見得規模很大的設計公司就不接幾十坪的住家，但當品牌形象到達某種等級，公司營運規模到一定的管理成本，這種高度客製化的設計服務，不見得能用同樣的付出而獲得「大師級」的品質了。

對於一個新銳或是小本經營的設計師，因為經驗、業務的消化能力、專業能力，不見得能接受高出自己管理與設計能力太多的設計業務，所以用設計標的的規模大小，可以是分辨適合找哪種等級設計師的參考之一。

（二）設計經費預算

LV、CHANEL、Cartier……這些名牌精品，或許可能在流行過後用二手價買到，但任何設計創意都只有「當季新品」，當然；依品牌知名度不同，基本定價也會不同。

就台灣現階段室內設計費市場行情，大致分為：（以下先以「住家」設計做分析）

1. **免費設計**：

一些系統家具、裝潢行、床具公司等會做這樣的廣告宣傳，另外如木工或泥工等專門承攬裝修工程業務的，也會打出這樣的宣傳口號。這些所謂的「免費設計」，多數只針對自己專門的業務部分進行平面配置，在專業領域上不能算是「室內設計」，如果你貪小便宜而施工出了問題，那是你自己的問題，請不要說室內設計師「黑心」，因為你找的不是專業人員。

2. 市場行情：

設計費沒有公定行情，但有市場行情，這些行情多數適用於「一般」設計師。通常「住家」設計是所有室內設計師的基本入門款，一個不能設計住家的設計師，很難設計好其他的裝修設計，所以，室內設計師多數一定會有設計住家的能力。目前，住家純設計費約為3,500～8,000元／坪，高一點的上萬的都有，這必須包含所有完整的設計圖說，但不包含工程之監工，也不含施工品質之鑑定。

設計費單價與設計標的的規模有關，例如：單一個案是百坪以上豪宅，與十幾坪的小套房相比，小套房的單位單價會與上百坪的豪宅不同。

3. 名牌行情：

在室內設計這個行業，都有「名牌」崇拜的傾向，至於要如何界定名牌不名牌，大概有幾個軌跡可循：

(1) 作品在國際比賽得過獎的，但得獎的作品不見得是室內設計。還有人抄襲日本的商空設計，然後拿回日本參加比賽，竟然還得獎的。

(2) 在專業雜誌曝光度夠，並且作品的設計創意受一定的肯定，但須區分是「公司」 或是「個人」創作。

(3) 作品在服務過的業主之間被高度推崇，具有實際設計專業的人。

(4) 因為媒體關係良好，莫名其妙被捧紅的，敢把自己當名牌設計師登場的。

(5) 本身具有一定的「知名度」，但知名度的建立不見得建立在設計專業上。

通常以「名牌」設計師自居的室內設計師，他不會「薄利多銷」，在設計費的單位單價上一定比一般市場行情高，並且在服務態度上會比較有自己的「風格」，這是業主在評估委託設計前須顧慮的一點；但如果名牌是以「公司」為品牌，多數的公司在作業流程上會較有制度，但也不見得是好的制度。

▌圖1-8-2　小套房的設計在空間利用上需更用心思

（三）設計標的的專業導向

不論是名牌設計師或是一般設計師，設計費用的計算會因使用標的不同而有差異，這表現在商業空間最為明顯，而設計費的計算標準也不一樣。在具有一定規模的商業空間，其設計費不會因設計師的知名度而產生太大的影響，但會影響委託設計的選擇意願。

商業空間的設計費用，其單位單價會依據規模、品牌效應的利用價值而決定其行情高低；但這有些時候是一種「相互得利」的關係，例如：

1. **企業品牌對設計師的利用價值**：

知名品牌企業，任何請況下他都是造就一個設計師「成名」的機會。所以會有設計師標榜自己是某某企業「御用」設計師的名銜。

在設計師的成名過程當中，被知名企業因「伯樂識馬」而培養的，那幾乎沒有，多少有一些「背景」因素。但不管是用哪種關係扯上關係，知名品牌的裝修工程設計對設計師是有很高的吸引力的。這是一種「魚幫水；水幫魚」的狀況，

圖1-8-3　只要懂得利用，美術館也可以變成樣品屋

這部分的設計費沒有市場行情，完全取決於雙方的默契。

2. 知名設計師對於創業品牌的利用價值：

知名設計師對創業品牌企業也是有利用價值的，這種情形會發生在許多的商業空間，例如餐廳、服飾賣場等。這是借助設計師幫忙打造商業空間的環境形象，並藉由設計師的知名度打造自己的企業位階。這種情形的業務市場的品牌設計師，並沒有出錢的是老大那種情況。

這部分的設計師一定在某些商環境領域闖出名號，他確實有幫業主打造企業形象的正面幫助，通常不會耽心沒有業務可做，而是你找他設計時，你在宣傳商空環境的文宣，他同不同意讓你把他的名字秀出來的問題。

（四）設計專業能力的判斷

最早期從事室內設計的「出身」大約有幾種：建築相關科系、美術工藝科系、廣告公司、木匠、其他非相關專業轉業的，這是造成大家對「設計」定義模糊印象的原因。我在教學時曾問學生一個問題：「什麼叫做裝修設計？什麼叫做裝修工程？」幾乎沒有學生能回答得出來，我也可以肯定，到今天為止，你也搞不清楚這個問題。

很多學生回答說：「有畫圖的叫設計！沒畫圖的叫工程！」學生的說法沒有錯；但也不完全對。

「設計」是一個很「抽象」的名詞，真的不好定義，主要是因為與建築設計相提並論而混淆。在既有傳統建築營造的行為模式中，任何建築物的營造行為都一定先透過「圖」的溝通而產生行為依據，只是「圖」的產生是因為要確認工程行為，他給人存在一種工程「樣式」而非工程「設計」的印象。

裝修工程的施工行為一樣如此，在確認施工樣式與造形上，一樣需有「圖」的行為規範。說穿了就又是一種「文人」主義思想的作祟，一種新型態「創作」主義的錯誤思想，一種「經過」「設計師」設計的虛榮。只是，也不能完全否定這新型態的設計創作概念，所謂「公牘害文」，專業工匠雖然一樣能將所要施工的工程規模以「樣式」型態用圖的方法表現，但本身會受「匠藝」專業所影響，會影響「創作思維」。而設計專業所表現的是不受工藝技術所約束的創意美學，他當然比較能激盪出一些新的創意，但不一定能融合於實際的工程行為及實務上的施工技術，這是這個專業領域必須整合的重要課題。

設計師的知名度及其專業能力，其實跟知名商品是一樣的，他不能完全代表「價值」。在判斷設計師專業設計能力這方面，說真的，很難！但有一點可以肯定的是；經驗與專業是成正比的，也就是說，設計師在某商業設計領域能有許多的代表作，他掌握這區塊的專業知識會比從沒涉獵過這區塊的設計師強。

同樣的，一個剛出道的設計師，不論其在「養成」過程當中是如何參與過何種領域的設計工作，但獨立的專業能力又是另外一回事。不過，這不能單純的用「專業」去做判斷，而是必須與業主的委託能力一起做判斷。

假設，業主的要求是頂尖專業領域設計師的創業能力，但面對知名設計師是卑躬屈膝，而面對一個新銳設計師是處處存疑，並且在設

圖1-8-4　多數的室內設計系，四年都在玩這種建築模型

計費的計算上就先有定論，這一定很難有好的結果。

在設計專業領域上，「出身」是一項基本的參考指標，也就是教育養成環境的專業度，這可由下列的分析做出一些判斷：

1. **大學專業系所**：

1985年中原大學成立室內設計系，室內設計教育正式走入大學殿堂，到今年為止，全台灣已經有二十六所大學院校開辦「室內設計」技職教育。就專業教育領域而言，這應該算是「出身」最專業的學歷。但因為課程設計與師資聘用管道的問題，他一樣存在專業能力「參差不齊」的問題，但最少「像不像，三分樣」。

2. **相關系所**：

從事室內設計但非本科系出身的相當多，相關科系有：建築設計、土木工程、空間設計、景觀設計，而最早期是由「美術工藝科」出身為最多。這些科系的教育內容對室內設計教育而言，都只能算是片面的，並不完整。

以最接近專業的建築系而言，其所學習的專業偏向於法規及建築理論，並且因建築設計與工程營造是分立的，並無法實際掌握室內裝修工作的施工實務。土木工程雖有實際的施工實務課程，但偏重於結構力學等，在「軟精裝」的部分美學基礎不是應用的很好。

而所謂的空間設計、景觀設計的課程內容，有很大的比重在室內設計，但畢竟課程專業不是室內設計，其所學專業更是與室內設計專業有別。除建築系直接轉換跑到專門從事室內設計之外，美術工藝科應該是最早接觸室內設計這領域的相關科系。就室內設計專業的內容看（初期發展），美術工藝科接受製圖與美學教育是最完整的，但在追求「專業」的課程領域當中，他已經有很大的不足。

3. **雜牌出身**：

在專業科系與相關科系之外，很多學歷領域、專業技能與室內設計八竿子打不著的人進來從事這個行業，這些算是「雜牌」；但不一定就混不出知名度。

舉最近被罵到臭頭的一個電腦廣告為例，那個廣告有一段說：

我以前是水電工，×匠之後，我現在是建築工程師！

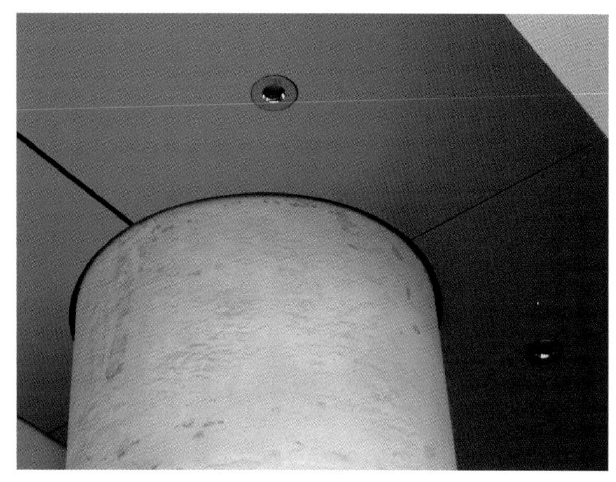

圖1-8-5　建築設計的量體與專業室內設計的學習領域不一樣

我不知道什麼電腦製圖軟體那麼厲害，可以讓人「之後」就變成「設計師」，但我知道，室內設計系讀了四年都還不一定能具有室內設計專業，這就是把「製圖」繪圖當成設計的錯誤觀念。

不論出身為何，人品還是最重要的，這當然不能很具體去界定。但有一點可以肯定的是，如果這個人經常電話找不到人、生活作息不正常、沒有時間觀念、喜歡拖欠廠商工程款……，你應該小心這種人，因為這種「做人、做事的態度」、學校都不會教了。

名詞小常識：美術工藝科

「美術工藝科」也簡稱為「美工科」，最具知名度的為永和私立復興商工高級職業學校，事實上他也是台灣最早開設室內設計教學課程的學校。其早期畢業學生有很多在本業具有很高的知名度。

1-9　設計費用的支付

室內裝修工程在施工前最好事先規劃好工程設計，這有利於後續工程之估算、工程發包與驗收，但很少有業主會尊重設計專業；也就是說很少有業主會大方掏錢承認這是智慧財產權與工程專業的一部分。

就因為有這麼多貪小便宜的人，所以才會讓許多不專業的人趁虛而入，所以才會搞壞這個行業的名聲。我們常可見到一些賣床墊的、賣系統家具的、賣窗簾、地毯的，都可以打著「免費室內設計」為幌子，好像「室內設計」只是拿比例尺畫平面圖那麼簡單，更奇怪的是，這也有人信？

設計費的支應以雙方合約為主，付款方式因工程規模的大小所產生設計工作量而定，但最基本的付款應該是業主應把最基本的設計成本費用付在工作之前。這當中可以保留部分的「創意」與利潤費用在業主方，以利於在設計方提出初步設計方案或創意概念時，在無法滿足業主需求，或不符合業主需求時，雙方在解除委任關係時，都不會是受害的一方。

就本業的習慣，設計費的支應分成幾種階段：

（一）委任設計約

委任簽約前應該先確認初步的委任內容，在設計合約簽訂完成之後，設計單位應在約定時間內完成下面的工作：

工地丈量、平面規畫圖、工程概算，3D圖或透視圖（第二階段簡報用；或依合約載明要求）。

在這個階段完成之後，設計單位會與業主做第一次提案討論，業主自己應盡量提出所有自己想明白的疑問，以確認初步設計構想與工程可能費用等是不是自己當初委任前的洽談內容，或是初步設計與自己的理念差距。任何工程設計在圖面作業的階段都是可以有修改的空間的，但設計成本會因工作越接近完成而增加。所以，設計委任在這一階段的會議（洽談）極為重要，他對於整體設計創意與風格會有決定性的影響。要繼續委任下階段工作或解除委任最好在這階段決定清楚，因為再來的一期設計費支應是最大比例的階段，相對的，設計方也必須為進行第二階段的設計工作付出最大的成本。

（二）確認平面初步規畫

交付第二次設計費。設計方進行第二階段工作，包含平面配置圖、轟視圖、

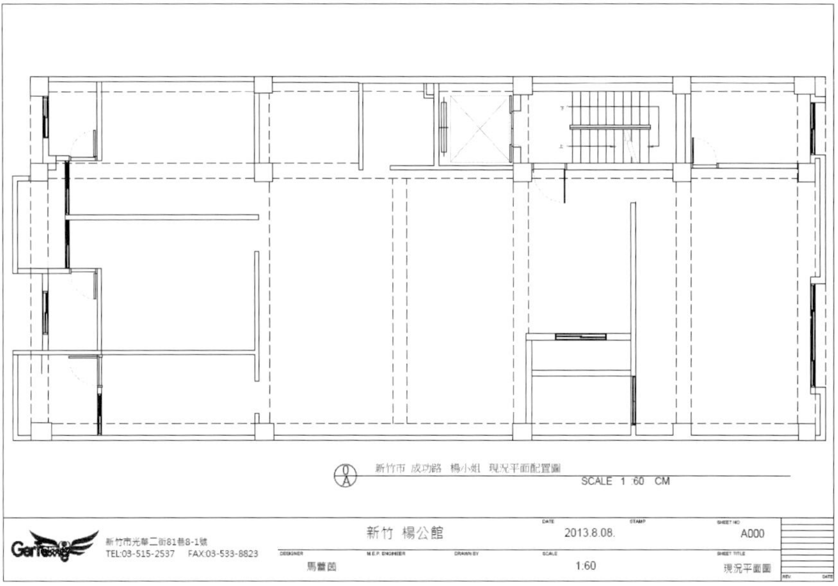

圖1-9-1　通常設計公司都會繪製一張原始平面圖，但這張圖也可能是由你所提供

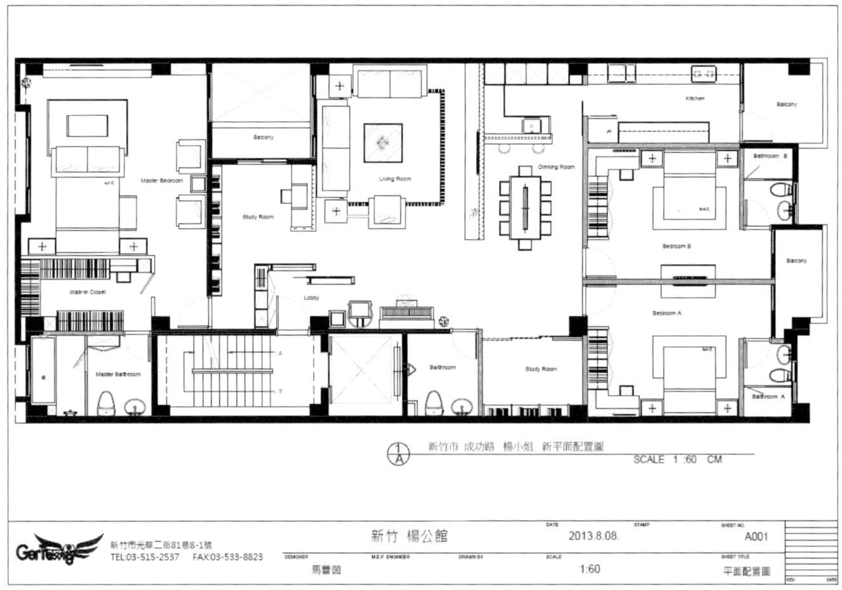

圖1-9-2　在新的平面配置圖上，只要稍微解說，你就可以很清楚的明白空間規畫、空間的相對比例、動線、家具配置、初步的材料計畫

立面圖。

這個階段完成，設計方與業主做第二次提案討論，如果你是業主，在會議簡報的過程當中，盡量提出你對圖面上的任何疑問，不要在工程施工時以「看不懂圖」做理由，對已經是結構完成或是成品的工程，要求承攬單位無條件修改，這不可能免費服務。因為這種「理由」而拒絕交付工程款，因此導致工程延誤或承攬人權益受損而告上法院，業主告贏的很少。

這個階段確認完成後，工程費用大概可以確認一大半，在工程「數量」大致確認之後，關係工程費用的高低調整在於施工品質、材質、施工時間及施工的客觀條件。

特別提醒：不論你是用哪種方式裝修你的工程，在任何情況下，當你的平面基本布局確認後，如果你是一位相信風水地理的人，請你在這個階段把你的「地理師」請過來確認空間布局。請不要等到圖面都設計完成；或是開始發包動工才想到要請「大師」來指點。台灣話有句諺語：「看醫生著食藥，有問神；就有毋著。」不管是醫生還是地理師，你請教他問題，他一定「要」看出問題；但不一定真的有問題。更有甚者，實際案例曾發生地理師在快完工的裝修工地，要求把前後門對調的理論，不要說這不是室內設計師的權限，就大樓建築的格局與結構，這能變更嗎？真要這樣變更，你花得起這個費用嗎？

（三）確認平面配置與立面配置

交付第三次設計費。設計方進行上次會談記錄相關之設計調整、開始繪製剖面圖、施工大樣圖、樣品板、施工規範、相關文件準備等。

這個階段完成，設計方會與業主進行第三次提案討論，主要會談內容是對上次修改意見之檢視，對所有施工工法與使用材質、配色及工程費[7]等做最後確

[7] 具有專業能力的設計師，必須也能熟知工程的市場行情。也就是說，他所完成的設計，是用合理的工程預算可以發包的。並不是只會玩創意，而不會節制工程預算在施工圖中。

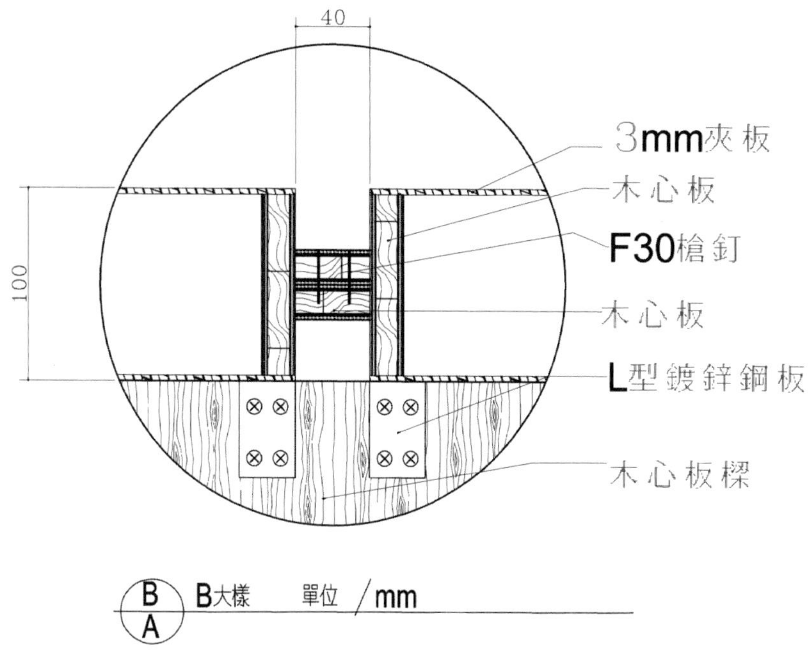

■ 圖1-9-3 如果施工圖能這樣交代清楚當然最好，但以現階段的教育模式，有點難度

認，並確認施工圖說之完整（完整的施工圖說有哪些，後面會介紹）。

（四）結案

當設計方將全部設計圖說移交給業主，表示設計委任階段完成，此時一手交錢一手交貨，銀貨兩訖。能做到將工程設計在圖紙階段就完全無誤的設計，這不見得每個設計師都有這個專業，當然也不是每個業主都能自行判斷。可能的方法是在最後一次確認施工圖說時，請你可能委託這個工程承攬的人一起檢視所有施工圖說。只要工程能被依圖估算，依圖發包，就表示設計圖說是完整的，到這個階段，業主沒有理由因「不放心」而不給付設計費尾款。圖說如果完整，在施工期間所做的設計變更，那不在原本的設計工作範圍，這部分可能需要在簽訂合約時另載明「但書」；但所謂的但書一樣需載明給付費用。

在每個階段都有可能有重複會談的情形發生，也就是針對上一次的會談中所做的修改，在同一階段的會談當中還是無法取得共識，這種情形很容易讓雙方開始產生情緒，避免這種衝突的產生是甲乙雙方在溝通上所需要的技巧。在一般情況下，每次會談所達成的修改要求或雙方所達成的共識，設計方一定會做成書面紀錄請求委託方簽字確認，但多數的業主不會自行記載會談內容（有的是準備用來耍賴、假裝記憶力不好），這其實是很不利自己權力的做法。最好在會談過程當中仔細記下自己與對方所提出的任何主張細節，這可以做為確認上次會談記錄有疑問時，做為一種紀錄憑證。

圖1-9-4　透視圖不論是手繪或是3D電腦圖，主要目的在加強業主對整體設計空間的概念；但必須強調一點的是，他不是施工圖必須的圖面／王悟生手繪

至於每個階段應該做到什麼程度才算完成，以及設計單位應該修改設計創意或設計內容的義務與責任，這應該載明於合約內容，合約內甲乙雙方沒有權力大小的問題。

以上所談的委任設計四個階段是一種普遍行為，不是表示他是一種制式行為，多數只適合用在住家設計，至於時間長短，這沒有一定的標準。例如：你可能是一個大老闆，所要委託的住家是好幾百坪的豪宅，而你又是事必躬親的個性，或者你很重視這個住家工程。在這種情況下，每階段的工作時間量相當大，而每個階段設計方要向你提出簡報的時間就是一個問題，所以，這種設計案動輒半年以上。但如果你想委任設計的工程是一間小商店，因為店租壓力；因為工程規模小；因為要求的設計只是一種企業識別或風格表現而已，對於施工圖的精準度不特別要求，他或者只是幾張圖而已，沒需要分成那麼多的階段。

> **名詞小常識：3D立體圖**
>
> 「3D立體圖」、「透視圖」主要是一種對工程設計的補助解說的圖面。所謂「3D立體圖」是電腦製圖程式的用語，他一樣是二度空間的畫面，而透視圖多數是指手繪圖，主要差別在於表面材質所表現的真實感。

在支應工程「設計費」的概念上，台灣人顯然比大陸人還不文明，多數存在貪小便宜的心態。所以才會相信那些所謂的「免費室內設計」的廣告，然後當工程做的亂七八糟之後，再回頭去罵「室內設計師」很黑心、不專業，問題是你自己找的是黑心又不專業的設計師。就像你在夜市跟江湖郎中買假藥，然後在吃了無效之後，你把所有的藥都說成是騙人的，這不公道。

1-10　如何與設計師作良好的溝通

有一天畢卡索想做一個櫃子，於是找來個木匠，他當著木匠的面前拿筆在圖紙上描繪他構想中的樣式與功能，木匠也不厭其煩的相與討論。討論的過程當中，每當確認一部分，木匠就要求畢卡索把內容具體描繪在那張圖面上的櫃子，等全部確認完成，畢卡索要求木匠報價，木匠問畢卡索：

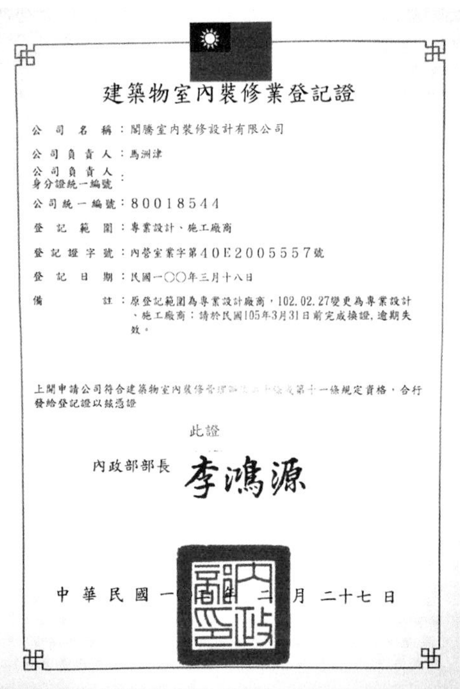

建築物室內裝修業登記證

公司名稱：閣騰室內裝修設計有限公司
公司負責人：馬洲津
公司負責人身分證統一編號：
公司統一編號：80018544
登記範圍：專業設計、施工廠商
登記證字號：內營室業字第40E2005557號
登記日期：民國一〇〇年三月十八日
備註：原登記範圍為專業設計廠商，102.02.27變更為專業設計、施工廠商；請於民國105年3月31日前完成換證，逾期失效。

上開申請公司符合建築物室內裝修管[illegible]第十一條規定資格，合行發給登記證以茲憑證

此證

內政部部長 李鴻源

中華民國一[illegible]年[illegible]月二十七日

圖1-10-1　建築物室內裝修登記證。登記證為行業專業管理證書，與公司營業登記證有別，需有本證，才可以在內政部登記為「裝修業」。登記證的登記範圍分為　專業設計、施工廠商（專業施工管理）

「您確認圖上面的櫃子就是您要我做家具？」畢卡索回說：

「沒錯！你報個價吧！」木工回說：

「那請您在圖上面簽個字做確認」，畢卡索很爽快的就在剛剛那張圖上簽字，木匠拿起那張「設計圖」說：「櫃子免費！」

這是業主自己設計作件流傳很廣的故事，就「工藝家」而言，工藝家在表現藝術創作時，設計圖稿只是一種記載創意構思的印象而已。但就藝術家而言，他設計的工藝作品可能只能表現在繪圖階段，藝術創作的藝術成就必須藉由溝通方法，讓工藝家去完成這件藝術作品。在故事裡：木匠說：「櫃子免費」，並不是因為畢卡索讓他崇拜到想送他一件免費的木作品，而是他知道畢卡索畫的那張「設計圖」日後會變成一件藝術品，他具有投資的眼光，但不是所有的設計圖都有這樣的價值，也不代表設計圖這樣畫是正確的。

從這個故事當中，我們也發現工程設計與工程發包的一個基本環節，那就是理念的溝通。所以，委託設計師設計一件工程，不可能只是一句：「我要請你設計我家；或請幫我設計一間服飾店」那麼簡單，在委託設計的過程當中，業主也是有責任與設計師做充分溝通。

設計委託不可能因為你的幾句話，而設計師就能一次設計出你滿意的設計作品，而是藉由許多階段的相互溝通，而讓作品的共識越趨一致，這個階段很容易因主觀意見的不同而鬧情緒。室內設計這個創意表現，很容易牽一髮而動全身，所以有時候業主以為的小變動，在設計上已經翻動全局，這很容易讓設計師前面的努力化為烏有。好像有點「研究論文」快完成了，指導教授要求更改研究主題。因為其中包含許多的變數，設計專業工作不是想像中那麼簡單，所以，設計創意真的就是一項成本。

一個工程設計案的完成，不可能只是看設計師的個人「功力」，因為成功的標準在於業主的滿意與部分客觀條件，所以，主要使用人要有足夠的耐心跟設計師做最完整的溝通。在正常的情況下，一件完整的設計案需要下面這些流程才能圓滿達成：

（一）確認設計費用

不論是經由親友介紹、廣告或慕名所找到的設計單位，業主要先有一個觀念：你所找的設計單位不是為你一個人或只為做你的生意而開設的。設計單位的接案能力，就像是一間加工廠，在正常作業流程下，他也必須有「產能」的考慮。所以，不要有那種「我有工作給你做我就是老大」的心態。在【民法】上：

不受委託，並無義務。

設計單位一樣有權力評估你是不是好的客戶，要不要接受你的委任，有沒有能力接受你的委任，他在受委任前、受委任後，與業主的權利義務都是相對等的。

設計費的付出應該建築在你對你所想委任方的信任，這樣才有辦法將正常流程談論下去。如果你還有那種滿意再付款的心態，他很少是正常設計公司會接受的，工藝設計不是一種藝術品拍賣，而是為你量身訂作，況且，你可能就是那些想要剽竊他人設計創意的那種人。

（二）溝通所希望的設計方向

再專業的室內設計師都肯定不是你肚子裡的蛔蟲，他不可能在不清楚你的需求下就可以給你一套你滿意的設計。所以，在你找設計單位委託你的設計案子之前，你自己要做些準備。把你需要的目的，用文字、圖片或其他補助工具準備好，這當中必須包含你可能的工程預算，不用把工程預算當底牌，這真的沒意義（工程預算如何準備才合理，後面會有篇幅談論）。

所謂「希望的設計方向」包含有：

1. **設計風格**：

如果你是因崇拜某位設計師的設計風格而找這位設計師的，那麼在所謂設計風格上溝通多數不會是問題。如果你是因親友介紹、廣告或其他原因而接觸這位設計師；或設計公司，在「客製化設計」的服務前提下，他們可以為你量身訂製你所想要屬於自己的設計風格。

圖1-10-2　圖為福州三坊七巷之「二梅書屋」，其建築風格依循當地建築風格發展，並且以建築工匠的工藝為優先考量

但必須注意的一點，所謂設計「風格」，有的設計師會想堅持自己的設計風格，可能會因為「名氣」、「品牌印象」，設計師的主觀意見會凌駕於業主的主觀意見，而使得溝通困難。這必須有賴於你自己在與設計師初步溝通時做正確判斷，如果真有這樣的狀況，可能不合適將設計案子委託這個設計師。

一個真正具有室內設計專業的

設計師，會有自己較拿手的設計風格，但一定也可以設計出客戶所需求的設計風格，這部分是看設計師的專業能力與服務態度，在初步洽談時一定要有所判斷，不要勉強簽約委任。

2. **材料偏好**：

用於裝修工程的材料種類很難講的清楚，有金屬、竹木、礦石、陶瓷、玻璃、高分子聚合物……等，這些材料光是裁切成目錄樣品，一個40呎的貨櫃都載不完。還好，你一定有你的印象偏好，所以你最少知道自己希望用什麼材料來表現自己這個工程的設計。雖然裝修工程材料可分成：結構材、造型材、敷貼材，但你一定比較重視工程完工後所表現的設計感與材質感，所以，把你印象中所希望的材料偏好說出來就可以。

圖1-10-3　材料的選擇必須考慮其適用性

但有一點必須注意，材料因其特性有適用性的差別，例如：同樣的地板材料適用於哪種場合？適用哪種施工方法？材料對氣候的耐候性？材料的耐用性？材料的美觀與保養等。這些是屬於專業知識，在你提出你的偏好時，你應該聽聽設計師對這方面的分析。

業主對於工程設計提出材料偏好是很正常的事，這是給設計師對於設計主題提供最主要的構思方向，這部分對於工程造作費用會產生影響，但還不會產生太多影響。材料的使用會影響設計的風格與設計造型的表現，因為設計風格會表現在材料特性上面，而材料特性會影響造型創意，這部分除非你自己對這方面是行家，如果設計師針對這些問題提出專業解說，請盡量相信專業設計師的專業。

3. **材質偏好**：

所謂「材質」，材料的「質感」〔texture〕又可稱為「質地」或「肌理」。用白話一點的說，一樣的石材，可以分成「大理石」與「花崗石」，兩者都是一種礦石「材料」，但因為硬度、紋理、肌理等的不同，而有「材質」的差別。在不同的兩種材料上，在做比較時，也會用「材質」做為區分，例如：表面的花紋與材料分類都屬於仿實木風格，但可能一種是木紋美耐板材，一種是薄片天然木材，這兩種在實際上就屬於不同的材料與不同的材質。

在裝修工程上一般所謂的「材質」講的是「敷面材料」，也就是營造工程所說的「粉刷材料」，他因材質之不同而直接影響造價。簡單一點的講：同樣是「木地板」，但就有不同的「材質」，例如：手刮實木地板、實木地板、集成材實木地板、厚臉皮地板、複合式企口地板，表面都是實木的材料所表現；但表現出的質感會有「價值」上的差別。

材質的選定關乎工程造價高低，這個責任在業主自己（縱使是以「統包」的方式設計，一樣是一分錢一分貨）。舉個最簡單的例子：我在裝修一家鋼琴酒店時，那個工程是標準的「總價承攬」，這種工程是要求讓整體好看就好。其中的某一主題材料原本想設計使用2cm×2cm的馬賽克，在工程需控制在預算範圍內時，我也只好捨去那種進口的，但也比國產貴了十倍價格的馬賽克，業主沒給我那麼多的預算，我也不可能自己拿錢貼業主。

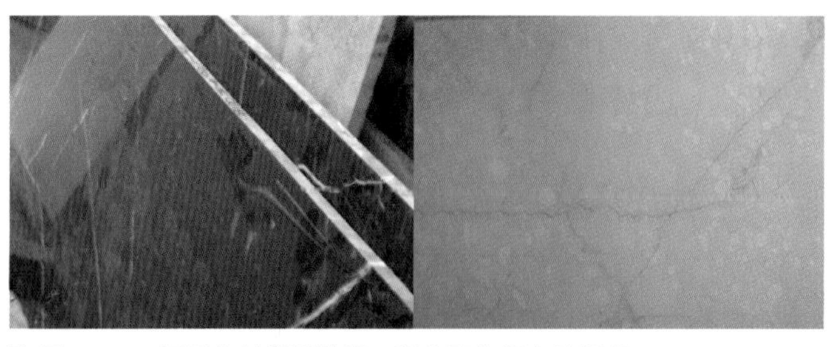

圖1-10-4　不同的材質對裝修工程會產生很大的價差

4. **使用需求**：

不管是住家、商店、辦公室，所有裝修的使用對象都是裝修主本人，所以：當你在委任設計時，要明確的提出你的使用需求。

圖1-10-5　海島型地板，表面為旋切薄片

圖1-10-6　實木地板可從其剖面看出地板結構是一整塊天然木料

圖1-10-7　所謂超耐磨地板，其表面為美耐板材質

任何對幫你設計工程的設計師所提出的要求都必須是可行的，這當中包含時間（工作時間）、費用（工程預算、設計費）、容積、設計創意與使用功能。室內設計在理論上是一種創意工作，但肯定不是一種「創造」工作，也就是你不能要求設計師幫你創造出設計範圍內超出容納許可的設計，而且也違反許多的專業學理。

不論是日本的「全能大改造」；或是台灣的「全能收納王」，在知識傳達上都是不全面的，但已經給人許多幻想空間，因此而加深對設計師專業的疑慮。「收納」這個問題等下再談，日本的全能大改造就不是可以用在台灣的消費習慣，他幾乎都是一種「實驗」性質的工程設計，鏡頭外失敗的例子沒人知道多少，而如果你將節目看到最後，你一定會有一種想法：「花這麼多錢，台灣人也做得到！」但可惜，台灣人很少人捨得這樣花錢，所以，有些事情用比較的方法沒意義。

除非是「二世祖」，在寸土寸金的台灣都會地區擁有30坪以上公寓或大樓住家的單身漢很少，如果這房子不是在都會區，相信找設計師設計裝修工程的也很少。當然，如果是因為商業行為需求，那另當別論。就市場上最多委託的案例來分析，設計師所面對的需求多數是「兩代」共居的家庭。如果想要「三代」共居，依人口的繁衍比例，這個房屋面積最少要乘以二，我們就以兩代共居的住家需求做為舉例好了。

(1) **客廳**：首先，房子多數會有客廳（不一定有空間設計玄關，起居室包含其中），以電視機40吋螢幕的收看距離及一座六人座的標準沙發為基本配置，加上動線通道（通常在不能隨便把大門或柱子改變位置的情況下，既有建築構造留給你的空間大部分是這樣的），這最少需要用掉你5坪以上的面積空間。

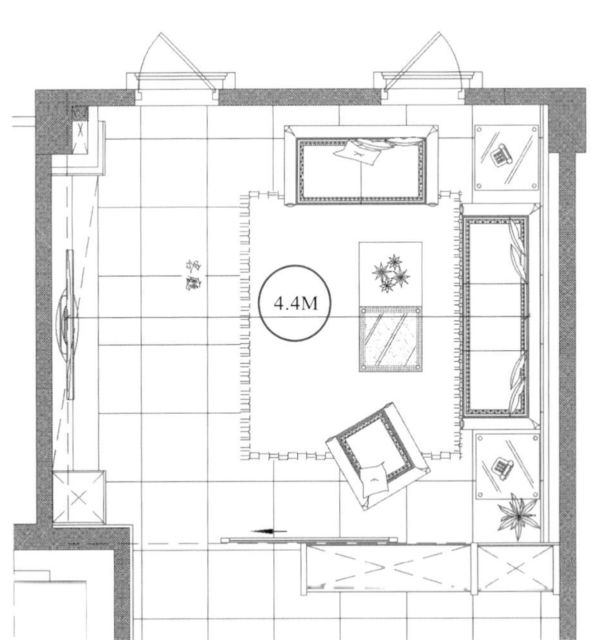

圖1-10-8 依據人體工學理論，客廳沙發區與電視螢幕的距離，最好是電視螢幕對角線長度的2.5倍以上（不要超過太多）

(2) **廚房及餐廳**：廚房能夠採用獨立空間設計當然是最好；但這一來，因為動線設計及設備空間需求，最少要多占用2坪以上的面積。如果做菜習慣不是煎、煮、炒、炸、煸、蒸、悶、烤樣樣來，那可以考慮所謂「開放式設計」；也就是將廚房與餐廳的空間連在一起。但不管你怎麼連，因為廚房最少需有冰箱、水槽、料理檯面、瓦斯爐這些最基本的設備，而這些設備都必需有最基本的占用面積與操作空間，1.5坪～2坪是最起碼起跳。唯一解決的方法是不設廚房。縱使家裡不設廚房，那最少也要擺個餐桌，餐桌在室內設計上是最討厭的東西，因為他最占空間，並且，是室內設計主題所要表現重要的一個空間。所以，如果你請設計師不要設計廚房，他或許還能接受，但你叫他連餐廳都不用畫，他可能會瘋掉，請不要出這種難題傷害我的同業。因為這樣一來，你委託的設計案只是一間「宿舍」。而不管你所需要的餐桌可以坐6人或10人，不管方的或是圓的桌子，能讓你舒適用餐的空間面積很少會少於4坪。

圖1-10-9　不論你用的廚具多高貴，廚房最少需擺得下爐具、洗濯槽、電冰箱，包含動線，他最少要2坪的空間

(3) **公用浴室**：這不能說不要吧!人都有朋友，你不可能告訴來訪的朋友說「我家沒有廁所」，所以，不管你的主臥室是不是套房設計，最少你家會有一間浴室兼廁所的空間。浴室就隨便你了，要沐浴、淋浴、要蹲、要坐，要不要乾溼分離，這有很大的調整空間；但最少也要用掉你一坪的面積。

(4) **陽台**：陽台是建商最沒良心的建築物，也是……算了，這是你買房子時的問題，不是我要講的的問題。因為我現在房子的建築面積也不是跟陽台一起計算的，但買的時候，是連陽台面積一起算建坪賣給我的，我要談的是陽台的設計。我相信任何人在晾衣服的時候都希望工作空間是明亮寬敞的，如果能像電視上洗衣機廣告時那種有寬廣視野的空間，相信連男人都會想幫忙晾衣服，然後在晾完衣服之後，享受一杯香醇的咖啡。一台洗衣機，加上一個置物櫃，加上操作空間，這個陽台最少要用掉你一坪的面積，如果真的想在陽台享受午後的陽光，

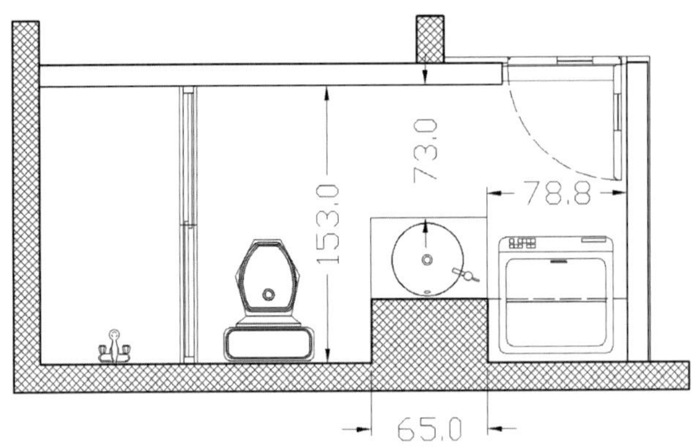

圖1-10-10　如果把圖中這個洗衣機拿掉，合理的浴室空間最少也需要1坪以上

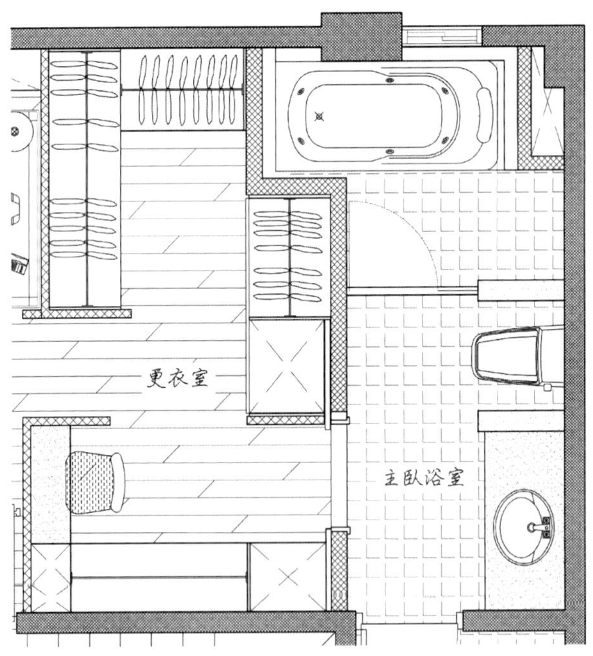

圖1-10-11　如果你主臥室的更衣室及浴室設計成這樣，那他就需要更大的面積

那麼，最少還要再加1坪的面積。但在台北市，陽台所能觀賞到的景物，大概也都是別人家曝曬的內衣褲。

從客廳、廚房、餐廳、公用浴室到陽台，到目前為止，我們已經用掉約15～16坪的面積，以實坪30坪的房子而言，大概還有一半的面積可以利用。

(5) **面積計算**：假設我們將主臥室設計為套房及有一間更衣室，他可能需要的面積是，這裡先提出一個面積計算方法，假設更衣室的需求很大，那把衣櫃做成16尺的長度，衣櫃深度的基本需求是55cm以上，再加上操作空間90cm，那這個更衣室基本（對折）的占用面積為八尺×(110cm＋90cm＝200cm＝6.6 尺）6.6尺×8尺＝52.8尺÷36＝1.466坪（未計算隔間牆厚度面積），也就是說，更衣室最基本的使用面積會占掉1.5 坪以上，如果再加進去化妝台等，面積會更大。再來是浴室，假設也是1.5坪好了，這樣：我們還剩下12坪可利用的面積。

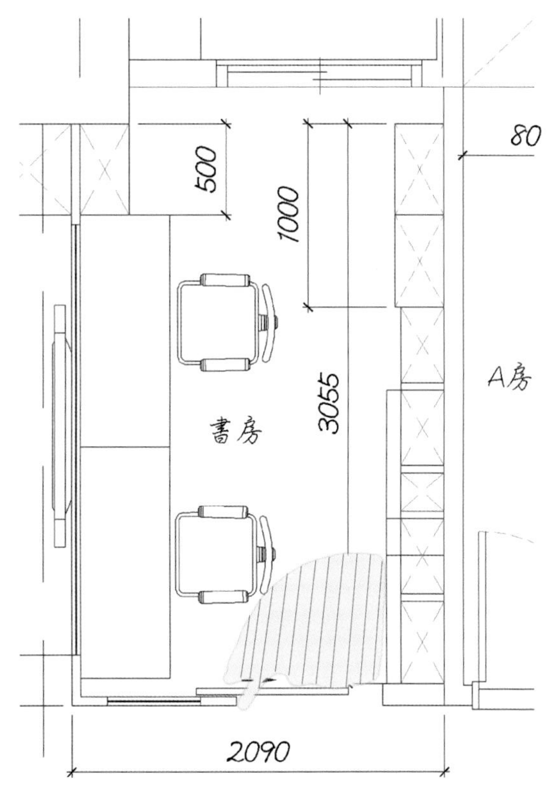

圖1-10-12　圖中的書房以拉門設計，事實上他所需的活動範圍與一般推門一樣大

所剩下的12坪面積，要規畫成「三間房」不是問題，問題是如何配置空間。這有些基本上要考慮的，需不需要有客房。這種事不能不考慮，所謂「客房」不見得是給「客人」睡的，現代人很少留客人在家過夜。這個「客房」多數是為長輩留的，多半是父母。如果

設計一間客房，那勢必只能留下一個主臥室、一間小孩房，但如果小孩是一男一女，這也是一種困擾。這沒有一定的解決方法，這必須由你自己去判斷，設計師只是遵從你的使用需求做設計，但可以幫你想一些幫助變通的設計。

不是說所有住家的設計都這樣規律，上面所談的是一些「通案」，不表示代表是所有個案。一間30坪的房子，如果只是你一個人住，你當然可以依據你自己所需要的使用目的做設計，例如你只要一間起居室、一間套房，設計師依據你想要的使用空間目的，幫你規畫成你所需要的空間設計。

其他，你可能要求設計一個「神明廳」，這關係的問題更複雜，設計師有義務幫你整合這個問題，但不能幫你解決空間問題。還有，你可能想設計一間咖啡館，你可能因為「主題」風格、客層導向、服務導向等，依據你自己所想要的說出你的理想。你可能開家服飾店，你所要展示的格調相信你一定有自己的想法，你自己最清楚你自己的店是個什麼樣子，把你的理想完整的告訴設計師，而設計師是利用他對美學、製圖與工程的專業，幫你把這些構想轉為具體，進而將他實現。

(6) **收納空間**：在很多介紹室內設計的節目中，「收納」是對家庭主婦很有吸引力的一個話題，其實沒那麼神奇，也許有些人會覺得多花錢找罪受。在我從事這個行業三十幾年的經驗當中，很少有住家工程的業主不會多多少少要求設計一些增加收納空間，最多的地方是天花板及床底下，我大部分會勸業主不要做這些「沒用」的工程（就工作而言，這是增加工作量的一種工程，他不是「順手」的事）。

樑下天花板距離樓層地板通常都會有35cm以上的高度，感覺上是一個可以儲藏東西的空間，但其實放不了多少東西。太部分將天花板當成儲藏空間時，天花板必須留一個相對的掀拉門，很容易破壞美觀。而且必須增加天花板的負載重設計，這樣一來就減少儲物空間了，在經驗上，物品一旦被收藏進去這種地方，這物品就永遠不見天日了。

床底下感覺比較容易存取物件，但其命運跟放在天花板沒什麼差別，就風水學來說，這樣的設計對睡在上面的人體會影響氣場循環。合理的設計櫥櫃規格與造形是可以有效整理儲存物品；但不可能「增加」收納空間，越多的收納設計就會帶來越多的工程材料，先就相對的占用掉許多空間。並且那些像電腦程式般的操作流程，玩了幾次你就膩了，最後，那些被你藏在很複雜地方的物件一樣會不見天日。

不論再好的設計手法，「空間魔法師」都不可能幫你家製造一個「宇宙黑洞」，幫你把物質壓縮到最小，真那樣，被黑洞吸進去的物質一樣沒有生還的一天了。解決「收納」問題最好的方法就是「捨得丟掉」，貴重的物品你一定會拿去存放在銀行的保險箱，而常用的物品你不會把他收納起來，至於真的有收藏價值或紀念價值的東西，相信你有一定的能力另外設個倉庫保存的。基於這個理由，我都會勸一些舊裝修改裝的業主先搬家出去，然後等新的裝修做好再搬回來（這也可以省一些裝修工程費），當業主再搬回來時，多數會比搬出去的東西少了一～二卡車。

(7) **品牌偏好**：室內設計與建築設計最大的不同在於「使用者」，建築設計標的的使用者多數無法確定，最多只能假設使用族群，但室內設計是直接針對使用者及工程付費者為設計服務，所以在設計的同時，對於材料材質與材料品牌需為直接指定。簡單的說，建築設計圖不會用於營造工程做直接工程估算，但室內設計的圖必須用於裝修工程費直接估價，所以不能像建築設計圖那樣保留那麼多的「但書」。他必須讓所有針對這份圖做工程估算的人都有一個統一標準，並且，很多裝修的設備與材質，是業主直接指定的。

我們舉冷氣做為例子：大金冷氣是目前市場占有率很高的廠牌，他的費用在市場上也算是等級很高的。而同樣是冷氣機廠牌，可能有些廠牌是一些人所偏好的，但不見得其價格低於大金。但品牌的價值與品質，不全然會反應在施工費用上，有時候會因機種的獨占性或市場的獨占性而改變其施工費用，這不能用市場

圖1-10-13　這些空調廠牌你應該都有印象，它也代表不同的價位

品牌知名度做為工程費用的估算標準。但顯而易見的，不可能用一些雜牌、小牌的廠牌來頂替對大廠牌的設備需求。

除非對市場建築材料做過一番用心，多數的業主對於裝修材料的品牌特性是不清楚的，但會有印象：例如某些強力廣告的建築材料與設備。品牌偏好是一種很主觀的意見，這部分如果是你工程費用的預算內的，你可以做堅持的主張，但先決條件是，你一定要花得起你的主張，不然；設計師只能當你是無理取鬧。指定品牌很難有更改餘地，這部分必須是你自己能承擔的，例如，你指定要用VilleXXX Bpch衛浴設備、廚具設備是德國BulthaXX、地板是K×手刮、燈具是某鴨牌水晶吊燈。這些指定在室內設計工程上都無不可，但也可以說這些品牌的價格可能都是「死豬也價」，你必須尊重經手單位有賺取經手費的空間。不然，你自己去洽談、訂貨、安裝與工程協調，這肯定不是你的專業。

(8) **工程預算控制**：台灣話有句諺語說：「起茨按半料」，就是說大家對於建築工程的認識都很浮面及太樂觀，在估算工程時都不能全面。這很正常，任何一個專業木匠，當他在幫自己住家做裝修時，如果他沒有先經過圖面規劃與精確計算，一樣會對工程概估都只會短估而不可能準確估算。

在裝修工程的經費估算當中，他有兩種方法：

A. 預算控制法：有多少預算做多少事，控制的方法是：減少設備等級、減少固定裝修的設計、更改施工品質、更改施工面積。這當中的每一項工程都是可以交互應用的，但沒錢做沒錢的事，這是騙不了人的，不要害人又害己。

B. 實務支應法：有一定的工程預算，但保有追加預算空間，依據設計結果能支應可能的經費。這是很多裝修工程都會遇到的問題，但不要勉強。能多付出一點錢獲得更完美的理想固然最好；但要考慮支付能力。裝修設計的花費跟旅遊消費的心態差不多，會「見獵心喜」，但請注意：這裡沒提供分期付款服務，更不接受「刷卡」。

圖1-10-14　這些商標都是美耐板的品牌，但你不見得都聽過，它也代表不同的價位

1-11 工程設計圖的概念

工程設計圖說在送審「室內裝修審查」是有一明確規定的，但那不代表是完整的工程設計圖，完整的設計圖說會分成幾種討論階段而完成與提出。所謂完整的設計圖說，不是只有設計圖而已，他必須包含能讓工程可被招標、估算、發包、施工管理、工程驗收等功能。

我們以一個舊的住家裝修，當他因為想進行裝修更新，從而委任設計師設計這個工程設計談起，他必須在每階段提出應該有的設計圖，這是委託人所享有的基本服務內容，因為這份設計圖也同時是工程合約的一部分。

（一）透視圖

所謂透視圖，就是利用一種圖學的製圖方法，將所設計的情境，以接近工程完工的實體照片畫面，所表達的一種設計圖。他在其他工業與商業設計上應用很早，例如：工業產品設計、服裝設計、建築設計……等，已經是一種很成熟的圖法表現，但一樣都不是應用在實質的工程實務上。在設計實務的標準上，他不是設計圖說「必須」的圖說內容，但他卻是所有設計圖最能與業主溝通的一種圖面，也是最精采、業主最容易了解的一種設計圖。

不見得所有的室內設計工作都必須先有透視圖才能理解，有可能因為設計時間窘迫、設計內容簡單、設計費用太低……等因素，他可能不會出現。透視圖的作用如同把設計圖配上彩色材質的立體影像，像是一種將裝修工程假設完成後的照片。

無論如何，透視圖仍只是一種情境表現而已，他的色彩、材質與空間比例仍不可能與完工後的現場一模一樣。透視圖多數用以做為「提案」簡報之用，經過製圖學的發展與設計師個人對透視圖學的應用，電腦3D軟體的開發應用，所謂「透視圖」已經演化出許多表現型態。

1. 手繪透視圖：

手繪透視圖的能力很容易魅惑業主，繪的好的透視圖本身就像是一件美術創作，但不見得真的跟完成後的工程是一樣的。多數的業主對於設計「專業」是不了解的，所以很容易被炫麗的透視圖所迷惑，以為那就是代表設計專業。

手繪透視圖與美術天分有很大的關係，但不一定與設計專業有很大的關係，美術創意是一種很感性的天份，但設計必須講求理性，這是到目前為止，這個行業無法完全建立專業範疇的主因。手繪透視圖必須繪圖的人具有對圖學、素描、色彩學、裝修設計有全方位的專業，才能做完整表示。如果欠缺其中一項，這張圖了不起只是一張有構圖意念「水彩畫」而已。

透視圖不是室內設計圖說的主要要件，他通常用以協助工程提案解說，在電

圖1-11-1　手繪透視圖／王悟生繪

腦軟體為廣泛應用之前，他發生很大的溝通作用。

但如果直接將其當作施工圖使用，並不是一項很正確的行為。

2. 電腦3D透視圖：

在電腦的製圖軟體應用上，製圖功能主要表現在視覺的寬度與高度，這種平面圖像通常稱之為二度空間，在電腦製圖的應用上稱之為2D。而所謂的3D也就是將圖像上的製圖表現加上「深度」，讓圖像形成具有「立體」的角度，並且利用軟體的情境繪圖功能，可以表現出材料的配色及紋理、燈光及日照角度等意境，使觀看圖像的人更能理解圖像所存在的空間感。

圖1-11-2　3D透視圖／馬蕾茵繪圖

3D圖像並不是真正具有「三度空間」的臨場效果，但可以給觀看圖像的人能感受一種像是觀看一張照片的深度感，他實際上還是一張「平面」的圖像。電腦3D圖像也是製圖的一種繪圖方式，是依據施工圖的平立面轉換成實際模型而產生，所以在製圖成本上有一定的費用，在設計製圖的成本上，他是一種額外的負擔。

3. 虛擬情境影像製圖：

所謂虛擬情境影像製圖是指將空間完全可進入立體瀏覽的製圖方法，也就是讓3D影像成為可360°瀏覽的影像構圖，讓觀看者可以在虛擬完工現場，以任何角度體驗臨場的感覺。

這個製圖方法已涉及動畫技術，製作成本極為高昂，除非用於大型設計工程之提案，他不是一般小型設計工程所能負擔的設計成本，在現階段也不是設計方應提供的設計圖說之一。

（二）平面圖

所謂平面圖，狹義的說法指的是空間的配置，也就是對室內地坪利用的一種鳥瞰圖。廣義的說法：平面圖可包含「鳥瞰」與「蟲視」兩種視角的2D製圖，也就是說，他包含「上下」的所有構圖表現。

室內設計不是因為「有圖」才叫做「設計」，而是將「設計」的概念利用製圖的方法，可以讓所有的概念有一個具體的描述，並且據此而將之應用於討論、工程估算、工程發包、簽約文件、驗收等。在所有工程「圖說」當中，平面圖是最重要的圖面之一，也是空間規畫的第一步，他可能出現的圖面有：

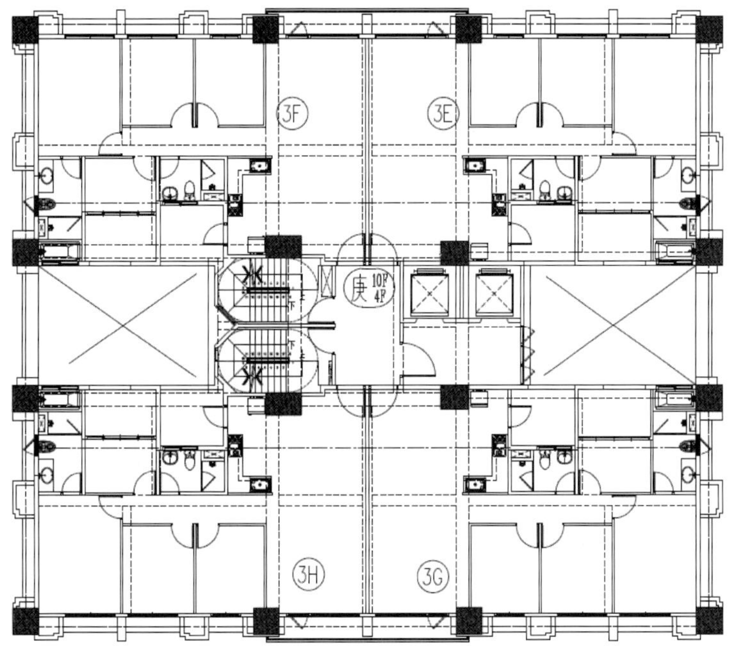

圖1-11-3　建築平面圖

1. **建築物（或樓層、位置圖）平面圖：**

建築物的平面圖一定會有「室內設計標的」的範圍圖面，但不代表這張建築平面圖是該設計標的的全部範圍，他可能只是其中的一小部分而已。在供公衆使用或需用於申請「建築物裝修審查」的商業空間，會有需要出現這張平面圖，但在一般住家或不需申辦「建築物裝修審查」的商業空間的業務，他不是室內設計圖說的要件之一。

建築物的圖說一般可透過建管處所取得，他不是裝修設計單位需要（也沒資格畫）出具的設計圖說，因為這裡面的所有現況都不是設計師所能變動的，設計只能針對標的內所能「更動」的部分做規畫。

2. **原始平面配置圖：**

裝修設計有很多機會，會遇到舊裝修改裝，除非業主自己把內部舊有的裝修物件先行拆除乾淨，不然為了前後對照及估算拆除工程之方便，設計新的平面配置之前，通常需要先繪製既有的原始平面配置圖。

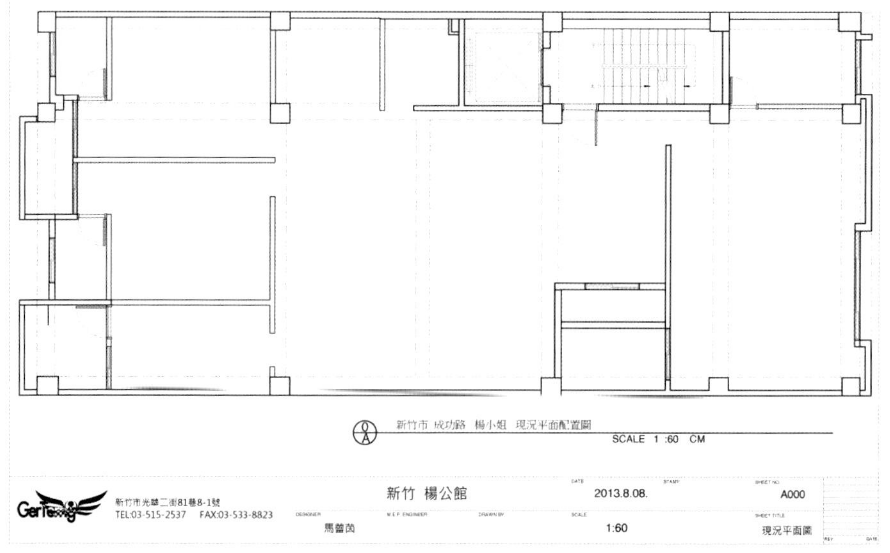

圖1-11-4 原始平面圖

原始平面配置圖除用於隔間比對及拆除工程估算外，在可能只做局部修改時，他會成為新配置重要的參考文件，並也是施工過程當中權利主張的一部分。

3. **平面配置圖**：

或簡稱「平面圖」，主要是表現在地坪上的空間規畫與配置，在圖面上依比例尺寸的應用，可以清楚新的空間配置的動線、硬體的實用性、使用空間、人體工學的尺度等，是否符合合理的配當。

以室內設計的規劃面積而言，多數的單一面積都可以依出圖規格，在同一張圖紙上以不小於1／100的比例完整載錄。只要對「圖例」有一定的概念，在平面配製圖上可以很清楚的看出大門、客廳、廚房、浴室、臥室、陽台等的位置與空間大小，進而可看出隔間設計、家具擺設、地板材料……等，這是一張平面配置圖所需有的基本表現。

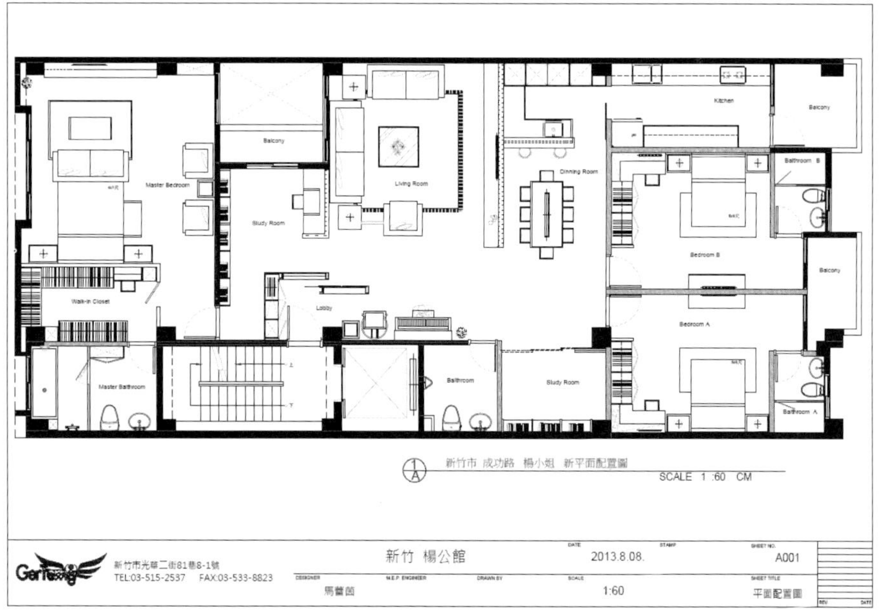

圖1-11-5　平面配置圖

4. **拆除平面圖**：

主要是標示地板、隔間、門窗的拆除，其他固定家具、天花板……等，會使用文字說明，或與新配置圖面相對照。

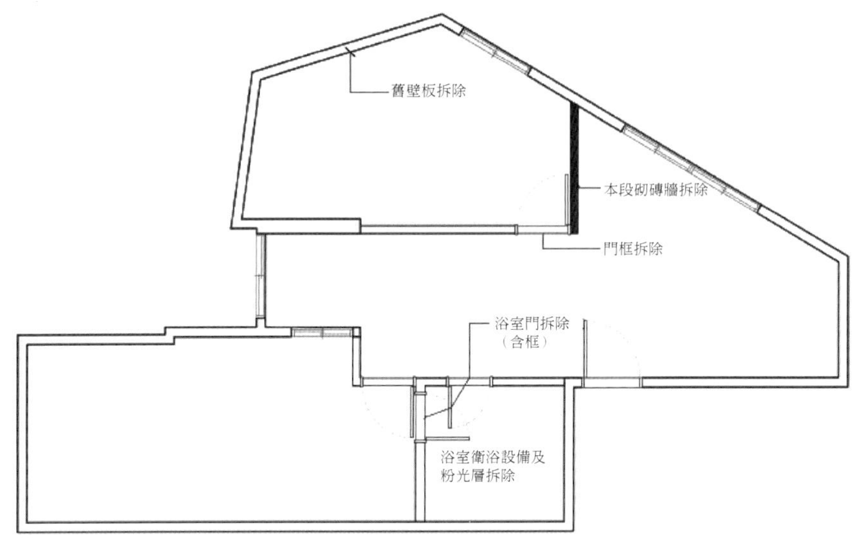

圖1-11-6　拆除平面圖

5. **放樣平面圖**：

放樣平面圖主要標示有：施工位置、尺度、高度（中心水平高度）、縱橫向放樣基準線。在平面放樣圖中，可以出現地板、隔間、固定家具、設備、門窗……等的位置及大小，在必要時，這些工程的放樣圖，可依作種或施工程序的不同，而加以分別繪製圖面，這有利於實際的施工管理。

放樣圖的每個位置需標示精準的規格尺寸，並且需完整校正水平高度、垂直誤差值、縱、橫向的基準誤差值，以及角度的調整。

放樣圖可以幫助圖面與現場的校正，並能讓工作材料擺放在準確的位置，不影響後續的施工作業。

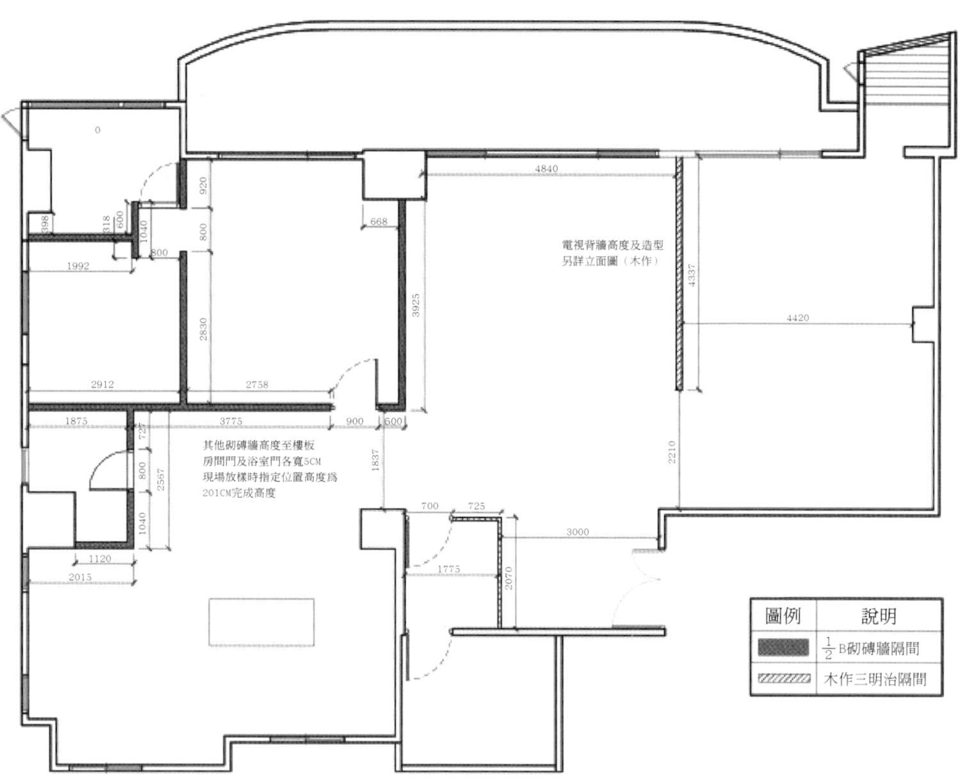

圖1-11-7　隔間放樣位置圖

6. **天花板平面圖**：

天花板造型圖最好與燈具配置圖分開，這樣比較容易完整的標示燈具迴路、開關、插座等位置及高低，也可以使天花板的造型樣式線條不受其他線條的干擾。

天花板工程在施工作業的程序上不一定是最前面施工的，他的立面造型有時常被繪製於其他立面圖，以至於在實際施工作業時，造成對照施工圖面的困難。在實際的施工經驗上，天花板的立面圖、剖面圖、大樣圖，最好是繪製於天花板圖的相關圖號上，這有利於現場的施工讀圖。

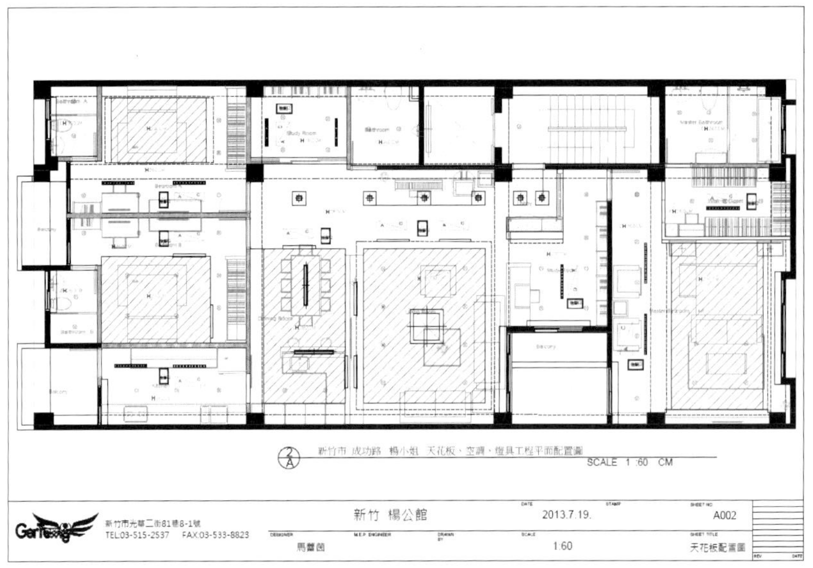

圖1-11-8 天花板蟲視圖

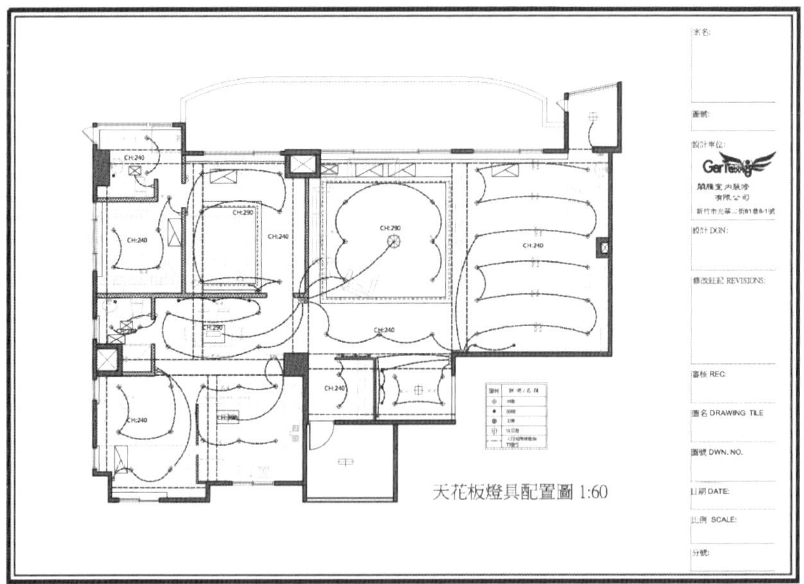

圖1-11-9 天花板燈具配置圖

7. **設備平面圖**：

所謂「建築設備」，是指建築物的一些附屬設施，很多的部分是裝修設計所不能更動的，例如昇降設備、鍋爐、煤、電氣……等。

在裝修工程的實際作業上，會對這些「設備」做一定內部更動，但不能對建築設備做「變動」。例如：燈具迴路的增減、冷、暖氣機體及出、回風、給、排水位置與管路的修繕，這些更動都需在既有「設備」內更動，不可以作設備值的變動。如果牽動到設備的變動，或逃生、避難、消防等時，應由相關技師做變動之申請，這部分並不是室內設計的規畫權限，但可以就設計標的提供意見。

室內設計最常出現的設備圖有：空調設備及管路、給、排水管路、燈具配置及線路、電氣管線管路、弱電線路配置、衛浴設備配置，在不牽涉使用執照申請的範圍內，這些配置是室內設計需更動的設計範圍。

8. **立面索引圖**：

在空間平面圖上以圖號標示立面圖號位置的圖，方便讀圖之檢索。

（三）立（剖）面圖

立面圖是平面圖的延伸圖面，這些圖面的產生是依據平面圖上分子圖號而繪製，單純的立面圖，一定是人在站立時視平線所見的垂直畫面，但剖面圖則不一定只表現出垂直畫面。

如果將室內空間分成天、地、壁，立面圖主要呈現的畫面就是固著或附著在牆壁上的門窗、櫥櫃、牆板的正面造型，而他的具體深度則由這圖面上的縱、剖面圖所表現。除了固著或附著在牆壁上的作件之外，在空間裡的其他家具、隔屏、造型景觀等，也會在立面圖上表現出來。但為了圖面乾淨、容易判讀，多數只繪製施工所需的物件。

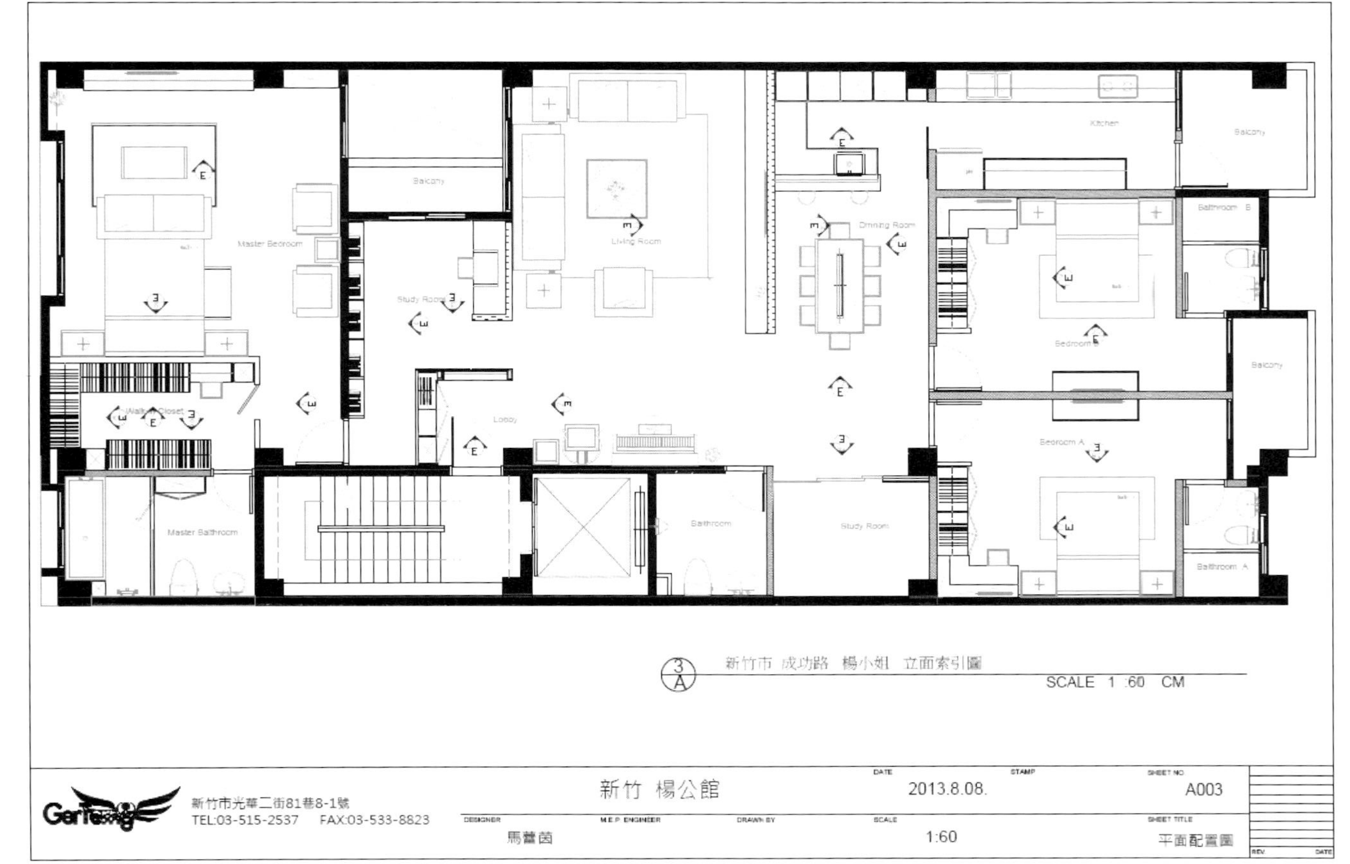

圖1-11-10 立面索引圖

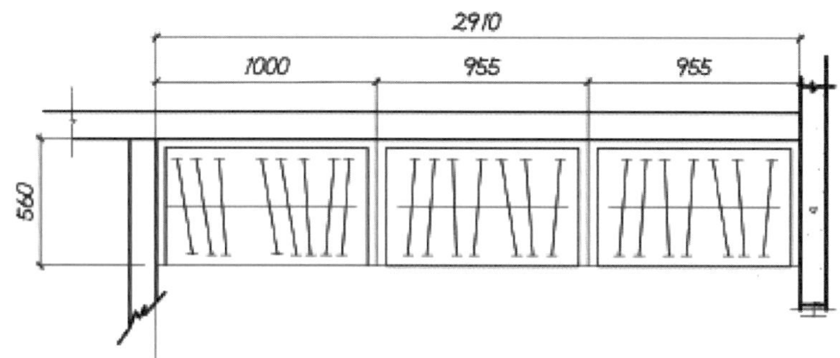

更衣室開架式衣櫃 平面圖SCALE: 1:30 mm

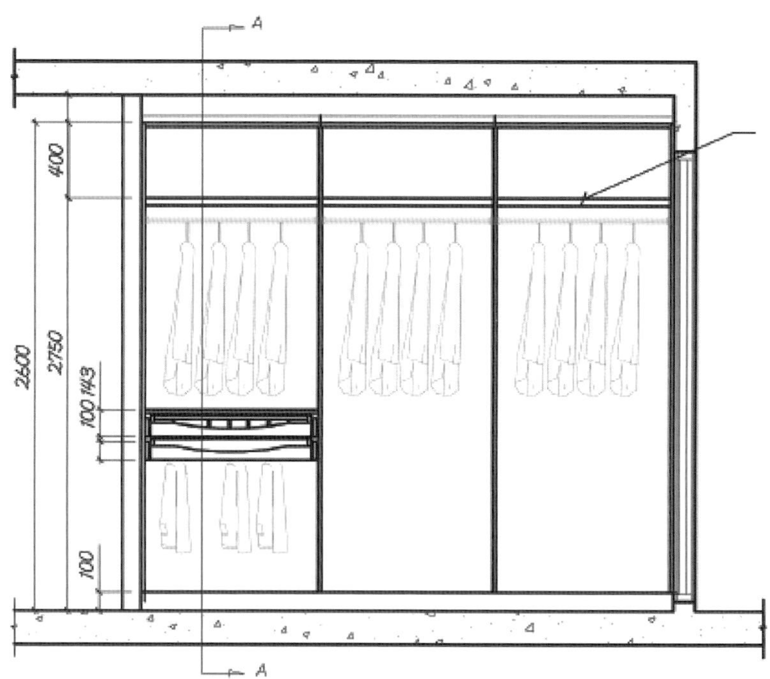

更衣室開架式衣櫃 立面圖SCALE: 1:30 mm

■ 圖1-11-11　立面圖

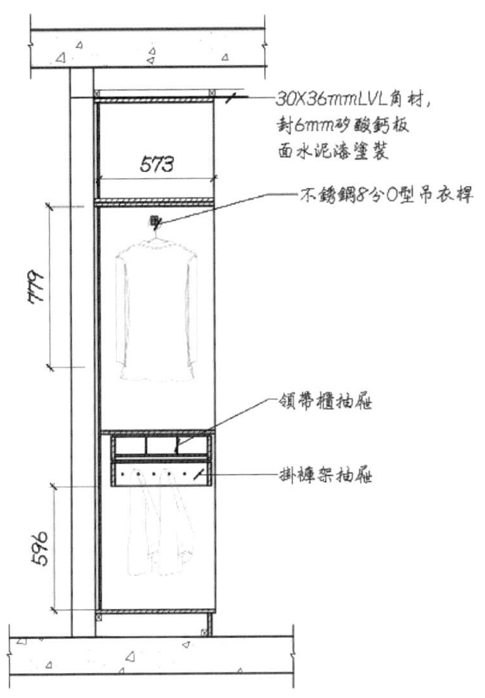

圖1-11-12 剖面圖

（四）大樣圖

剖面圖的尺度比例多數使用1:30、1:20、1:10，但縱使用1／10的比例尺度，一塊木心板的剖面也只能表現出1.8㎜，這個寬度是無法有效交代細部結構的，所以必須使用更大比例尺度的圖做為工法與材料的標示。

大樣圖可以標示立面細部及剖面細部，一般會使用1:5、1:2、1:1的比例尺度繪製工程圖，因為比例尺度大，可以有效的標示出細部結構。

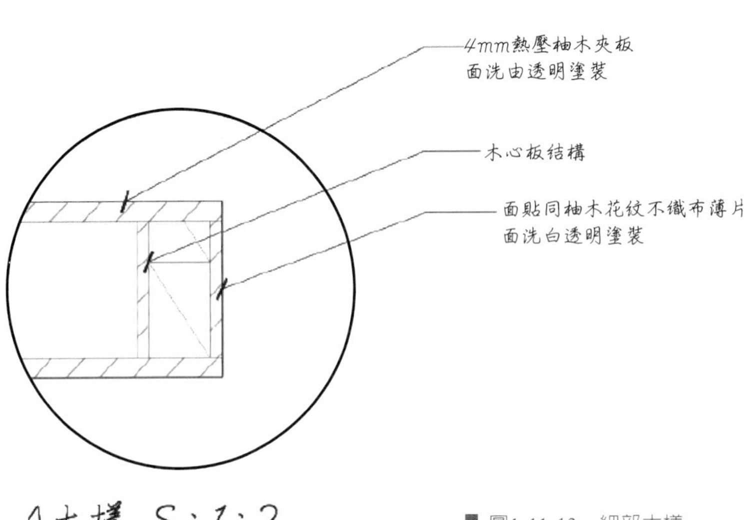

圖1-11-13 細部大樣

1-12 完整的設計圖說

對於一個完整的裝修工程而言，要讓設計、發包、施工到工程驗收，這當中必須準備的圖說很多，當然，裝修工作也可以用嘴巴講完就可以完成這些工作，但在這裡所提的是一種專業領域。

專業的設計公司必須具有專業的設計執行能力，但這也寄託在業主的「專業給付」能力，必須強調他一分錢一分貨，很多時候，材質好壞是一種價位、品牌的知名度是一種價位、服務等級是一種價位。我們假設所有擁有證照的設計公司都是專業的，但一樣有知名度、專業能力的差別，這也同時存在服務價位的區隔。你不能拿那種「免費設計」的價位，要求幫你服務的設計公司付出所有專業的服務內容，我肯定那是不可能的。

> **名詞小常識：圖號與圖例**
>
> 「圖號」與「圖例」，在工程設計圖上的圖框欄位上，會有一個圖號欄位，用以載明這張圖在整件設計圖上的編號，以利於圖號之索引，便於查對圖紙。目前的建築製圖雖然有所謂的CNS中國建築製圖標準，但實際上是莫衷一是，在圖號的標註上並不統一及強制規定。圖號的標示並不是一張圖只有一個圖號，可能會在同一張圖上會出現立面圖、剖面圖、大樣圖，他每種圖都必須有一個專屬的編號，如此才能有效檢索。
>
> 所謂圖例：例就是例子的意思，就是利用一個接近實物的圖型，代表一個施工物件的位置，因為這種圖例的樣式極度不統一，在必要時，會在所繪製的圖面的角落繪製圖例框，以方便對照索引。

> **名詞小常識：「作件」、「工件」**
>
> 作件指的是施工標的，工件指的是施工材料。

所謂完整的設計圖說包含下列工作內容：

（一）建築物裝修審查

建築法於民國84年8月增訂第77條之2明定，「供公眾使用建築物」及內政部指定之「非供公眾使用建築物」室內裝修必需申請審查許可。內政部另於85年5月29日訂頒【建築物室內裝修管理辦法】據以管理。

建築物裝修審查主要針對供公眾使用之空間，其審查需分成兩段辦理：

1. **建築物室內裝修許可：**

依據【建築法室內裝修管理辦法】之規定：

第二條　供公眾使用建築物及經內政部認定有必要之非供公眾使用建築物，其室內裝修應依本辦法之規定辦理。

第三條　本辦法所稱室內裝修，指除壁紙、壁布、窗簾、家具、活動隔屏、地氈等之黏貼及擺設外之下列行為：

一、固著於建築物構造體之天花板裝修。

二、內部牆面裝修。

三、高度超過地板面以上一點二公尺固定之隔屏或兼作櫥櫃使用之隔屏裝修。

四、分間牆變更。

第六條　本辦法所稱之審查機構，指經內政部指定置有審查人員執行室內裝修審核及查驗業務之直轄市建築師公會、縣（市）建築師公會辦事處或專業技術團體。

第七條　審查機構執行室內裝修審核及查驗業務，應擬訂作業事項並載明工作內容、收費基準與應負之責任及義務，報請直轄市、縣（市）主管建築機關核備。前項作業事項由直轄市、縣（市）主管建築機關訂定規範。

第二十二條　供公眾使用建築物或經內政部認定之非供公眾使用建築物之室內裝修，建築物起造人、所有權人或使用人應向直轄市、縣（市）主管建築機關或審查機構申請審核圖說，審核合格並領得直轄市、縣（市）主管建築機關發給之許可文件後，始得施工。

非供公眾使用建築物變更為供公眾使用或原供公眾使用建築物變更為他種供公眾使用，應辦理變更使用執照涉室內裝修者，室內裝修部分應併同變更使用執照辦理。

第二十三條　申請室內裝修審核時，應檢附下列圖說文件：

一、申請書。

二、建築物權利證明文件。

三、前次核准使用執照平面圖、室內裝修平面圖或申請建築執照之平面圖。但經直轄市、縣（市）主管建築機關查明檔案資料確無前次核准使用執照平面圖或室內裝修平面圖屬實者，得以經開業建築師簽證符合規定之現況圖替代之。

四、室內裝修圖說。

前項第三款所稱現況圖爲載明裝修樓層現況之防火避難設施、消防安全設備、防火區劃、主要構造位置之圖說，其比例尺不得小於二百分之一。

第二十四條　室內裝修圖說包括下列各款：

一、位置圖：註明裝修地址、樓層及所在位置。

二、裝修平面圖：註明各部分之用途、尺寸及材料使用，其比例尺不得小於一百分之一。

三、裝修立面圖：比例尺不得小於一百分之一。

四、裝修剖面圖：註明裝修各部分高度、內部設施及各部分之材料，其比例尺不得小於一百分之一。

五、裝修詳細圖：各部分之尺寸構造及材料，其比例尺不得小於三十分之一。

2. 建築物室內裝修竣工查驗：

依據【建築法室內裝修管理辦法】之規定：

第八條　本辦法所稱審查人員，指下列辦理審核圖說及竣工查驗之人員：

一、經內政部指定之專業工業技師。

二、直轄市、縣（市）主管建築機關指派之人員。

三、審查機構指派所屬具建築師、專業技術人員資格之人員。

前項人員應先參加內政部主辦之審查人員講習合格，並領有結業證書者，始得擔任。但於主管建築機關從事建築管理工作二年以上並領有建築師證書者，得免參加講習。

第二十九條　室內裝修圖說經審核合格，領得許可文件後，建築物起造人、所有權人或使用人應將許可文件張貼於施工地點明顯處，並於規定期限內施工完竣後申請竣工查驗；因故未能於規定期限內完工時，得申請展期，未依規定申請展期，或已逾展期期限仍未完工者，其許可文件自規定得展期之期限屆滿之日起，失其效力。

前項之施工及展期期限，由直轄市、縣（市）主管建築機關定之。

第三十條　室內裝修施工從業者應依照核定之室內裝修圖說施工；如於施工前或施工中變更設計時，仍應依本辦法申請辦理審核。但不變更防火避難設施、防火區劃，不降低原使用裝修材料耐燃等級或分間牆構造之防火時效者，得於竣工後，備具第三十四條規定圖說，一次報驗。

第三十二條　室內裝修工程完竣後，應由建築物起造人、所有權人或使用人會同室內裝修從業者向原申請審查機關或機構申請竣工查驗合格後，向直轄市、縣（市）主管建築機關申請核發室內裝修合格證明。

新建建築物於領得使用執照前申請室內裝修許可者，應於領得使用執照及室內裝修合格證明後，始得使用；其室內裝修涉及原建造執照核定圖樣及說明書之變更者，並應依本法第三十九條規定辦理。

直轄市、縣（市）主管建築機關或審查機構受理室內裝修竣工查驗之申請，應於七日內指派查驗人員至現場檢查。經查核與驗章圖說相符者，檢查表經查驗人員簽證後，應於五日內核發合格證明，對於不合格者，應通知建築物起造人、所有權人或使用人限期修改，逾期未修改者，審查機構應報請當地主管建築機關查明處理。

室內裝修涉及消防安全設備者，應由消防主管機關於核發室內裝修合格證明前完成消防安全設備竣工查驗。

第三十四條　申請竣工查驗時，應檢附下列圖說文件：

一、申請書。

二、原領室內裝修審核合格文件。

三、室內裝修竣工圖說。

四、其他經內政部指定之文件。

本項裝修審查工作需有一定的規費，不計算於設計費用內，其所需之相關文件非常繁複，在需要辦理時，由設計單位負責申辦，費用全部另外計算。

（二）工程設計圖

所謂「工程設計圖」，指的是合於「公共工程製圖手冊」規範的設計圖面，並且是所有圖面完整的。所有工程設計圖需具有平面規畫、造型尺度、工法、材料標示完整，可供工程估算、簽訂契約、發包、施工、工程查驗及工程驗收的功能。

室內設計工程施工圖與建築圖有一些本質上的不同，建築施工圖的材料型號、材質選配、設備廠牌、施工技術等，可能牽涉到「綁標」、「綁廠牌」、「綁規格」等法令限制，所以設計者

室內裝修施工許可證

一、本案址建築物室內裝修工程，遵依「建築物室內裝修管理辦法」規定，依下列選項辦理：

1.□依第22條規定，本案經審查機構或主管建築機關申請審核圖說，業經台北市建築師公會審核合格，准予施工。

2.□依第22條第2項規定，本案併同變更使用執照申請室內裝修，其裝修圖說業經設計建築師簽證負責，准予施工。

3. 依第33條規定，本案由開業建築師或室內裝修業專業設計技術人員檢附室內裝修圖說簽章負責，經審查機構查核符合，准予進行施工。

二、施工期間除應遵守公寓大廈住戶規約及區分所有權人會議決議事項外，施工完竣後，應向原審查機構或主管建築機關申請竣工查驗，經臺北市政府都市發展局核發「室內裝修合格證明」後，始完成室內裝修申辦程序。施工過程如有涉及違章建築（如陽台外推）、非法破壞樑柱、施工噪音擾鄰或違反勞工安全衛生等情事，得報請有關單位查處。

裝修地址	臺北市　區　里　路　號		
裝修住戶		連絡電話	02-1234578
審查人員	※註：適用本證第一點第2項者免填寫。	審查機構	※註：適用本證第一點第2項者免填寫。
設計廠商	○○室內裝修有限公司	連絡電話	02-11111111
施工廠商	○○室內裝修有限公司	連絡電話	02-11111111
施工期間	預定自　年　月　日起至　年　月　日止		

相關連絡電話	
台北市建築師公會	2377-3011
臺北市政府環境保護局（廢棄物、噪音、空污）	1999（外縣市02-27208889）
臺北市政府勞動檢查處（勞工安全衛生）	1999（外縣市02-27208889）
臺北市建築管理處使用管理科（室內裝修）	1999（外縣市02-27208889）轉8387
臺北市建築管理處違建查報隊	1999（外縣市02-27208889）

室內裝修施工許可備查章

台北市建築師公會
室內裝修施工許可登錄章
100.4.1
簡裝(登)字第 C1000001 號
連絡電話：02-23773011

※註：適用本證第一點第3項者，由審查機構用章，其餘由都市發展局用章。

※註：本證應張貼於裝修場所之出入口明顯處。

圖1-12-1　室內裝修施工許可證

（建築師）不可以直接指定這一部分[8]。建築營造的標的物不一定屬於專有用途，所以在建築物的基本架構內，材料、工法、結構等直接關係到營造經費的部分，由營造廠計算。在建築風格及裝修材質的應用上，建築師可以主張設計方的意見，但這必須也是需在業主經費預算內。

室內設計的設計標的屬於專用目的，例如住家、餐廳、服飾店、醫療院所……等，因使用需求的不同，所以對於結構、造型及敷貼材質等材料與工法，均需直接針對廠牌、材質、材料、規格、工法、型號等做明確之標示。這是因為行業性質的不同所致，室內裝修業在營造廠法裡屬於「統包」性質的營造行為，與建築設計及建築物或土木工程營造分業是不同的。所以，裝修工程的設計圖不能如建築圖只表現出空間規畫、立面造型、設備標示而已[9]，他必須能讓工程施工圖同時具有設計表現、工程估算、施工放樣及施工準則、工程驗收等功能。

副本

發文方式：郵寄

檔　　號：

保存年限：

新竹市政府　函

地址：30051新竹市中正路120號
承辦人：祝弘瑋
電話：03-5216121#451
電子信箱：01995@cms.hccg.gov.tw

新竹市境福街152號

受文者：　　室內裝修有限公司

發文日期：中華民國102年2月23日
發文字號：府工使字第　　　號
速別：普通件
密等及解密條件或保密期限：
附件：如說明二

主旨：有關　台端所有本市香山區中華路五段　巷3號（座落長興段　地號等6筆土地上）建築物地上一層至地上三層申請室內裝修竣工查驗乙案，經核尚符規定，並發給（102）府工使裝修字第　號建築物室內裝修合格證明，本府同意備查，請查照。

說明：

一、復台端102年2月20日申請書。

二、旨揭建築物申請範圍領有（89）工使字　號使用執照，地上一層及地上二層核准用途為安養中心；（094）府工使字第　號使用執照，地上一層至地上三層核准用途為H1老人福利機構(養護、安養、文康、服務)，室內裝修位置為分間牆及天花板（詳建築物室內裝修合格證明）。

三、該建築物室內裝修由　　建築師事務所負責設計、查驗，並由　　建築師簽證負責；室內裝修施工為　　室內裝修有限公司負責，專業施工技術人員為　　。

四、爾後仍有室內裝修行為時，請依室內裝修管理辦法之規定提出申請，請　台端至本府工務處繳納工本費新台幣200元整後，領取前開建築物室內裝修合格證明。

正本：新竹市私立懷親老人養護中心
副本：鄒錦清建築師事務所、睿騏室內裝修有限公司、本府工務處(使管科)

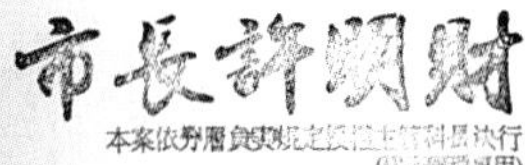

圖1-12-2　室內裝修竣工合格通知　攝影／陳郁文

（三）工程估價（算）單

裝修工程一定會有工程經費預算的，這個預算可以讓設計者據以規畫

[8] 建築設計在規畫時，並不必考慮工程造價，也就沒有標示材料的必要。

[9] 屬公共工程之標單圖說，只能標示「同規格」或「同等級」。

工程的預算控制。或者是因工程估算而清楚工程經費，不論順序是哪一種，最少在工程施工之前必須確認這個工程估價單。

設計單位在不是同時為工程承攬單位時，在設計合約註明的責任內，應幫業主製作完整的工程估算表。也就是說，設計單位應就其所設計的內容，據圖面所設計的，開列出一份空白的估算清單。內容需包含：項目、品項、工程標的、單位，但得不必開列數量、單價[10]。

設計單位為工程承攬人或工程承攬人，其完整的工程估價單必須有下列清楚的標示，內容需包含：項目、品項、工程標的、單位、單價、數量，不同區域、不同作種的工程均應分開載明，在需要時，另製作工程總估算單，並分別載明單一作種工程之合計總價及所有工程之總價，並且製作完整清單。

工程估算單為工程合約的一部分，其估算的來源依據最好為該工程的工程施工圖，如有特殊說明應備註於該工程品項的備註欄，最好不要是一種沒有依據的估算行為。在使用估算「單位」時，盡量避免「籠統」的文字，如「一式」，除非必要。

（四）工程施工規範

在一般的自用裝修工程的施工作業上，所謂的「施工規範」是不容易成立的說法，這主要是關係到工程經費、工程發包及監工的可行性。

所謂「施工規範」通常只出現在公共工程或重大裝修工程，主要用於設計工程之規格說明。而一般私人的裝修工程，其對工程品質及工地管理等要求，會依「習慣」及業主需求，政府除對於「公安」規範外，餘者，為民間活動行為。在【民法】上，所謂「習慣」，是公衆行之有年、獲共同認定之善良習俗之謂。

在民間的交易往來中，自然形成一種價值標準，在交易過程中不一定要訂立書面契約，這是民法的基本精神。但，公務機關、公務人員或法人機構行使公權

[10] 工程的數量一般由工程估算人自行計算，以避免責任問題。

力、或執行公務，其為界清權利、義務，會將相關責任以條列，以避免「解說」模糊的空間，有利於政府發包工程之品質統一。

建 築 物 室 內 裝 修 概 要

合格證明字號：(102)府工使裝修字第　　號　　　　本附表共1頁（第1頁）

建築物要項	裝修位置	申請面積（m^2）	用途
地上001層	天花板分間牆	186.21	老人福利機構（養護、安養、文康、服務）
地上002層	天花板分間牆	186.21	老人福利機構（養護、安養、文康、服務）
地上003層	天花板分間牆	186.21	老人福利機構（養護、安養、文康、服務）
總　計		558.63m^2	

建築物要項	材料名稱（裝修位置）	耐燃等級（防火時效）	裝修面積（數量）
地上001層	9MM矽酸鈣板（分間牆）	耐燃一級	8.01m^2
地上002層	9MM矽酸鈣板（分間牆）	耐燃一級	7.94m^2
地上003層	9MM矽酸鈣板（分間牆）	耐燃一級	21.59m^2
地上001層	石膏天花板（天花板）	耐燃一級	156.63m^2
地上002層	石膏天花板（天花板）	耐燃一級	146.51m^2
地上003層	石膏天花板（天花板）	耐燃一級	155.41m^2
備註	1.本案原領有(89)工使字第　　號使用執造，增建部分領有(94)府工使字第152號使用執造，2張使用執造為同一使用單元，本次申請裝修範圍為全部使用單元之地上1層至地上3層。		

圖1-12-3　室內裝修材料概要（竣工送審資料）

以一個自用自宅的裝修工程而言，如果設計單位不是工程承攬單位，他是「應」幫業主製作工程施工規範，但不見得是可行的。基本的工程施工規範內容如下：

1. **總則**：

「總則」即為說明本「規範」之目的與一些文意解釋，其內容如下：

(1) **施工說明書效力範圍**：解釋說明書的效力。

(2) **定義**：解釋部分名詞、名稱的代表意義。

(3) **責任規範**：解釋承包人、施工者的責任。

(4) **實地勘查**：要求承包人對地形、地物的了解。

(5) **施工圖、標單**：解釋承包人對施工項目的疑問如何提出。

(6) **工程進度**：解釋對本項工程的進度計算。

(7) **工程管理**：解釋承包人應如何負責對本項工程施工、人員、材料之管理。

(8) **臨時性設施**：解釋如何使用如工地辦公室、工房、料庫等。

(9) **損壞修復**：解釋承包人如有造成因施工行為而產生之它項損壞之修復責任。

(10) **意外防護**：解釋如果發生人員安全的責任歸屬。

(11) **工作協調合作**：規範各向承包人相互工作協調。

(12) **材料及人工**：規範材料規格品質、人工提供，以及工具等。

(13) **同級品**：解釋所訂規格之「參考廠商」之外，如何採用合乎規格之同級品。

(14) **工程放樣**：規範如何施側施工位置及放置樣板。

(15) **施工大樣圖及樣品**：解釋如何提送施工圖及樣品審查。

(16) **專利使用**：對承包人施工之專利品之費用規範。

(17) **責任施工**：對保固期限之規定。

(18) **工料**：對劣工窊料之規範。

(19) **承包人及協辦廠**：對承包人及其所分包之廠商之責任及相互關係規範。

(20) **工程變更及造價增減**：解釋如何計算工程變更之追加減。

(21) **工程檢驗**：規範承包人如何於工程施工中，如何接受工程檢驗。

(22) **報請查驗**：解是承包人如合報請查驗工程。

(23) **臨時水電**：解釋臨時水、電 之供應。

(24) **災害保險**：對人員、工程之意外損失之保險規範。

(25) **工程延期**：解釋於何種情況下，如何申請工程延期。

(26) **工地撤除、清理**：工具、材料、拉圾等之清理撤除規定。

(27) **竣工圖**：解釋對承包人所提送之竣工圖之內容之要求。

(28) **其它**：未盡事宜或但書。

2. **計算與計價**：

解釋合約標單中知單位意義、單價項目等。例：

本章工作之附屬工作項目將不予計量，其費用應視為已包含於整體計價之項目內。附屬工作項目包括，但不限於下列各項：

(1) 油漆及修飾之維護。

(2) 業主標誌及圖案美化。

3. **簡寫符號**：

代號或英文縮寫之代表意義。所有代號或英文縮寫以施工規範為準，施工圖標示與施工規範牴觸時，以施工規範解釋之優先順序為準。

4. **引用標準**：

解釋規範中之規格之引用依據。

5. **送審資料**：

規定各項送審資料之規格、內容、數量、時間等。

6. **品質控制**：

規定各項材料、工程之品質規範。

7. **維護**：

規定各項工程提送維護資料之製作及提送事宜。

以上的施工規範最常出現在「公共工程」，那是因為建築法令的相互綑綁，在許多的工程設計圖上不能清楚交代工法與材料，並且因發包單位保留太多「認定」空間，或設計單位為了保障自己。那裡面的那些「但」書，就一個裝修工程而言，根本就不可能存在那種「解釋」的空間。

如果一個裝修工程的設計單位，他的設計圖在用於工程估算時，圖面上對於工法、規格、材料、現場施工管理等工程估算要件不能清楚標示，而要工程承攬單位在每項工程施工之前還要送審材料讓設計單位審核，那原則上這個工程不可能發包的出去，因為沒有一個工程的承攬人有辦法報價，不然就是將該工程以最高品質要求估算，這都是不可行的。

可行的方法是，工程規範只就承攬資格、施工之人員管理、施工進度、工程之驗收標準之清楚的文字說明，並且是事前規範的。在工程估算之前，這份施工規範的要求，本身是工程施工品質要求的一部分，也就是說，他本身是工程估算的成本的一部分。

（五）材料（質）計畫

合理的材料（質）表應在工程估價之前完成，他是工程估算依據的一部分，他不應該是設計方保留設計「創意」空間，這往往就是裝修工程設計單位引用建築營造施工監理單位最不合理的主張方式。

材料配置表多數為實物樣品，他必須是市場上可以有正常管道諮詢價格的材料，並且不是單一壟斷的貨品，除非是業主自己所指定，並且是業主自己可以提供的材料，或者是你自己同意設計單位所提供的獨家商品。材料表的內容不僅限於「粉刷」材料，可以包含：結構、造型、粉刷、敷貼、裝飾、配件……等。

> **名詞小常識：粉光、粉刷**
>
> 粉光一詞是裝用於泥作的砂漿表面工程，粉刷一詞則是營造工程的術語，意只在建築物上所有的表面敷貼材料。

必須強調一點的是：「材料（質）計畫表」並非是「圖說」所必須另外製作的。如果他在工程施工圖可以清楚表達與標示，他就不是「圖說」必須另外配置的資料。在實務工作上，可能出現「材料（質）計畫表」的情形有：

1. 業務簡報：

用於向業主提出設計所使用的材料說明之用。

2. 施工圖表：

用於讓施工單位確認材料計畫，以避免貨號使用錯誤。

最常出現的「材料（質）計畫表」會有這兩種型式表現：

(1) **樣品材料表**：以實物之樣品製作表單，通常用於業務簡報。

(2) **材料規格表**：以圖表方式製作，多數用於工程區塊的材料說明。

第二篇：設計專業的服務價值

2-1　服務性行業的特質

不論是工程設計或是工程施工，他都存在一個特質，「客製化」的單位成本占經營成本及智慧財產比率極高，在提供的商品上多數是幫客人量身訂做，而不是一種量化性的。

因為行業名稱的定位問題，室內設計一直被定位在「專業創意」的藝術領域，或者是一種跟美學有關的工作。用現在在台灣這個行業實際存在的現況來檢視這個行業，就工作型態而論，這個行業更接近於「服務業」，提供給客人一種智慧創作、專業管理及專業知識。

所謂「服務性行業」，在行業分類上被歸屬於第三產業，又稱三級產業，意指不生產物質產品、主要透過行為或型式提供生產力並獲得報酬的行業，即俗稱的服務業，目前與之相關歸類為「專業技術服務業」。要更清楚服務業的行業特性，可以由以下分析而形成一個較完整的概念：

（一）服務業定義

經建會：依我國目前的經濟發展階段，服務業可以分為三類：

第一類　隨著平均所得增加而發展的行業　例如：醫療保健照顧業、觀光運動休閒業、物業管理服務、環保業等

第二類　可以支持生產活動而使其他產業順利經營和發展的服務業　例如：金融、研發、設計、資訊、通訊、流通業等

第三類　在國際市場上具有競爭力或可吸引外國人來購買的服務業　例如：人才培訓、文化創意、工程顧問業等。

財政部（中華民國行業標準分類）

A大類「農、林、漁、牧業」、B大類「礦業及土石採取業」、C大類「製造業」、D大類「電力及燃氣供應業」、E大類「用水供應及污染整治業」、F大類「營造業」、G大類「批發及零售業」、H大類「運輸及倉儲業」、I大類「住宿及餐飲業」、J大類「資訊及通訊傳播業」、K大類「金融及保險業」、L大類「不動產業」、M大類「專業、科學及技術服務業」、N大類「支援服務業」、O大類「公共行政及國防；強制性社會安全」、P大類「教育服務業」、Q大類「醫療保健及社會工作服務業」、R大類「藝術、娛樂及休閒服務業」、S大類「其他服務業」

主計處依據行政院主計處的國民所得編製報告可知，我國國民所得統計之編算，係參照聯合國所訂定之國民經濟會計制度之規定，且依照我國實際需要辦理編製業務。綜觀台灣經濟結構主要以農業、工業及服務業三者共同構築而成。

（二）十二項服務業之產業範圍

1.金融服務業2.流通服務業3.通訊媒體服務業4.醫療保健及照顧服務業5.人才培訓、人力派遣及物業管理服務業6.觀光及運動休閒服務業7.文化創意服務業8.設計服務業9.資訊服務業10.研發服務業11.環保服務業12.工程顧問服務業

（資料來源：http://www.twcsi.org.tw/columnpage/service/definition.aspx）

（三）服務的四大特點

所謂「服務」有四大特點：無從觸及（IntangibiIity）、容易消失（PerishabiIity）、非齊一性（Heterogeneity of the product）、和生產與消費（消耗）（SimuItaneity of production and Consumption）同時出現。

從學理的角度去探究這個行業的歸屬在目前並還沒有辦法完全定義，但從WTO、我國財政部及主計處的行業分類來看，不論是設計產業或是工程產業，已

經開始被歸類為「服務型」商品。就這個行業的現況分析，他確實存在一種「服務行業」的特性。

1. **從無從觸及**（IntangibiIity）**的角度看**：

裝修工程有許多「假設工程」的估算項目，所謂「假設工程」是指：必須付出實際成本，但在實際的商品是不存在的。這些在工程施工管理上會發生的實質支出大致有：

(1) **拆除工程**：舊的構件在施工行為上是一種消滅的動作，會增加施工成本；但不會呈現在完工後的景象，除非拿老照片去對照。這工程包含拆除、清理、運送、棄置。

(2) **保護工程**：在工程施工上對既有的公共、私有設施的防護工作，是一種消費性行為，包含防護施工、拆除復原。

圖2-1-1 保護工程

圖2-1-2 臨時工作架

(3) **工作架**：最典型的就是鷹架工程，在裝修工程上還會因室內空間高度，增加臨時工作平台、升降工作架租賃等費用。

(4) **臨時工務所**：工地辦公室、倉庫。

(5) **機器租賃**：屬於大型、特殊的機器，在施工管理上也會另行編列施工費用。

(6) **工程保險**：工程施工期間的保險費用。

圖2-1-3　夾板作的樣品屋

(7) **工程管理費**：專業技術服務的酬勞。

(8) **清潔**：工地的清潔管理，也是工程交付到業主手上必需的工作。

(9) **工程施工放樣**：在工程施作前確認施工位置的工序。

以上的項目並非裝修工程對「假設工程」所列舉的所有項目，只是舉例這個行業在服務性行業分類上部分相關的行為。

2. **從容易消失（PerishabiIity）的角度看**：

與「建築物」做比較，裝修工程的壽命會因一些主客觀因素而讓他容易消失，他主要的因素有：

(1) **針對性**：室內設計所設計的商品一定針對使用目的，例如：住家、辦公室、商店、醫療院所、餐飲……等，不同的使用目的，無法保留使用。

(2) **使用性**：不同的使用人，會針對自己的使用習性做改變。

(3) **流行性**：會因為新的流行趨勢而改變。

(4) **永久性**：通常不會使用「永久材」，在耐候、耐用度上無法與建築物相提並論。

(5) **臨時性**：如展覽場、樣品屋、佈景、牌樓……等。

圖2-1-4　完全量身定製的施工設計

圖2-1-5　現場施工的材料與工資無法搬運他處

3. **從非齊一性（Heterogeneity of the product）的角度看：**

除非是大飯店或是相同規格KTV包廂，在多數的情況下，需針對使用特性作空間規劃，並且發揮設計創意及設計風格，他很難擺脫「客製化」市場的宿命。

雖然所謂「系統家具」的運用，讓室內設計的設計商品出現「規格化」，但實際上，使用「系統家具」只是屈就於商品規格及生產模式，並沒有因應用這個商品而改變其非齊一性（Heterogeneity of the product）的本質。

室內裝修工程的主要特性就是因為其無法使用「模矩」設計，因為他沒有一個自由模矩的環境，只能高度遷就現場環境。所以，不論是使用「模矩」化的「系統家具」，或現場施作的天花板、隔間、櫥櫃，都是針對空間規格、使用特性、設計創意的客製化商品。在材質、工法、配件、樣式、色彩……，會因不同的使用目的而做針對性設計與施工。

4. **從生產與消費（消耗）（SimuItaneity of production and Consumption）的角度看：**

可以從下列特性看出本業的生產與消費的服務性質：

(1) **「服務」不可儲藏**：同樣的一份空間設計圖紙只能用在針對性的空間，對單次的服務無法複製。例如：陪同業主選購家具，他會因服務失效，而需再次提供服務。他的鷹架拆除之後，要再搭設另外計算，他的清潔服務就是為了工程驗收而已，並且不可能一次清潔永久有效。

(2) **顧客在服務提供（生產）過程中的參與**：不論是空間設計的應用、設計創意、材料、施工品質，室內設計及工程施工的管理過程當中，顧客一直都會參與這個過程，並且高度的使用這項服務。

在設計的過程當中，設計是針對服務對象的使用特性，設計創意也會是這過程的服務項目，因為創意的完成必須有顧客在過程中的肯定。

(3) **服務不能夠被運送至其他有需求的地方**：活動家具除外，裝修工程的做件商品幾乎都是一次性商品，不論其材料、工程施工成本及完工後的成品。因為裝修工程的做件除了是「客製化」規格，只要在於其商品均為材料無法復原的施工行為，主要原因在於製作過程。

裝訂施工的過程當中，材料會經過裁切、裝訂、組合，他會被使用於地板、隔間、天花板、櫥櫃、家具、造型……，這些製作過程只為了符合現階段的施工目的，這會因其他地方的空間規格而無法被再次利用，可能，因利用這些剩餘物質，必須花費比新的材料與工資更多成本。

2-2　委託工程設計與委託工程承攬的不同

撇開「證照」不談（不一定每種裝修工程都需要業務審查），當一個裝修工程需發包時，不一定都是需有設計圖才能施作工程的。但是，一份完整的施工設計圖對工程管理是有幫助的。不表示有設計圖就是有專業的，所以，當裝修工程只屬於一種流行式樣時，並且是一種被標準化的規格時，很多工匠在經驗上是可以直接承攬而施作的。

簡單的講，如果你有「閒錢」，你可以找很多人幫你做裝修工程的設計規畫。當然，在市場競爭的情況下，會有很多的「公司」打出「免費設計」的宣傳，但這種設計公司不是我說的設計專業——設計是一種勞務與智慧財產，沒有免費服務的道理。

在你自以為聰明的找好幾個設計單位幫你設計的同時，你必須也要花時間應付你所委託的設計單位與你溝通設計概念，並且，找一個設計師花一份設計費，找兩個花兩份（以大台北地區而論），以此類推，但不一定能得到最好的結果。就設計專業而言，這種「散彈打鳥」的設計評估並不是一種好的方法，也是不符合經濟效益的方法，對被你委託的設計單位也是一種極度不信任的行為。

通常住家工程的設計才會有那麼多的閒工夫去搞「設計」，如果是商業

圖2-2-1　現代形式的百寶格櫃子，在民國70年代非常流行，是一種由傳統工藝演化而來的現代裝修設計

圖2-2-2　傳統百寶格樣式

空間，在房租及施工時間的壓力下，多數不可能花那麼多時間去玩設計。很多的商業空間設計是在壓迫下所產生的，這種商業空間的設計創意，除非是「神來之筆」，很難有令人驚艷的作品。這種受時間與空間應用及工程預算限制的設計，多數無法發揮什麼美學創意，而是一種應付商業需求的設置規畫，除非這房子是你自己的，而你為了開一間理想中的店，那可以慢慢磨，但也要看設計師願不願浪費時間陪你這樣磨。

在委託室內裝修工作的實務上，就目前市場上所形成的承攬習慣，會出現幾種可能，我把這些現象介紹出來，並在其中分析已經或可能產生的利弊得失供讀者自己參考，但主意還是要你自己去作決定：

（一）統包

所謂「統包」是一種工程發包方式的名詞，不是包山包海的意思，在營造業法上是指將設計與工程全部委託同一個人或單位承攬。這種將設計與工程同時委託的方式，在本業是很常見的業務行為。只能說他是一種市場上行之有年的業務承攬習慣，在工程品質的質量上有利有弊。

統包的承攬方式有：

1. **套餐式**：

受委託的公司以其公司曾經完工的作品的設計風格與施工品質為標準，將委託人的工程分成幾種套餐總價，由業主自行挑選適當價位做後續設計的依據。這種經營方式有很多設計公司會精挑一些美貌的女業務去招攬生意（一般只適合於住家工程），並且也做的有聲有色，其對於服務品質的利弊很難下定論，但相信會對於一些「很忙的人」也許是一種省得傷腦筋的方法。

圖2-2-3　樣品屋的施工品質要求比較有一定的相同位階，以面積單位計價比較具可行性

2. **單價法**：

約定每坪單位造價，再由承攬單位依單價品質及設備量的需求為設計，這種方式大部分對於設計風格不會產生困擾（設計師風格導向），但對於施作工程的數量及施工品質會在驗收時可能出現爭議。

3. **總價法**：

業主提出基本設施需求外，另以工程總價要求承攬，也就是希望所有工程在總價預算內完成，但可能會提出設計風格的主觀意見。裝修工程在初期合約多數會是「總價」承攬；但有可能出現設計方對工法與材料的不專業；與業主的使用需求溝通不明確，而發生設計內容與施工品質、量到最後兜不攏；或是施工半途出現工程追加的狀況。

總價承攬會出現兩種狀況：一是以業主的預算總價為設計標的；一是以設計後所估算的工程費用約定總價。通常設計方式對工程標的很有經驗的，後者不容易出現工程追加的現象，前者可能為了順利承攬工程，有可能在工程項目上及數量會有漏項的可能。

不論統包方式是用那種方式計價，這都是目前最容易出現爭議的工程及工程設計委託方法，因為這個方式在委任關係上太過籠統，並且把工程標的寄託在剛開始的信任上。假設，甲乙雙方都是對法律及工程品質有同樣的認知，並且雙方都是基於善意，這不會產生太大的歧見，但等到為自己利益而主張時，一定會產生利益衝突。

在裝修工程發生糾紛時，業主不全然一定是受害人，其中當施工管理是由設計方轉包工程承攬方，而工程承攬人又在法律關係上與業主沒有直接關係時，單純屬於工程糾紛，由統包單位處理；但前提是承攬方願意負責任。

我舉一個例子：

這是發生在一個在業界名人的身上所承攬統包案，就今天的標準（面積），算是一個「豪宅」的住宅裝修案。先不談設計的問題，工程施工到約百分之七十時，業主要求停工，原因是施工品質不佳及施工人員態度不好。承攬人正好與我相熟，拜託我幫忙做最後的收尾工作。

圖2-2-4　無論如何，工程管理不善，他要花更多的錢去收拾爛攤子

在約定好業主現場勘察後，拿著整份施工圖依約定時間到達工地，業主已經開著大門等著了。業主陪我一路從一樓開始數落工程缺失，從一樓轉地下室，從工程缺失轉而罵設計師缺德、不專業、祖宗十八代，達半個多小時。

這已經不是工程的問題，而是一種情緒上的問題，如果是工程出問題可以想盡辦法去處理。面對一個像流氓的業主，一個靠名氣承攬設計、工程的半吊子設計師，這當中所產生的摩擦不可能找得到潤滑劑。

我相信最後這個工程還是會完工，但不是我幫忙處理的，也可以肯定不是那位原設計師請人把他做完的，因為那已經不存在任何信任基礎。

其中最大的可能是：

(1) 工程承攬人財務管控不好，並且在平時的信用不佳，在應付工程期款拖延的情況下，因招攬不了下游承攬商幫他施工，根本無法繼續後段工程。這種情形在本業常會發生，也就是說，工程的總承攬人不管理財務，出現應付工程款無法支應的現象，這很難繼續施工。

(2) 業主發生財務問題，業主藉口施工品質、設計或是找理由等延遲支應應付工程款，純以法律面不會出現這些問題，但可能發生「霸占」工程的事情發生。

我舉這個案子只是想說明，「人怕鬼、鬼怕人」，設計師或工程承攬人不專業，業主存心不良，都不是這個行業所應有的常態，在那麼多工程案例當中要找一定有，重要的是不讓自己發生這樣的事。

（二）委託設計

室內裝修工程在施工前最好事先規劃好工程設計，這有利於後續工程之估算、工程發包與驗收，但不是所有業主都會尊重設計專業，也就是說會大方掏錢承認這是智慧財產權與工程專業的一部分的觀念有待加強。

單純的委任設計也是一個很好的方法，就是設計單位在發揮設計創意時，不會有工程預算的負擔（如果不限制），他可能會獲得超出想像的效果。但不見得這設計案能真正的拿來做施工用，他也可能超出你想像的工程預算。（或者在技術上無法造作）

（三）工程發包

我在本書的前面講過，這個行業是一種異業結合的新行業，並且因時代演進，他產生了許多「交叉工藝」的工法，這些由傳統工法揉合新的材料所產生的新工法，不要說讀者，有些資淺一點的設計師都不一定全盤了解。設計師在創意製圖時並不需要將施工交叉作業步驟標明（這不是設計師的責任），這個施工流程是專業的施工管理人員需就施工圖說去分析出來的，所以，相信你也不具有這方面的專業（如果你有；那另當別論）。

在你不具備這方面施工管理專業的情況下，如果你自己發包裝修工程，必須知道「適可而止」的道理，也就是說，你只能發包到你所能管控的階段，切割過細的發包方式只會帶給你的裝修有壞的結果，並不會幫你省下任何一毛錢。

你自己發包裝修工程可能會先有三種狀況：

(1) 你已經將工程委由專業設計師做成完整的設計規劃。

(2) 是你自己的規劃與設計。

(3) 是直接找匠師討論樣式後發包

在本業發包工程的做法有：

1. **大包**：

工程「大包」的說法為，工程標的的最大承攬或主承攬，或總承攬，也就是把本項施工相關施工工程同時發包給同一人或同一單位。

2. **分包**：

主承攬工程依區域、施工管理規模、專業施工技術能力……等原因，將總承攬工程分割承攬區域，而將工程發包給次承攬的行為。次承攬的行為可以明定在主承攬合約，在必要時，次承攬人可要求合約關係與業主有直接關係。

3. **小包**：

將工程中的施工專業做為分類，然後再發包給各種專業工程承攬，例如：

泥作、木作、拆除、油漆、鐵作、石作、玻璃、門窗……等，這些專業本來就是一種獨立行業，可以分開發包。但因交叉作業之需要，施工管理人必須有專業施工管理的調度能力。

小包工程在營造工程上是一項合法的轉承攬，也就是說，承攬工程大包或分包的人，他的任務只

圖2-2-5　泥作與水電的交叉工藝

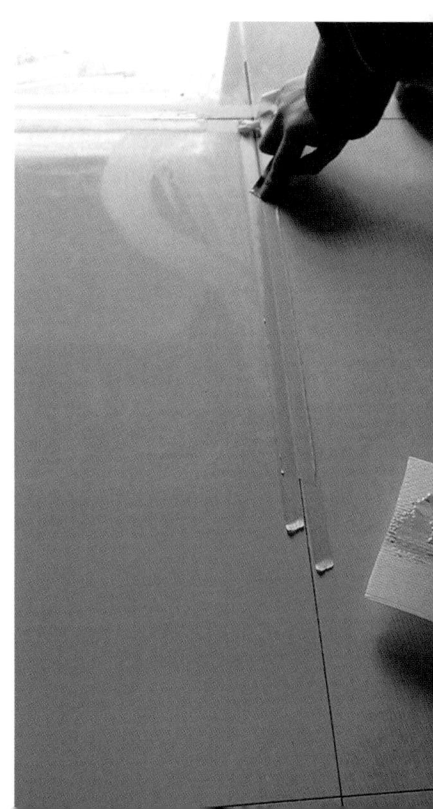

圖2-2-6　石英磚與膠填縫的交叉工藝

圖2-2-7　在這張圖片裡施作的單項工程有：砌磚、水電、大理石、貼壁磚，我不相信你願意自己找人，自己協調工程，自己監工

圖2-2-8　木作工程

是總綰工程施工全責，不代表所有工程施工技術都是「自備機器」與技術人員完成，他將專業工程委託專業承攬是合法的，但他具有統籌所有施工專業的能力。

以現在專業加工細膩的情形，轉分包的定義很難界定，例如：將泥作視為一種專業行業，在以前，他必須是承攬人帶領工匠完成所有在這個專業裡的一切工作，但在新的施工專業分類裡，他被做了改變。例如：原本一堵磚牆面貼磁磚的工程，在早期是泥作匠一人可以從頭到尾完成，但因為市場競爭或是專業技術分類嚴重，這個專業被分割成好幾種專業。（先決條件是工程規模夠大）首先，砌磚牆是一種專業、粉光是一種專業、粉光打底是一種專業、貼磁磚是一種專業、填溝縫是一種專業。這當中不管分成哪幾種專業來施工，重點是，工程主要負責人就是同一個人。但因裝修工程的規模及工程量小，品類繁複，很難分工這樣細，也不合乎施工成本，所以，多數從事於裝修泥作的工匠必須是「通才」，這在以後如果由營造體系轉為裝修體系時，可能會產生技術斷層，因此而增加施工成本。

（四）專業工程管理人的概念

不論裝修工程是否委託設計公司完成完整的施工圖說，業主在發包工程時需先注意「施工管理能力」（裝修申請等事宜先不談），現今的裝修工藝發展已經不是幾十年前那麼單純，「外行人」所能管理工地的事情有限。

裝修工程之發包方式有：

1. **統包**：

將設計公司已經設計完成的工程，依所設計出來的標的委託給原設計公司承攬工程是一種辦法，但與「建築設計」&「建築營造」不同的是：裝修工程之「監造」並非得一定是「設計人」。建築設計人不可能同時承攬營造工程，但裝修工程並不限制「統包」行為，設計公司多數會將工程發包給施工單位承攬，很少有設計單位有能力自行準備材料、人員、機械為施工。這當中設計公司所派出的「監工」是監理自己所承攬的工程，或居施工協調的角色，並不是幫業主監理施工品質。所以，所謂「監工」，應該有業主自行委任有讀圖與施工管理能力的專業技術人員，這才能有效的「照圖施工」與監督施工品質，而管理這個「監工」的專業能力與品德是業主的責任。

2. **自行發大包**：

裝修工程法定的承攬單位有：綜合營造廠、土木包工業、室內裝修業，在法令規定之外，得由其他工程承攬人承攬。

並不是所有設計公司都一定想承攬自己所設計的工程，有些設計公司是因為想承攬工程而接設計案子，有些設計公司只是專門承攬設計案，而不接工程施工，所以，業主自行發包工程是很常見的事。業主在發包工程之前最好是設計圖說完整，這也才能讓工程合約完整，如果沒有設計完整的設計圖，最好能有基本平面圖，並且將工程估價單的備註欄加大，載明該項工程之文字說明，並加註圖片樣式說明，這對工程驗收比較有準確的依據。

多數人會將裝修工程發包給「熟人」或自己信賴的朋友，這不一定會比較省錢或對施工品質就比較有保障。裝修工程發展到現在，施工技術日新月異，並且與經營規模越來越成正比，所以，在發包對象上，你自己要有正確的評估。

在工程監工上面，如果工程已經設計公司製圖完整，工程監造可以委託設計公司擔任，這對解讀圖說會比較直接。但因為工程發包單位並非設計公司，所以有可能發生施工單位不聽從設計單位糾正問題的事情發生，這個問題必須由業主或承攬本包工程的施工管理人負責，或者授與監造人簽署施工進度的權限，不過現代人不太喜歡為了一點小錢得罪人，會發揮正義勇氣的人更少。另一個方式是，工程階段驗收時，請設計公司陪同查驗施工進度與品質，而工程監造任務要求工程承攬人負責。

圖2-2-9　監工能力不足，會造成無法收拾的後果：工程施工不良

圖2-2-10　公司管理與營運規模對施工品質也有一定的影響

委託設計公司派員擔任為監造時，他的角色只是代理業主監督施工品質，他並沒有負責工程施工管理的責任，施工管理與施工協調是工程承包人（大包）的責任，這點業主自己要弄清楚。

3. **自行發小包**：

現代式的裝修工藝發展成很

複雜的「交叉工藝」，也就是很多不同的工藝會交叉施工，所以讓施工管理更趨專業化。以一個完整的住家裝修為例子，他動用到的專業最少有拆除、泥工、木工、油漆工、玻璃、水電、裝潢、門窗、廚具……，他不是早期一個工種做完換一個工種那麼簡單。

因為是「發小包」，所以各個作種之間沒有自行協調的「義務與責任」，並且會發生沒有施工管理人的情形（除非你自己有能力擔任這個角色），這會讓工程施工無法有效協調。

例如：隔間牆需與水電交叉施工、泥作需與門窗交叉施工、木作與油漆需交叉施工……等狀況，而所謂的施工協調是很專業的施工調度工作，他不是單純的下令誰進場，誰退場那麼簡單，必須能顧慮施工效率及工資成本與工程順序。這樣的施工管理人在專業裡面都很難得了，不是一般不懂工程管理專業的你所能處理的，如果是為了節省這到「經理」費用，最後的結果可能花的更多，並且賺了一肚子氣。

在專業知識上，我不建議業主自己做這樣的發包行為。

2-3　了解自己所要進行的裝修工程

在法令規定的範圍外，單純的談室內設計及施工管理會比較容易進入這個主題，當然，該依法委託專業的，還是應該依法委託。

在一般人的印象當中，住家裝修工程還是為大家所最熟悉的裝修工作，但他不能算是裝修活動重要的比例。在我們的生活當中，會幫住家裝修，也會幫所投資的事業做裝修，小的也許就是請人貼貼壁紙、粉刷牆壁；大的會大興土木以求豪華富麗。不論工程大小，他都有一些「經濟效應」，當能考慮清楚這些經濟成本，對於自己所要進行的裝修工程會顯得得心應手。

所謂經濟成本是與你自己「時間成本」與「專業管理」成正比的，如果你的時間成本很高，那把工作委託給專業管理，不用自己勞心勞神費時間，那會很符合你自己的經濟效益。如果你有屬於低時間成本的時間，又你對於一些工程管理有基本知識，你可以選擇使用自己的時間去減少工資費用的方式，但需注意一點：專業工作賺取一定的勞務報酬是天經地義的事，這點你必須充分尊重，不要故作聰明的斤斤計較。

不論是住家或是商業空間，依據工程大小及空間使用特性會有下列的工作流程與工作組合：

下面以住家工程做一個基本分析：

住家裝修工程有公寓與大廈之分，也有新舊之別。

約在民國六〇年代，大量的「販茨」公寓以「毛胚屋」的型態推出，低廉的房價，加上銀行推出房貸分期付款，使得許多人能完成「住者有其屋」的夢想。當時興建完成的「房子」在交給屋主手裡時，多數只是一間「空屋」，除了基本「設備」的一間浴室裡裝一個馬桶及洗臉台之外，沒有流理台、沒有隔間；甚至沒有牆壁粉刷跟鋪設地板，這幾乎不具備任何生活機能。

這是台灣室內裝修業興起的一個契機，這些購買這類公寓的屋主，在房子交屋後的第一要務就是「裝潢」。但那時所謂的裝潢是很陽春的一些施工行為，由最基本的講起：

■ 名詞小常識：作＝行業別

在營造工程中，將營造工程專業分成十三種專業「作」，這個「作」也就等於「行業」的意思。例如：木作、泥作、油作，轉變成現代式的木工業、土木業、油漆業。而木「工」、泥「工」的「工」在古代等同於「匠」的意思，工；代表一種專業技藝，並不是貶損專業地位的用語。這個「工」的意涵，與「長工」、「打工」、「雜工」是有專業上差別的。

■ 名詞小常識：發包

將工程分包與工程「轉包」是有很大差別的。

分包是把大項目依專業施工分給專業承攬。

轉包則是將主要工程轉給另一個承攬人，原承攬人只在這中間賺取轉包利潤，這種動作是將工程費用多剝一層皮，對施工品質一點幫助都沒有，在公共工程的規範中（私人工程也一樣不是好的方法），它是一種違法行為。

■ 名詞小常識：工程標的

台灣習慣上會將工程標的稱之為「案子」，大陸則稱之為「項目」，因為在大陸；「案子」這個名詞只用在司法案件上。

（一）隔間

一間空房子不進行「分間」（隔間）根本上無法正常居住使用，這是所有購買這種房子的業主都有的基本共識，所以，這筆基本的「裝修費」都會計算在購屋成本裡面。

最早期的隔間設計為「花板隔間」，再來為夾板隔間外加表面裝飾，最高成本的隔間為砌磚牆隔間，但在當時還很少見。所謂「花板隔間」是一種結合傳統木工藝與新材料的設計，可以節省木工之外的裝飾費用，幾乎在木工完工之後就可以立即搬進去住。

現在這種隔間方法你如果找到年輕一點的木匠，可能連做都不會做了，當然，你不可能去找人做這麼「復古」的裝修設計；在消防規定上也不允許。現

圖2-3-1　磚牆隔間

圖2-3-2　白磚隔間

圖2-3-3　木作隔屏及粉牆

在新建的住宅，依據法令規定必須計算「日照」、「通風」等，所以在建築設計階段就必須將「分間」隔間計算進去，也就是建商在房屋廣告時所說的「三房兩廳」、「四房兩廳」。在交屋到你手上時，他就是必須如建築平面圖隔間完成，一般的隔間材料為不燃材料或一小時以上防燃材料隔間，或一小時防火時效。

不論是幾房幾廳，很多的新房子在交到業主手裡後，會因空間使用目的、因使用動線、因房間使用的重要等第，而有改變原有分間設計的可能。現在用在住家的隔間材料多數為「素面」材料，在造型完成之後再加以表面裝飾，所用的材料有紅磚牆、輕質磚、預鑄水泥板、輕鋼架（水泥板、石膏板、矽酸鈣板、礦纖板）、木隔間（需為防燃材質，很少用於住家工程）、穿透牆。

進行上面這些工程時，就必須有一些動線、美觀及空間規劃的必要，舉使用紅磚牆隔間為例，一旦使用它作為隔間材料，最少必須動用及牽動以下的相關工程：

泥作（砌磚牆、粉光）、木作（門或壁板）、鋁鐵作（浴室門、窗）、水電（配燈具線、插座線或廚房給排水）、油漆作（粉刷工程）、地板，這是改變隔間所需動用最基本的一些專門行業，這會對業主自己管理工程產生一些難度。

（二）門窗

門窗在行業細分類裡可以算是一種獨立行業，但通常是指「生產」，包含安裝時，他無法自行完備整個裝修工程。新建的房子通常不會有更換大門及外窗的困擾，但會對於內部裝修的房間門有所選擇，對於是舊房子的整修，因老舊及防水、隔音等問題，門窗的修繕在這裡面會占很重的比例。

1. 門：

不論是街門、大門、房間門，他除了提供「門禁」的功能之外，同時他也是表現設計風格很重要的局部工程。門的材料大致有：不銹鋼、銅、鐵（緞鐵）、木、鋁、玻璃、塑膠及其他高分子聚合物，用於住家的街門及大門多數會採用金屬製品（部分大門會使用所謂的「鋼木門」），用於房間的門則多數會採用木製品，用於廁所、廚房、陽台門等，會考慮材料的耐候性能，多數會考慮防潮功能。

門的生產模式因材料的不同而產生很大的變革，製作成本也不一樣。最貴的門因設計造型、大小、材料應用及品牌效應等，這沒有一定的標準。最便宜門可以含門框在1,000多元就買到，但這不含安裝工資及施工管理成本，所以，裝修工程沒有所謂「貴」或「便宜」的說法，而是一種相對性的服務。

可以用三個等級幫門的價錢與品質作為分類：

圖2-3-4　常見的木拉門

圖2-3-5　傳統建築的大木門

圖2-3-6 現代裝修設計的實木門

圖2-3-7 除了像圖中這麼小的窗子，不然一樣分次施工

(1) **特殊性**：客製化規格、創意設計、高單價材料、作工複雜。

(2) **品牌效應**：因品牌的設計專有性、品質特性、性能特性、服務。

(3) **規格品**：可量化生產、材料等級不高、常用規格。

所有的門都很少一次安裝完成（除了簡便的木框木門扉之外），通常會先安裝門框或埋設鉸鍊，高級的鋼木門最少有三道手續，先安裝門框，第二次安裝門扉，第三次裝設門鎖（這是為確保門鎖的鑰匙能在第一時間交給房子的主人）。

在裝修工程的過程中，這些高級門窗或者為業主指定使用，但不見得是業主直接委託廠商施作，通常會發包給裝修工程施工承攬人一起承攬，所以，還會設計一種「施工鑰匙」的方法。這個「施工鑰匙」通常會與正式使用的鑰匙會有一些差別設計，當工程完工交屋時，工程承攬人可以當著業主的面將他們所特別設計的某一機關啓動，然後將「正式鑰匙」原封交給業主，此後，原來那根施工時使用的鑰匙無法再開啓這個大門，以確保大門鑰匙不被複製。

不論新舊建築，當施作門框更換工程時，除主工程外；最少會動用到泥作與油漆作，單純的只更換門枳，這不一定需動用到承攬專業。

2. 窗：

窗子與門一定是固裝修施工的方式，就現代式的鋼筋水泥建築而言，他的工程結構比一般的內裝修門還複雜。窗子在宋朝之前都還是建築承重結構的一部分，在宋朝之後，窗子的框與窗枳才發展出可開啓的形式。

圖2-3-8　現代人對窗子的要求不會只是美觀而已

窗子因為必須可耐風雨，自古至今都選擇能耐候的材料製作（民居建築形式除外），使用最久遠的當屬「針葉樹材」的木材，這種木製窗子約在民國六○年代鋁製品慢慢成熟之後而被取代。後來有段時期因塑鋼材質的興起，部分鋁窗市場被瓜分，

圖2-3-9　多數聰明的業主喜歡把自己關在房子裡面

但塑鋼材料因塑形、精密度、耐候性、價值感……等因素，最後幾乎完全還是全面潰敗下來，除部分不銹鋼、木質製品之外，所有窗子幾乎都是鋁製品的天下。

發展到現在，鋁製的窗子已經幾乎可以所有代替所有的材質，並且在防火、隔音、耐候性上很難被超越。從氣密窗、氣密隔音窗、推拉式、外推式、內倒式、落地門窗……等，鋁製品利用加工特性，從發色、靜電塗裝、粉體塗裝、烤漆，可以滿足各種色彩與材質表現。鋁製品利用射出模擠成型、沖壓加工，因此而發展出許多的精密配件，在性能上可以滿足大多數的功能需求，他現今所發展出來的功能已經不是不銹鋼、木製品所能取代的了。

舊房子修繕時，在更換窗子的工程上，不論使用哪種材質的窗子，他必須考慮窗子修繕之後幾個問題：

(1) **設計性**：窗子材質與造型對整體裝修設計風格的完整性，現代感、價值感。

(2) **功能性**：如防火、氣密、隔音、使用的安全性、使用的便利性。

(3) **耐候性**：現代的建築結構多數採用鋼筋混泥土（鋼骨結構及玻璃帷幕除外），不同的材質與水泥有不同的親密性，會造成防水功能的差異性。

(4) **施工方便性**：窗子的更換屬於部分外裝修工程，在二樓以上的外部修飾與防水，因為需修飾外牆美觀的原因，在施工成本的考量下，會盡量選擇不需要搭設鷹架的施工方法。任何修繕工程都必須能完整修繕完成，不同的材料在施工技術上會有不同，其施工影響及難度也會不同，這也是考慮建材的一種原因之一。

如果是在地上一樓的工程，業主自己或許可以考慮自行發包工程，但如果是二樓以上的樓層，我不建議業主自行發包窗子更換的工程。將舊的窗子更新，他需動用到以下的工程規模：拆除、清運、填縫、防水、細部修飾（這部分可以全部委託泥作承攬），裝潢、裝飾、內部清潔。通常更換窗子時，一定是房子大整修才會做的工程，不可能只是單純的更換窗子，與此同時，可能會在設計上做某些規格上的調整，所以我才說最好不要自己發包，真的只是更換窗子，那另當別論。

（三）天花板

住家只要進行裝修設計，很少不會設計天花板的，主要是天花板是調整空間感重要的組成，對於照明、空調、空間視覺、消音……等效果有關鍵上的影響。在混泥土鋼筋建築結構的空間裡，「冷硬」的感覺是室內設計想消除的首要任務，因造型、結構與材質所產生的影響，既有建築結構的樓層與樓層之間，幾乎不得不有天花板的設計，當然，他也有些是裝飾目的的。

圖2-3-10　外部的施工限制，同時也會影響外部的美觀

天花板的設計必須在最小的空間為設計單位，也就是說，天花板的施工一定在「牆壁」完成之後才施作。這必須先解釋建築與裝修工程對於工程位置的一些術語，在建築與室內設計的設計上，常出現所謂的「天地壁」，這只是一種順天應人的排列口語，但實際上不是這樣設計與施工的。

在工法與居住空間品質要求不明確的早期，有很多的工程是先施工完天花板再進行隔間工程，那是早期錯誤工法與為了節省材料的做法，事實證明這種工程設計方式是不對的。就結構力學而論，裝修工程材料屬於非剛性材料（指結構而言），所以工程結構多數必須借用材料重量，而新式的裝修工法（釘裝、膠裝）更關係到不同結構的緊密結合。而最顯而易見的瑕疵在於隔音效果，當室內隔間不是直接施工到建築物結構的樓板時，相互空間的聲音很容易借由天花板串聯的空間而傳遞。

圖2-3-11　傳統建築比較沒有這些天花板的困擾

裝修天花板的材料大致有：

1. **結構角材**：

木材、集成材、輕鋼架、輕型鋼材。（其他金屬及塑膠材料除外）

2. **造型板材**：

實木、化妝板、夾板、石膏板、矽酸鈣板、氧化鎂板、礦纖板……等。

3. **粉刷材料**：

油漆、壁紙、壁布、美耐板、美鋁板、塑膠板……等。

這些材料所組成的天花板，他的結構密度都不可能超越建築結構的鋼筋混凝土，當然，他的隔音效果也沒有鋼筋混凝土那麼好。但問題是，聲音是一種會反射的物質，鋼筋混凝土的密度可以有阻擋聲音穿透的效果；但同時也會讓聲音產生折射的效果，所以，在很多沒有設置天花板的場所，只要人一多，我們就會感覺聲音吵雜，這是因為這個空間無法產生「消音」的能力。

在裝修的設計上，天花板的造型設計及材料運用就是為了達到這個部分目的，因為材料特性、造型等的干擾效果，可以讓聲音減少折射的能力。一般使用一小時以上防火時效材料所做的隔間，他的隔音效果一定比許多天花板的隔音效果好，所以，天花板應該是裝設於隔間完整的空間。

天花板是可以因材料專業而單獨發包的工程，例如：明架式礦纖、石膏、塑膠輕鋼架天花板、暗架式平頂塑膠、烤漆鋼板、美術板等直接裝飾性材質天花板。其他素面材質的天花板會關係其他表面粉刷工程，不適合單獨為工程發包，如果天花板工程是整體裝修工程的一部分，無論使用哪種材料，他大都歸屬於木作工程內，最好由木作一體承攬為一包較適合。

（四）地板

地板對於顯示住家的華麗與舒適，自古就是裝修工程設計的重點，但同時也是花費很重比例的工程。從有集合住宅的建築物開始，成屋的地板經過很多的變革（一樓用磨石子地板有很長的歷史，但多數用於商業空間），民國六〇年代最常見的是櫸木併花直舖地板、石棉地磚、南亞地毯，高級大廈通常用櫸木併花直舖地板，一般公寓使用石棉地磚、南亞地毯或磨石子。六〇年代後期，因「羅馬地磚」的風行，開始使用磁磚為地磚標準的敷面材，而後開始了地磚一連串的變革，從20×20cm的羅馬地磚開始產生尺寸變化，由25×25cm～50×50cm的規格變化，圖案變化到表面釉質與瓷質變化，這過程大約維持了十幾年。八〇年代流行實木地板與複合式實木地板，九〇年代至今流行拋光石英磚，並由最早的30×30cm的規格發展到120×120cm的尺寸規格。在這所有材料的流行過程當中，唯一不退流行的地板材料為石材，但因為單位工料成本昂貴，他一直不是住家地板材料的主流商品。

地板工程與天花板一樣，最好都是以獨立空間做為設計與施工單位，但地板為基本結構面時，地板應為受結構面。也就是說，地板如果只是單純的砂漿粉光面，而其粉刷面為另一材質時，地板的粉光工程應該先完成。在裝修工程當中，動用泥作或石材改變地板，那表示幾乎是將室內全部翻修，這就無所謂單獨發包的問題。

圖2-3-12　天花板的造型可以兼具美觀與功能

住家的地板材質主要考慮的是單位使用性，例如：玄關及客廳以大方華麗為主，臥室以舒適清潔為原則，浴室、廚房、陽台則以防滑、防水好

■ 名詞小常識：防火時效

在建築材料安全上分為耐燃、防燃、防焰，防燃、防焰用於裝潢、裝飾材料的檢驗標準，耐燃用於裝修材料的檢驗標準，通常為結構材、造型材與粉刷材料，分別為半小時、一小時、二小時防火時效，而使用「不燃材料」為建材時，則不需檢附防火時效。

防火時效與耐燃等級式不同的，耐燃等級的建材只是檢驗材料本身，而防火時效則是檢驗整體構造，例如：三明治隔間牆、防火門、窗……等。防火時效等及當然越高越安全，但相對的施工成本也會越高，所以設計符合法令規定的規格即可。

清洗為原則。不論使用哪一種材料為工程施工材料，地板工程都是一種很專業性的施工管理，不要用那種以材料施工為專業的廠商價格跟專業工程承攬的價格相比，這兩者對工程的服務專業不能相比。例如：專業施作企口地板的廠商，他的價格可能比一般木作來的便宜，但所謂「專業地板」的廠商就只是專門施做這項工程而已，其為了用價格來求得市場競爭力，所用的工匠幾乎很少是專業工匠，更多的是「工讀生」，這些業餘工匠的施工專業只到達這一材料的施工步驟而已。依據公司所教的工法，搬運貨物、舖排材料、裝訂，如此而已。對於專業上施工作業必須注意的細節完全沒有能力處理，也不會處理，當業主為了貪小便宜，將部分工程自行委託這樣的廠商，對整體工程會產生不好的影響。

很多的案例顯示，在工程分包委託太過細膩分散時，最後會有很多責任歸屬不清的情形。這不僅發生在木作地板，任何一種「專業」材料施工單獨發包，在

■ 圖2-3-13　地板施工品質不佳，對業主肯定是一場災難

■ 圖2-3-14　施工技術一直再推陳出新，圖為木地板結構工法

施工管理責任歸化不完全時，在工程驗收或施工過程當中都會產生問題。

（五）櫥櫃

在室內裝修業剛興起時，不論衣櫃、鞋櫃、書櫃、床頭組、電視櫃，甚至是書桌……等櫥櫃，都時興作固定式的現場施工設計，在進口家具、系統家具流行之後，有很多的使用習慣跟著改變了。

圖2-3-15　這樣的地板施工是錯誤的，他不應該由牆邊開始施工

住家的櫥櫃該選擇哪種方式做施工設計，這有很多層面需要考慮的，以下針對常見的幾種櫥櫃的優缺點作為分析：

1. **整體設計**：

所謂整體設計是所有櫥櫃的風格、造型、材質等，與其他天、地、壁做整體風格設計。以現在裝修工承攬商的組織規模而論，中大型的專業裝修工程承包商都設有一定規模的工廠，及出現相關作件提供專業加工的廠商，很多的櫥櫃製作流程不必像早期全部在施工現場施作，大大的提升施工品質與製作時間，而櫥櫃可以保有整體設計與一體施工的感覺。

優點：可以讓室內線條簡潔整齊，並有整體的設計感。結構板材均為木心板或夾板，配件與五金品質多數高於一般櫥櫃，耐用性高，客製化量身訂做，可依據現場環境做任何設計施工，所有作品都是獨一無二的。

缺點：製作成本高，施工時間相對拉長，施工品質受技術與現場施工環境而不穩定，多數採固定式設計，無法隨意搬動。但以一般公寓大樓的格局，任何生活空間在規畫動線完成之後，櫥櫃能挪動位置的機會其實不高。

圖2-3-16　活動家具在理論上不算是裝修工程

2. **系統家具**：

所謂系統家具是指其生產規格利用「模矩化」概念所設計造型的櫥櫃，各式五金配件與活動配件均設計在一定的公倍數尺寸下，造型與功能會受到限制。

因裝修木匠短缺，新進設計者對現場工程管理不熟悉，且因獲利可觀、快速，多數不願意設計現場施工櫥櫃。在業者灌輸「環保材質」的觀念下，導致價格在目前的市場上變得有些畸形發展，讓消費者付出不成比例的消費成本。

優點：生產與組裝快速，價格低廉（剛開始是，現在不是），配件輕巧。

缺點：使用進口的塑合板材（顆粒板），不適合台灣的海島型氣候而容易受潮，其中V313防水板材，縱使是等級最高的E0無甲醛、無毒板材，一樣還是容易受潮，並且還有容易長生蛀蟲的可能。但價格與材質本身的價值顯不相等。

表面材質無法做有效提升。規格化生產，無法提供太多造型需求，造型單調，無法依現場環境契合。

3. **活動櫥櫃**：

在室內裝修工程當中，櫥櫃與活動家具是有分別的，通常會設計成固定式的櫥櫃為衣櫃、書櫃、鞋櫃、床頭組、電視櫃……等；但像沙發、茶几、餐桌椅、床……等，均會被歸類為活動家具，他在住家設計時一般不會被設計成固定式，所以也就沒有出現在工程估價單的項目裡。當那些本來會被現場整體施工或因使用系統家具而讓工程一體承包時，那些櫥櫃會被歸類在工程施工項目裡，但當這些項目變成「非施工項目」時，他屬於另項採購項目，他通常不會計算在工程費當中，而是由業主自行採買的項目（有時會委託設計單位代為採購，或陪同採購）。

優點：可任意選擇擺放位置，價錢的彈性大，可搬遷使用，可選擇品牌品質而彰顯其價值感。活動櫥櫃因為在完整的生產線製作，可以表現出最完美的工藝水準與獨特的設計美學，製作精美的櫥櫃可以被當作一件藝術品保存。

缺點：品質參差不齊，不一定能搭配室內整體的設計感，空間利用性會相對降低，與現場環境無法有效契合。活動櫥櫃的價錢無法以一般裝修工程用市場值去判斷，往往漫天喊價、落地還錢般的交易，但這是市場法則，公平交易。

4. DIY**櫥櫃**：

例如在IKEA、特力屋、網路或大賣場等，都有可能買到這種可自行組裝的櫥櫃，這類的櫥櫃已經完全脫離於室內設計的範疇，在這裡提出來聊備一格，不分析其優劣。

圖2-3-17　理論上櫥櫃直接固著在建築物的施工，才能算是裝修工程的部分

（六）裝潢

所謂「裝潢」，正確的意思是指「用黃色的布包裹器物」，其實就是「裱褙作」，也就是泛指窗簾（紙）、地毯、塑膠地磚、壁紙（壁布）及所有軟包工程。

裝潢工程因專業施工的演進而發

圖2-3-18　系統家具常用的塑合板

圖2-3-19　家具常用的密集板材

圖2-3-20　裝修現場慣用的木心板材

展出許多新的工法及材質變化，在許多的施工印象中也已經不是早期那種「貼黏、包裹」那麼簡單，並且因為他是最「敷面」性的工程設計，對整體工程的設計感影響很大，施工品質的優劣也是「隨處可見、觸手可及」，所以不適合由業主單獨發包，由以下的分析可以清楚他的專業性：

1. **窗簾（紙）**：

窗簾的型式非常多種，因花色與材質所適合搭配的樣式很複雜，當你需選配窗簾時，你的設計師或廠商會幫你介紹這些基本需求，這裡不浪費篇幅介紹。窗簾在住家設計上最多會做上三層，也就是最外面一層窗紗，中間一層防光簾（近期很喜歡把窗紗設計在內層），最內層為布簾，但近代的設計多數為一～二層，主要是中間的防光材質製作於布簾。窗簾使用幾層關係到窗簾盒的規格設計，每層的窗簾最少需有7cm以上的寬度空間，所以，窗簾的設計必須在設計的初期就必須一起規畫的。

生活品質的要求提升也反應在居家生活習慣當中，窗簾的開啓方式除了直接用雙手掀拉之外，他有發展出電動啓閉的裝置，並且發展出很多控制方法，如有線控制、無線控制、聲音控制、遮光控制，這些啓閉設計已經利用到電子控制系統。這些不一定實用的裝置，除了費用（包含維修費）讓人不是很滿意之外，對於幫助人類手部退化一定會有所貢獻，並能適當的滿足一種追求流行、科技、現代與炫富感，但一定要在裝修工程設計時提出要求，他必須在裝修工程進行之間就預先埋設一些管道工程。

2. **門、窗紙**：

在玻璃以現代化工業生產之後，門窗紙就幾乎消失在我們的生活當中，這是指早期的宣、棉紙的年代。現在還應用的門、窗紙可能只剩下「障子門紙」，也就是所謂的和室拉門，但在施工的便利性、設計感等因素考量下，因材質的改變，有些工作已經脫離於裝潢工程。

「障子門紙」由最早期的宣、棉、麻紙，進而改變為纖維膠合門紙，而後出現PC板、壓克力板、玻璃等材料，這已經不是單純的裝潢範圍了。在整個裝修工程當中，這類工程所占的比例極低，工程多數由工程承攬單位統籌承攬及施工管理。但修繕這類的工程，業主是可以尋找相關業別為物件修理。

圖2-3-21　現場裝修有一套另別於家具的方法

圖2-3-22　窗簾在裝修設計上具有功能性及美觀性

3. **地毯**：

地毯簡單的分類可分為滿舖、方塊、踏毯，這是指裝設的方式以及地毯的型式而稱呼，而材質與種類則非常複雜，並且關係價格高低，你在選用地毯時，可與設計師或施工廠商就你所希望的花色、造型、材質與施工方法做討論。台灣受海島型氣候影響，住家使用地毯設計的機會不高，但不一定完全沒有，越高級的住宅越可能使用地毯作設計，在商業空間，如辦公室、KTV、卡拉OK等，更是常見。

地毯的施工方法簡單的分為兩種：

(1) **滿舖地毯**：是指將地毯在施工面積上形成「一整塊」的施工方法，所有的地毯都有一定的生產規格限制，當施工面積超過材料製作最大規格時，必須利用施工剪裁的工夫讓無限大的面積能形成一塊完整的材料與圖案。這個施工方法有：

A. 英國式工法：工法特色為使用「排勾釘」與「熱熔膠」，地毯邊沿使用「排勾釘」為地毯固著材料，併合的兩塊地毯使用加熱熔膠合，其施工費用約高於普通工法的兩倍。

B. 膠合工法：地毯與地板的固著、接合縫處理等，完全使用強力膠黏著，使用時間長或清洗地毯過程等，會讓地毯容易產生脫膠現象。

(2) **方塊地毯**：方塊地毯的規格為50×50cm，等於每片約為$0.25m^2$，主要構成為毯毛、中間為玻纖或無紡布，最底層為2～3cm厚的PVC材質，這可讓一張方塊地毯具有相當的重量，挺直且平整在上面行走不會被捲起，提供一個穩定的介面使不同材質的上下層不會無端收縮甚至出現不同縮率而捲曲變形。

方塊地毯的施工技術層級不高，他甚至可以DIY自己動手施工，但在一般市場行情上，他的工資要求普遍不高，所以發包給專業承攬人即可。施工的步驟很簡單：定中心定位線→塗佈感壓膠→貼黏→契合收邊。

4. **塑膠地磚**：

最早的塑膠地磚含有石棉，現在的塑膠地磚則為PVC材質，有多種規格及型式，具有價格低廉、施工快速的特性。因材料給人感覺廉價，並且會有表面容易氧化而不好保養的問題。在屬於有要求材料等級的住家工程中，多數不會有設計師設計這樣的地板材料，事實上也幾乎只使用於商業空間。

居家使用時，可以選擇一種卡扣式設計的長條塑膠地磚。他的厚度將近3mm，因厚度夠，鋪設時可以不必先處理舊的瓷磚縫，底部不用上膠，利用其所設計的卡榫就可接合，DIY只要一支美工刀就可以解決了。

5. **壁紙（布）**：

民國六、七〇年代，壁紙在台灣曾經廣泛的流行，尤其有段時期流行的立體發泡壁紙，後來因氣候因素、施工技術拙劣，及後來乳化塑膠漆的應用普及，而使得壁紙有很長的一段時間退出住家設計應用。

其實，壁紙於住家所能營造的瑰麗色彩是塗裝所無法取代的，他給人華麗高貴的質感更勝於普通塗裝材料。在業者的創新與研發下，壁紙已經不是印象中那種「印花紙」的質感表現，並且出現「客製化」服務。只要你花得起錢，只要你所希望的材料可以合法取得、可以貼黏在紙上面，包含金、銀、銅、鳥毛、貝殼、皮革、絲綢、竹木、礦石……等，都是可以幫你變成你所需要的壁紙素材；當然，像「麟角、鳳毛、龍鱗」這

圖2-3-23　踏毯

圖2-3-24 卡扣式塑膠地磚

些材料暫時無法供應。

高級品及特別訂製品的價格是很可觀的，而這部分的施工要求也很專業，尤其在「黏貼面」的處理比一般塗裝工程的要求還要高，這方面只要要求承攬廠商做出「專業保證」即可（這有專業的施工規範）。

總之，壁紙因品質差異，他的價差可能會相差二十倍以上，如果只是為了敷面了事，一起發包給裝修工程承包商即可，如果是那種「客製化」等級的壁紙工程，可以自己找專業廠商與設計師共同研究式樣、顏色，然後發包給裝潢業者，這部分的專業責任很重，裝修工程的承攬人不至於會為了賺不到那點管理費而不高興。

圖2-3-25 壁布可以利用於各種設計使用

但必須注意一點，壁紙屬於粉刷工程，在施工粉刷面之前，尚需有「打底」的工程需要作業。不論受貼面是砂漿粉光、木作或任何材質的造型面，在造型材料施工完成之後，其他修補工作，直到壁紙貼黏完成，應由承攬壁紙工程的人一體承攬，這樣才可以對施工責任有辦法單純的追究。

6. **軟包工程**：

所謂「軟包」工程是指用布或皮革包裹墊有彈性物質的裝潢工作，一般常用於床頭板、壁板、坐墊或特殊造型需求等。這部分的工程在住家的裝修總工程款占的比重很低，並且工作很瑣碎，除非是單一工程，否則業主不要自行發包。

■ 名詞小常識：客製化

「客製化」依客戶需求量身打造的商品。

（七）裝飾

裝飾正確的說法是指：「在器物上塗抹漆彩」，也就是所謂的「油漆」作，現在的用詞習慣使用「塗裝工程」。

不論是商業空間或是住家，單純的粉刷油漆都可以將這項工程獨立發包，但如果是新裝修工程，這項工程不適合做單獨自行發包。新裝修工程可能會同時進行多種「作」種，例如：木作、泥做、鐵作……等，這些工程的施作順序並不一定是完成一項再做下一項，他可能會進行「交叉作業」，他必須具有一定專業施工管理能力，才能讓工程順利施作，並且讓塗裝工程達到最好的完成面。

■ 名詞小常識：作

「作」在《營造法式》理規範行業別的一種名詞，也就是我們常用的泥作、木作、油作……等的行業分類用法。

新的塗裝材料及工法非常複雜，施工作業環境的管理就是一門專業，並不是印象中批批土、刷刷漆那麼簡單，他在裝修工程款中所占的比率很高❶。

■ 圖2-3-26　軟包工程在商業空間利用極廣

❶ 塗裝的工程比重在總工程裡約為木作工程的20～30%，如果是特別為塗裝材質而表現的設計，其比重會更高。

（八）設備

圖2-3-27　裝修塗裝所使用材料與工法非常複雜，對一個工程的施工品質具有舉足輕重的地位／史金興攝影

建築設備指的是：煤氣、電氣、鍋爐、昇降、空調、消防……等，就法令限制而言，這些【建築法】裡所列的「設備」都不是「室內裝修業」所可以改變設計的部分，以目前的法令，也沒有設計師直接找設備計師變更設計的配套措施。

所有這些「設備」都設有專業技師，他主要專業在於設計設備容量與設置申請，這些工作在建築物營造時都會被消化完成，當建築物獲得使用許可後，他改變的機率就很少了。這些設備與裝修工程很少會產生抵觸，因為室內裝修必須在既有的建築物構造及設備內設計工程，任何設計都不會更動既有設備，也不能更動設備既有的「設備容量」與功能。

但不一定變動設備容量就需動用到專業技師，舉例說明：最常遇見的設備變更大概是電氣設備，常有建築物因變更使用目的，及使用上的實際需求，原本的電力設置如果為單相220V，需變更為三相380V動力用電，他就需變更申請契約容量及電力裝置，而這部分屬於台電的業務承攬[2]。或者因室內裝修目的需調整消防灑水頭的高度等，也都還不涉及所謂設備「變更」，這個工程的施工只要不

[2] 多數是委託專業的人去申辦。

影響消防設備的正常功能即可。或者如瓦斯管路及瓦斯表位置變更，這部分並不涉及所謂的設備容量的問題，只要向供氣單位提出管線變更申請即可[3]。

在裝修工程裡一樣把幾種工程列入「設備」項目，例如：料理台（流理台）、衛浴、空調，這幾種設備項目均可單獨發包，並且可以細項採購，但其安裝工程施工一樣涉及很複雜的「交叉工藝」，所以，必須了解以下的一些專業常識及市場的銷售模式：

圖2-3-28　瓦斯管路依規定需為明管配管，如需通過進入室內，需由專業瓦斯廠商施工設計

1. **料理台**：

西風東漸，雖然飲食文化沒有改變，但建築結構的型態改變，中式飲食料理的爐灶也不得轉型為歐式的料理台形式。這是因應新事物的生活型態，而公寓大廈的密閉空間也不可能再使用薪炭來做飯，所以這個料理台只是順應時勢而不得不出現的生活必需物件。

料理台由幾種部分所組成，設備提供、器具、櫥櫃及安裝：

(1) **設備提供**：必須提供電力、瓦斯、給排水。

(2) **器具**：基本的有瓦斯爐（或電熱爐）、抽油煙機、洗濯槽，進階器具有：烤箱、量米斗、烘碗機，這幾樣器具都是可以搭配料理台櫥櫃做整體設計，另外的冰箱、微波爐等，一般為外置形式。這些器具都是可以單項採購的。

[3] 以大台北瓦斯的規定，多數變更管路的施工必須由其公司承攬施作。

(3) **櫥櫃體**：料理台的櫥櫃體可以有幾種方式產生，可以自行設計並以木作現場製作、可以由系統家具施工、可以由專門銷售料理台的公司一體承攬。

圖2-3-29 圖中的轉角櫃是進口的專業廚具所生產

圖2-3-30 明式排油煙機

圖2-3-31 崁入式洗碗機

圖2-3-32 進口流理檯喜歡配置三口爐，以台灣人的使用習慣，他真的只是好看而已

圖2-3-33 安裝水槽需由水電工與木作施工，事實上，一個有經驗的老木匠有可獨立完成

施作料理台櫥櫃最好的選擇是木作現場製作，但有一個問題不好克服，就是一體成型的不銹鋼沖壓檯面。料理台的台面材質約有：現場敷貼面、卡好檯面、石材、人造石、一體成型不銹鋼沖壓檯面。前面幾種都是可以加工委託或現場施工，最後一項很難找到配合的加工廠或是所生產的品質不到檔次，這是目前專業流理台廠商具有市場優勢的部分。

所謂專業流理台的廠商仍有其專業導向，一種是以生產器具而形成專業品牌，一種是以生產專業流理台櫥櫃與配件的設計與施工為品牌。只要是市場知名品牌，他一定是「整體」承包，也就是從設計、器具配置、生產、安裝，一體承攬。高級料理台的造價不斐，而器具安裝也很複雜，如業主有屬意的品牌與設計格式，這部分由業主直接發包比較適當，並且在器具使用上也可以直接獲得廠商的售後服務。[4]

(4) **安裝**：如果料理台是發包給專業廠商總體承攬，業主只需要依規格及品質驗收即可，如果歐式料理台是分開組成，才需要注意其安裝的步驟。安裝有幾個部分，爐具與水槽的開口與裝設、器具裝設、給排水裝置安裝、抽排風機的功能安裝、瓦斯接管路。就實際作業而言，如果工匠的素質正常，這些安裝工作只需要動用到木工及水電工就可完成。

2. **衛浴器具**：

簡單的衛浴器具大概就是馬桶、洗臉盆、浴缸、配件，這幾樣東西在新建的房子裡早就是基本配備，但房子的裝修如變動到浴室時，多數的業主或因設計的風格、表現華麗與特殊功能等目的，這些器具會是住宅裝修工程中被考慮更動的重點。

通常所謂的「豪宅」，有的一間浴室就比普通的一間主臥室還大，或者是對衛浴設備特別講究的，在做室內裝修設計時，也會有想更換知名品牌或特殊功能

[4] 流理檯的櫃體及其所有設備，其實都是可以分開計算的商品。

圖2-3-34　讓人有想下去洗澡的感覺／TOTO廣告圖片

的器具。例如：加裝按摩浴缸、SPA蓮蓬頭、甚至是全套的三溫暖設備，這些設備幾乎全為進口品牌產品（不見得不會有大陸製的），有專門銷售的店，其定價「沒有一定行情」。

這些小衆品牌的頂級衛浴設備多數來自歐洲，他的許多配備規格與本地的規格不一定相容。在很多的案例顯示，他只要有安裝不當的情形發生，設備很容易發生品質瑕疵。這些進口設備的廠商出貨收款的合約幾乎都是「單方合約」，並且收款很硬，所以會相對的增加施工廠商的進貨成本負擔，並不是人人都喜歡經手這樣的設備承攬。當你委託給工程承攬人時，品質由承攬人負責。但當你自行發包給設備廠商時，設備安裝與施工品質要由你自己負責，其中因安裝需施工單位配合施工的部分，不要要求本工程的承攬單位無償配

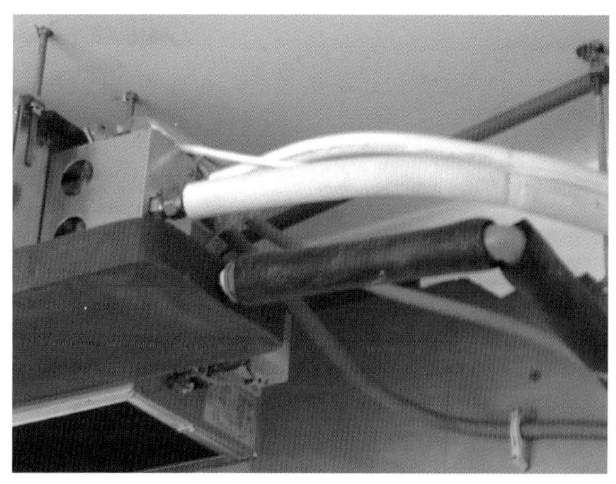

圖2-3-35　吊隱式室內機包含冷卻水集水盤，安裝需注意排水高度

合，這就本業而言是不合理的。

3. **空調**：

在亞熱帶的台灣，空調設備多數只裝置「冷氣」，這是以前窗型或箱型冷氣機功能的印象，雖然不一定用得到；但享受生活品質的要求下，「恆溫」空調是很基本的空調概念了。

所謂的「空調」就是空氣調節的簡稱，主要是讓室內空氣的溫度舒適、維持新鮮的空氣品質，它在住家或商業空間有不同的使用與設備需求。高等級的空調機種可以變頻、省電，節能環保，這些廣告詞，在實際的使用上，確實有些效果。

2-4　不同的空間會產生不同的空間費用

裝修工程費用會因工程規模大小與設計內容而產生不一樣的估算結果，但有些費用的產生，不一定與「服務價值」產生成正比，而是會跟企業的經營效益而不一樣。工程規模的大小、性質，因服務成本不一樣，也同時會對設計費用及工程費用產生不同比例。簡單的講，一間十幾坪的小套房，他設計費的「單價」一定會跟一間百坪豪宅的單價不成正比。而設計一間幾百間客房的飯店，他的單價也一定跟設計一間同樣面積。但全部是不同性質的集合餐飲店會產生不同的單價，這當中又跟設計師在專業知名度的品牌價值而產生價差。

我在下面虛擬一個表格來介紹大小坪數、新舊建築物、及使用傳統木作施工與使用「系統家具」所可能產生的價差。

表2-4-1　空間大小對工程設計與施工的單位單價的影響

工程規模 工程性質	大坪數	小坪數	住家	商業空間
設計費	設計服務效益較經濟，設計費單位單價可較低	設計服務效報酬率低，設計費單價較高	均為客製化設計，單位單價費用較高	商業空間的空間比大、設計造型複製率高，單位單價費用較高
施工費	施工費用需視工程品質要求，數量多寡而定 其中住家所要求的施工品質會高於一般商業空間，且因施工規模較少，所以單位單價會較高			
監工費	單位比例較低	單位比例較高	較商空高	較住家低

表2-4-2　專業性質之比較

工程性質 施工內容	木作傳統施工	系統家具	家具擺設
設計費	客製化設計	模矩化設計	只設計擺設部分
現場施工的配合能力	能完全處理現場施工作業，固著性佳	模矩化規格，較無法產生穩固固著。	活動擺設
材質	以實木、木心板及夾板為主要材料	以塑合板為主要材料	多樣性
施工費	有市場行情	市場行情封閉	沒有行情
說明	傳統現場施工之櫥櫃耐用度高，造型獨特，材質多樣，施工成本高	系統家具的主要商品為櫥櫃，因其材質為顆粒板材，成本低廉，早期給人的印象是一種廉價櫥櫃，近期打著「低甲醛」的口號，而價錢提高到比現場木作高昂，顯不合理	

■ 表2-4-3 新舊建築在裝修工程上所產生不同的費用

空間性質／工作內容	新房子	中古屋	商業空間
設計費	須配合客變較高	較新建物的設計費高	與新舊無關
拆除工程	如預先做好變更不會產生費用	會產生拆除工程費用	新舊的營業性質差異大小會影響拆除規模
泥作工程	很少產生	一般都會產生泥作工程	依設計
水電工程	電迴路只增加新增部分，一般不會更動水管線路	會有更換電氣迴路的會用，多數會更動或抽換老舊管路	依使用目的，商業空間的水電工程會有一定的規模
木作工程	視所設計的工程內容而定		
塗裝工程	既有牆面的費用可能節省部分，其他依設計的量	需比新建物付出較多修補成本	依設計
衛浴設備	很少產生	一般會產生	除非全新裝修設計，多數不會產生
	依廠牌及數量而產生不同費用		
空調設備	依廠牌及數量而定		
裝潢工程	牆壁較平整，整底費用較省	會增加整底費用	除特別高級場所，依般較不講究施工細膩度

2-5 專業與非專業的施工管理

沒有人會願意把裝修工程委託給外行的人，但多數會在完成委託之後才發現承攬人的專業能力，而這又不是在現階段的「證照」制度所能保證的。現階段對於「證照」的專業能力認證，通常只設計在對應考人的「考試能力」，就像有些「師」級的要申請執行業務內的相關執照，還要委託「黃牛」，何況是一些不是由國家普考考出來

> ■ 名詞小常識：變頻器
>
> 變頻器（Variable-frequency Drive，縮寫：VFD），也稱為變頻驅動器或驅動控制器，可譯作Inverter（和逆變器的英文相同）。變頻器是可調速驅動系統的一種，是應用變頻驅動技術改變交流馬達工作電壓的頻率和幅度，來平滑控制交流馬達速度及轉矩。

的「士」。

在談「專業」這個題目之前，必須先弄清楚所謂「專業」的定義為何？簡單的講，它包含設計專業、工程管理專業、工程承攬專業、專業技術及施工專業。專業的人做專業的工作有時都還會出錯，不是專業的人做專業的工作是更可能出錯，會因非專業而「事倍功半」，那工程品質也就可想而知。工程品質好壞的界定跟造作成本是相對的，不是取決於工程所完成的現況。一個工程使用一個工程成本完成其相對的品質，跟一個工程用三倍的成本去完成相對於一個成本的品質，這就是所謂專業的差別。

由「相對成本」的管理，可以看出專業管理能力，可以將工程發包給工程承攬專業的人，可以提供專業技術，及應用施工專業團隊與工匠。我以下就這幾點做一個概念分析：

（一）工程管理專業

經驗是一個很寶貴的東西，尤其在裝修工程的管理上，他可以讓一個只會畫設計圖的設計師，具有管理一個裝修工程的發包、監理施工進度、工程品質及工程驗收。

從實際的工作上可以獲得經驗，工程的專業管理並不等同於工程的專業施工管理，它可以經由豐富的實務經驗而累積一定的專業印象。工程管理是一種層層節制的分工，通常是越高層的管理單位其對施工技術專業越薄弱，但這不影響他的管理能力。其專業主要應用在預算管控、工程發包、分包的交叉工程施工管理、施工品質的監理，這在許多公家機關也是一樣的道理，但只是「流程」不一樣罷了。

工程管理有以下的範圍：

1. **工程發包**：

工程的發包需有專業的考慮，也就是同樣的工程承攬人，他的施工經驗，施工配合度、工程的承攬價格、施工進度的能力等。工程發包最重要的一環是預算控制，利潤是一回事，發包的人與否又是另一回事。

2. **施工團隊的調度能力**：

裝修工程不是一個工班進來施工一次就能完成其全部施工作業，他因為有高度的交叉作業特性，工程管理人員必須能以最經濟的施工調度減少工班不必要的工資成本。

他需有將同一作種的零碎工作，集合、提前或後退施工，以期達到施工的最佳經濟效益。這有利於施工之和諧，並且幫助施工單位減少不必的直接成本。

3. **對業務申報的掌控**：

工程管理必須包含相關的業務申報，例如：勞安、執照申辦、開工、竣工查驗等業務。

圖2-5-1　發包工程的態度，會影響工匠的施工態度

（二）工地的專業管理

工地的管理必須直接面對人員、材料、工程協調與施工進度的管理，這真的必須借助一些施工經驗的累積。他需有這樣的專業能力：

1. **關於工地安全的維護**：

工程施工首重安全，一個謹慎的施工管理人可能會減少很多不必要的勞安事件，讓工程施工進度不必受不必要的干擾。工地的安全維護有些臨場的工作經驗很重要，他並不是貼一張公告了事。

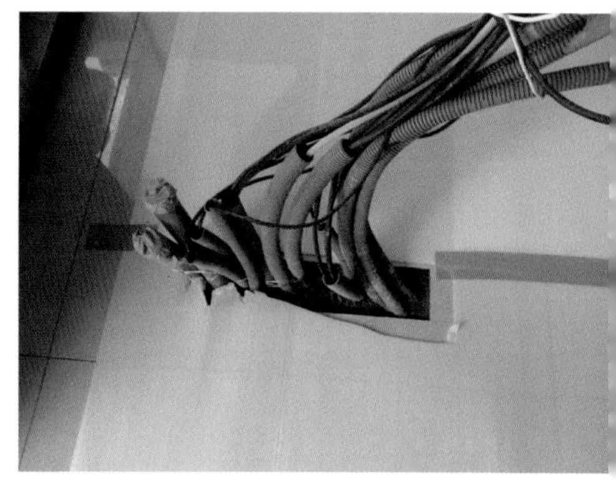

圖2-5-2　圖中這團管線，有水電的線、弱電的線，當地板施工時，因為後續木作規格的關係，他必須被限制在一定的範圍規格內出線，這個整理工作就是專業

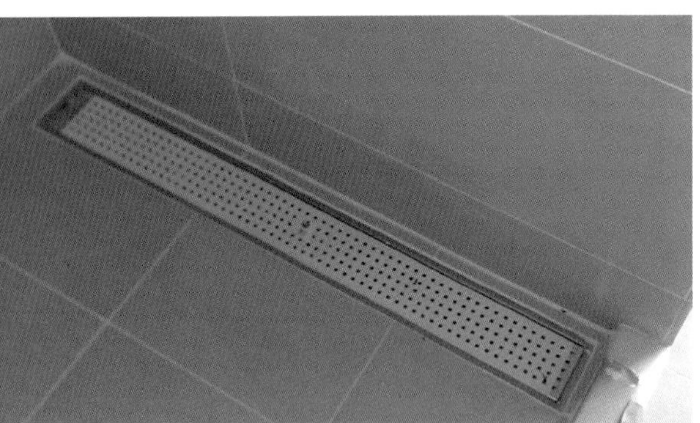

圖2-5-3　這個排水溝槽是貼地磚的工匠安裝的

圖2-5-4　工作架不要用不安全的方式架設

在工作經驗中告訴我們，工安事件很多來自於輕忽的工作心態，例如：某些工匠會「自以為是」、會「藝高人膽大」，這是最容易引起意外事件的產生的。我舉以下幾個例子：

發生的地點都在台灣北部，但時間久遠無法一一列明發生的時間點：

(1) **高空墜樓事件**：

地點：公寓頂樓加蓋的違章建築。

狀況：接近中午時分，因外牆一小塊需補作鏝灰作業的工程，工匠甲請工匠乙利用人體壓力，以槓桿原理將一塊棧板伸出窗外，由工匠甲站在伸出窗外的棧板上施工。正逢中午放飯時間，領班高喊一句：「吃飯了！」那個幫忙壓制棧板的工匠乙一聽，忘了自己手上一條人命，當他轉身準備去吃飯時，聽到身後傳來一聲：「啊……！」

檢討：施工作業安全不可以寄託在任何不確定的作用力上。

(2) **槍擊事件**：

地點：一般室內裝修空間。

狀況：叔姪二人在同一個工地施作木作工程，姪子為學徒，因好奇，於是拿起一把火藥釘槍把玩。也真的該當有事，當侄子裝好槍釘、填好火藥時，往一堵磚牆上比劃時，一時槍聲響起，槍釘射出的同時，聽到隔壁房間傳來一聲「啊！」那個好奇的侄子到隔壁房間一看，叔叔已經倒趴在地上。

圖2-5-5　磚牆溝縫的砂漿密度不能跟紅磚相比

事由：火藥釘槍具有一定的殺傷力，所以都設有最少一道擊發保險，最基本的是壓力保險，也就是當槍頭的保險不能開啓時，板機是無法作用的。事後研判，當時侄子的釘槍正好抵住磚牆的縫隙，而縫隙邊的磚正好抵住槍頭，使保險開啓。當火藥擊發時，槍釘正好穿透未完全填縫的磚縫，而那時，叔叔的腰部正好抵住磚牆，致使槍釘的射程能穿破叔叔的腎臟器官。

(3) **工作架殺人**：

地點：工程的挑空作業。

狀況：工程施工的高空作業平台有兩種架構方式：鷹架施工作業平台、木作施工作業平台。本事件的作業平台為木工自己搭設。

通常由木工自己搭設的作業平台，木工會因材料利用而採不固定施工，也就是把用於作業架的材料盡量減少裝訂點，在結構強度正常的情形下，作業的平台棧板不一定是需固著的（但法規是）。因交叉作業之需要，在底層的工作人員對於妨礙施工的工作平台的斜撐，「認為」無所謂的，就拆除。結果，在「壓垮駱駝最後一根稻草」的最後一根斜撐被拆除時，工作架頓時崩塌。一時間，片片脫離的木板，如飛刀般的射向躲避不及的工匠。

(4) **交叉作業**：

地點：餐飲業的施工工地。

狀況：木作同時施工不同高度的作業，甲工匠站在馬梯上作天花板結構，乙工匠在椅梯下作不同施工。陰錯陽差，當乙工匠起身時，甲工匠正好把手上的「大鋼牙」釘槍下放（氣動釘槍，具殺傷力），正好，一根6cm的鋁合金槍釘就全部沒入乙工匠的頭顱中。人沒死，但雙方一直在訴訟。

(5) **吊掛作業**：

地點：新北市板橋區（當時為台北縣）樣品屋工地。

狀況：樣品屋工地，一資深工匠帶領其它工匠製作一個樣品屋的頂罩，頂罩為直徑6公尺的造型木製品。約午休前，約定的吊車到達工地，吊掛作業由那位資深工匠作內部連結，時值午休放飯時段，幾十工人就坐在一旁看吊掛作業。

那頂罩吊掛到半空中時，空氣中傳出了一聲「嘎」的聲音，緊接著，就看到那個懸掛在半空中的頂罩像團被丟棄的垃圾直瀉而下。

檢討：當那頂罩墜落時，那位資深工匠手上的飯盒也差點脫手掉落地上，他說：

「我本來想蹲在裡面一起吊上去。」如果他當時也在裡面，或是吊掛作業下有人，後果嚴重。

(6) **樣品屋倒塌**：

地點：早期的木結構樣品屋。

狀況：早期樣品屋均為木結構，由地板起，至所有結構完成全部為木結構。其施工序為地板、牆體、桁架、頂蓋，但為了搶進度及有效分散施工作業，會進行上下的交叉作業。

當牆體完成之後，牆體會被斜撐所固定，在正常情形下，在牆體上端進行頂蓋作業是安全的。因交叉作業，部分工匠判斷某部分「可」拆的斜撐就拆除，又部分工匠也判斷某部分「可」拆的斜撐就拆除，就在這樣的情況下，牆體傾斜，而頂蓋結構的桁架順勢而倒，當場把人砸死。

圖2-5-6　這種「大鋼牙」氣釘槍可擊發鋼釘，具有一定的殺傷力，雖然設有保險裝置，但常被工匠鎖死

圖2-5-7　這樣的立體交叉作業，施工管理人一定要提高警覺／史金興攝影

2. 與工人的協調能力：

不同的作種的工作語言不一定相通，有工地管理專業的人，他應能具備跟所有施工專業工匠做為溝通的媒介，讓交叉工藝的施工作業更為順暢。

有些工匠潛意識裡總認為施工管理單位都是喜歡找麻煩的，是不懂工法的，所以基本上自己就先存在一種「敵對心態」，這讓溝通一開始就製造很僵的氣氛。必須要有讓工匠知道你只是跟他針對工程施工做必要的溝通，也許他的想法比你要跟他溝通的方法好，只是一種想了解施工進度與內容的過程而已。

3. 對物料的管理：

施工材料的擺放與堆置也是一門專業，他會影響材料的品質跟施工動線。在很多的【施工規範】裡都會詳細的規定材料的堆置與擺放，那不一定正確。材料的擺放位置跟施工作業有關，也跟材料特性有關，但不能一概而論。例如：泥作的材料一定需在工程放樣之後才能擺置，而擺置的位置與距離跟每個工匠的工作習慣有關。

圖2-5-8　材料的堆砌位置與工程施工有一定的要求，公共工程則另有一套標準

在大型的裝修工地，材料的進出需有明確的進出帳記錄，這也是工地管理的工作之一。

4. 對施工技術的管理：

工地施工的管理必須能掌握施工技術的對與錯，並且在第一時間做出判斷。需有能力讓不對的施工方法減少對工程費用的傷害，並且能研判正確的施工法。

5. 對施工圖的讀圖能力：

正確的研判施工圖說，可以有效減少工程施工的錯誤，工程施工圖並非全球通用，在說明文字不是自己所熟悉的情況下，需有對施工圖一定的理解能力。

（三）需有處理施工技術的能力

一個專業的施工管理人需能總覽全局，他不能像單一作種的施工，只考慮到自己的施工方便，而需考慮整體的利益，包含施工品質對業主的利益。

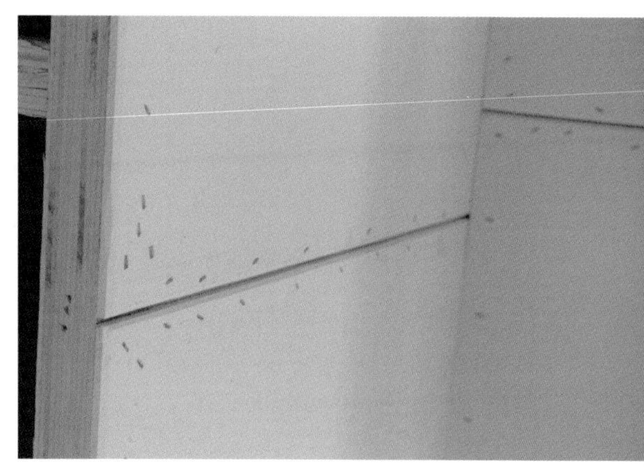

圖2-5-9　不同材料需能使用適當的工法，並考慮後續的施工界面

在裝修施工的所有施工工序中，泥作與木作可能是最早進入工地施工的業別，而木工又是在工地施工時間最長的，也可能是最早進場，又是最後退場的作種。當然，不一定只有木作有機會那樣發生，其它如鐵作、石作、輕鋼架工程等，都有可能，就看它與其他業別在施工作業上的接觸機會、交叉時間等而定。

在以工序的考量當中，裝潢類是不被放在具有整合施工能力的，因裝潢類的施工均為後段施工，其主要也都是裝修的配合施工單位。但如果主力工程為裝飾、裝潢類，則在理論上已不具備有裝修工程的條件，在施工管理上另當別論。

工匠的施工邏輯常停留在「自己方便」的思維，並且很少會主動做「橫向協調」的動作，這也是施工管理人所要具有的基本專業。我舉某一個工地的一對水電匠與泥水匠的兩個施工界面的互動作介紹：

我們都知道砌磚牆之後會開始進行管線配管的工作，當水電匠將管路及接線盒固定之後，才會由泥作再進場施作砂漿粉光的工作。但很多人不知道這個時候，水電應主動跟泥作做一個協調工作，就是幫忙清理接線盒。這個清理接線盒的工作會增加泥作的工作量，除非在發包工程時已經言明在先，不然，那不是泥作有義務主動去做的。通常在營造工地，施工管理人會主動找兩方協調，由水電以一個接線盒清理多少錢補貼給泥作，以減少日後接線盒的清除工作，並且讓接

圖2-5-10　正常有清理的接線盒

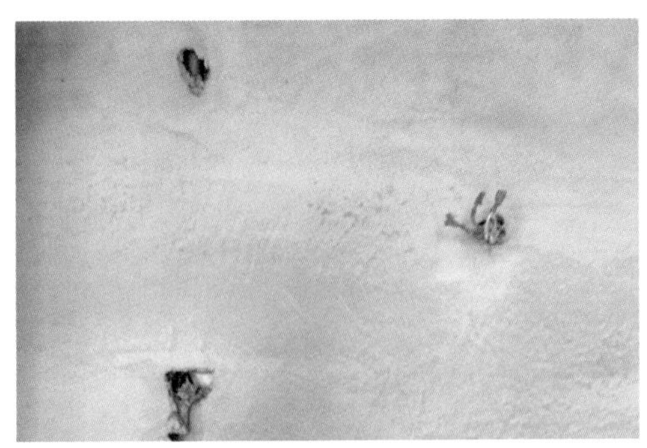
圖2-5-11　未清理的接線盒

線盒的框邊可以有一條完整的介面。

這個工地並沒有進行這樣的協調工作，那泥作當然也沒有主動幫忙清除，這是一種在工地的行業慣例，如果一個不專業的施工管理人隨便指責泥作施工粗糙，可能會引起不必要的困擾。

（四）需有臨場的應變能力

工程在施作的過程中，以致於到工程完工，他的每個環節都有出差錯的可能，一個專業的施工管理人需能在最早出錯的環節找出錯誤，以將損害降到最低。我前不久的一個工地，在鋪設拋光石英磚的兩天前，我與公司的設計師及施工承攬人到現場校正放樣的中軸線。當時就發現大門旁邊的一面牆與其他牆面呈現2.5cm的平行誤差，所以必須另位移其他最大約值去作放樣基準，承攬人也明白了。

我跟他說進場當天我早上8點就會到工地，他說他早上要先放樣，要我10點到就可以。我10點一到工地幾乎傻眼，施工人員還是從那道有誤差的牆面開始貼起，並且已經貼好了十幾片磚了。承攬人並不在工地，現場也沒先經過放樣的動作，可想而知，這個承攬人把這一放樣要求完全輕忽了。我當場要求拆除重做，如果不這樣做，後面會發生很大的麻煩：

1. 當時已經施工好的工程量約為總工程的3%不到，並且剛施工不久，只是損

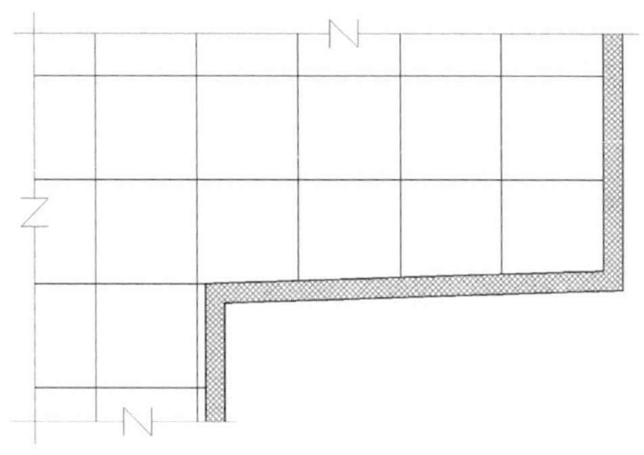

圖2-5-12　正確的貼法應以整體直角為中軸線

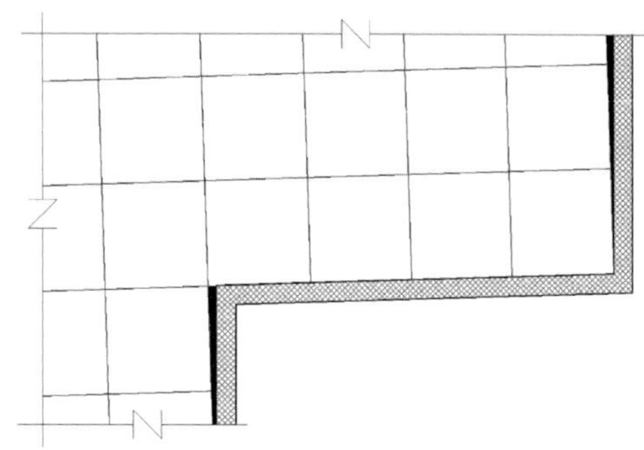

圖2-5-13　錯誤的中軸線會造成所有直角的錯亂

失一些水泥砂及那幾小時的工錢，面材仍還可以用。

2. 對施工者更有利，已知平行線的誤差會影響其他隔間的平行及直角，如此一來，施工時牆面的板材勢必都不會是平行的，反而影響切割的方便性，也影響溝縫的美觀。但那樣一修改，除了那道有誤差的牆面之外，其他的牆面不受影響。

3. 對後續施工的影響，地板的溝縫線會影響天花板線的直角造型，也相對的會影響櫥櫃與地板溝縫線的平行，如果不當機立斷，會造成後續工程很大的困擾。

裝修工程放樣一樣分成幾個階段：放大樣，把平面配置圖用1/1的尺度實際放樣在地坪上，水平及基準線放樣，設定整個工地的水平及中軸線的基準點，工作放樣，各作種依據自己所要施作的工程放樣出位置、高度、尺寸及角度。

名詞小常識：施工放樣

「施工放樣」工程放樣分很多種，最大規模的是建築物營造所需測量的「外部線」，也就是建築線。而木造建築另一個施工放樣則是製造「營造尺」，如果大木匠不先製造出那支營造尺，那其他的工匠大概都不用玩了。

2-6　該準備多少裝修工程費用

我在拙作《裝修工程施工概要》裡針對工程估價這個問題講過：「裝修工程估算不難，難的是估的合理又有錢賺！」相信絕大多數的業主都不會有那種希望人家虧本幫自己做事的，也認知接受一定品質的服務，就應該付出應該有的酬勞。

合理的工程費用概念應該是（指經由工程委託的方式）：

材料（物流耗損）＋工資＋商業資產＋經營成本＋工程管理費

＋服務報酬＋稅金

材料與工資，是有相對市場行情的一項商品及技術勞務，但不一定簡單的將這兩樣成本相加就代表是工程費用的成本。所以，當你正準備計算該準備多少裝修費用時，請不要又是「起茨兮按半料」，在「錢」字上，沒有人會是笨蛋。

言歸正傳，對於你即將委託的工程，該準備多少錢？這可以從幾個方面做分析：

（一）施工數量

影響工程費用第一個絕對因素一定是「數量」，也就是工程規模，這舉一個簡單的例子就可以很容易了解。

建築物的營造有基本結構要求，他的工程造價會因為其結構設計、材料、工法、敷面計畫等，而有不同的單價。基本的營造工法（建築物）有：加強磚造、鋼筋混泥土、鋼骨建築等工法，這三種建築工法各有明顯價差，而同樣工法當中又會形成價差。假設：以一棟1,000建坪的建築物而論，加強磚造的營造單價為60,000元，建造費用約等於6,000萬，鋼骨建築若是單價為150,000元，建造費用約等於1億5,000萬元。這是有基本市場行情的，工程規模在一定的數量上，其營造費不會產生很大的變化，但其建築規模改變，就會影響工程的總造價。

裝修工程的費用高低，與工程規模也是有同樣的道理，但會因「數量」而影響，並且是讓工程總價無法降低的主因。同樣一間30坪的房子，設計了25坪的木地板、30尺的高櫃、30坪的天花板……等，一些基本的裝修項目。在裝修工作數量不變的情況下，以市場現況的估算值大約如下（表2-6-1）：

■ 表2-6-1

項次	工程內容	單位	數量	單價	複價	備註
1	企口無塵實木柚木5寸地板	m^2	83	4,000	332,000	
2	造型仿實木柚木薄片高櫃	尺	30	12,000	360,000	
3	上項工程塗裝	尺	30	1,700	51,000	
4	造型複式天花板	m^2	99	1,800	178,200	
5	上項工程塗裝	m^2	99	365	36,135	
6	小計				957,335	
7	工程監工費	%	10	95,734		
	合計				1,053,069	

備註：本表爲虛擬估價，不代表實際市況行情及完整的工程估算清單。

假設在工程數量不變的情況下，變更設計的材料品質及工法做比較，可能的估算值變化約為（表2-6-2）：

■ 表2-6-2

項次	工程內容	單位	數量	單價	複價	備註
1	複合式柚木#300地板	m^2	83	2,000	166,000	
2	系統櫃高櫃	尺	30	6,000	180,000	
3	造型複式天花板	m^2	99	1,800	178,200	
4	上項工程塗裝	m^2	99	365	36,135	
5	小計				560,335	
6	工程監工費	%	10	56,034		
	合計				616,369	

備註：由表2-6-1與表2-6-2做比較可以發現，當工程數量不變時，材料與施工品質變更，工程總價只會變更百分比，但比例會有一定限制。

在表2-6-1與表2-6-2的工作內容中可以發現不同的地方，表2-6-1的3估價項目在表2-6-2的估價單裡沒有出現，而兩張估價單的「工程監工費」是不一樣的。

（二）工料等級（材質與工值）

任何商品，品質也是成本重要的一部分，雖然服務商品不能「秤斤論兩」去評斷等級價值，但成本的好壞還是對商品的品質價值有一定的影響。同樣的一件工程內容，材質的不同、做工精劣，對商品價值一定會直接產生一定的質感價值，也就會產生一定的價差。

同樣的，我們假設一個相同的工程數量，但選擇的工料等級或是加工等級不同的造作方法，這當中會產生很大的工程估算差值。同樣以一個30坪的住家來假設，是舊屋裝修好了。假設這住家原本的裝修已經二十年了，而原本隔間是木板隔間、地板是破舊的磁磚，可能連已經會漏水的窗戶都必須更新、大門也需要搞氣派一點，這當中光是設計工程材料與工法就可以產生很大的落差。

就上面所提到的這些狀況，假設這是一個經過完整設計，需求完整做室內裝修更新，他可以有下面一些工程預算的考慮。

表2-6-3

項次	工程內容	單位	數量	單價	複價	備註
一	假設工程（註）					註9
	拆除及清運				100,000	
二	泥作工程					
	1/2B砌磚牆隔間	m²	100	1,100	110,000	
	上項工程水泥砂漿粉光	m²	185	720	133,200	浴室另計
	地坪貼黃金米黃大理石	才	936	2,200	2,059,200	
	上項工程無縫處理	式	1	150,000	150,000	

（續下頁）

（續上頁）

項次	工程內容	單位	數量	單價	複價	備註
三	門窗工程					
	更換鋼木門大門（含門鎖）	樘	1	100,000	100,000	
	日本X牌氣密鋁窗	才	200	500	100,000	
	上項工程安裝及填縫	式	1	60,000	60,000	
四	水電工程					依設計數量
	水電配管線				250,000	假設工程量
五	廚房工程					
	德國進口整體歐式櫥櫃	cm	455	1,200	546,000	
	廚具設備	式	1	300,000	300,000	德國進口設備
	合計				3,908,400	

因篇幅有限，我在表2-6-3當中只舉五個項目做例子，這四種工程的數量是固定的，但他所使用的材料與工法可以變動，並且會影響工程費用的價差很大。

表2-6-3所列的：

1. **假設工程**：

是假設不論新裝修的設計內容，他以「全」部拆除做計算，只是一種既定的拆除內容做設定，先不論其後續的裝修項目與材質。

2. **泥作工程**：

只是拿大項做例舉，在一個舊屋整修的工程當中，不可能只有這兩項泥作，而石材工程項目在一定規模時，會另列單項。

3. **本項的門窗工程**：

只針對在本書講解材質工法而編列，正式的裝修工程估價單可能這樣編寫，但多數會歸類在其相關的「作種」工程項目當中，如木作、鐵作、鋁門窗作，但另為一種單項並無不可。

4. **水電工程**：

在整修舊建築物時，其所占的工程費用比例會有很重的百分比，這是因為生活水準的提升，也是管線老舊的問題。單純的管線老舊只是一種抽換配線而已，但多數是因為用電量提升，必須增大安全用電量裝置。

增大安全用電量裝置設備是一個很複雜的工程，但因實際所需時，必須作應有的變更。例如：基本的表後線為15mm^2，其表後開關為50W，這在一個30坪住宅空間，應付照明、普通家電等使用，他通常是夠用的。在二十年後，當生活水準提升，用電量需求增加，例如：會安裝冷暖氣設備、裝設除濕機、烘衣機、烘碗機、大型冰箱、改裝電熱爐、電熱水器、熱水爐、改善照明計畫、增加其他電力用電，都會讓原本的電力容量設定備載不足，就此一變更而論，他就會牽扯很多與電力設備變更的問題，而這個問題很複雜，他所需要的工程費用另當別論。

5. **歐式廚具流理台**：

市場上以德國所生產占據高消費族群為大宗，實際的估價清單不是這樣開列，這裡的開列方式只是為了讓讀者容易做反差比對。

表2-6-4

項次	工程內容	單位	數量	單價	複價	備註
一	假設工程（註）					
	拆除及清運				100,000	
二	泥作工程					
1	10cm砌白磚牆隔間	m^2	100	1,100	110,000	
2	上項工程水泥砂漿粉光	m^2			0	

（續下頁）

（續上頁）

項次	工程內容	單位	數量	單價	複價	備註
3	地坪貼60×60cm拋光石英磚	坪	26	6,500	169,000	
4	上項工程無縫處理	式	0		0	
三	門窗工程					
	更換金屬大門（含門鎖）	樘	1	40,000	40,000	
	氣密鋁窗	才	200	450	90,000	
	上項工程安裝及填縫	式	1	60,000	60,000	
四	水電工程					依設計數量
	水電配管線				250,000	假設工程量
五	廚房工程					
	整體歐式櫥櫃	cm	455	400	182,000	
	廚具設備	式	1	60,000	60,000	
	合計				1,061,000	

表2-6-4的估算項目為與表2-6-3相對照的假設估價，因材料的改變，其工法也會改變，部分項目工程內容保留，但複價欄位為0，是為了方便解說工法。

1. **假設工程**：

標的總價會因為工程施工內容的不同而改變，但本項只編列「拆除與清運」一項工作，這部分對於一個整修工程而言，不論其施工材料及施工品質要求的高低，工程費多數是不變的。

2. **泥作工程**：

表2-6-4的二之1.，10cm砌白磚牆隔間的項目與表2-6-3的1/2B砌磚牆隔間相對照可以發現其複價是一樣的；但表10二～2就減少砂漿粉光的費用支出。

二之4的膠填縫美容處理是可做與不做的工程，這裡選擇不施作。

3. **氣密窗**：

品牌效應對品質有差別，對工程費用一樣有差別，三～3的填縫工程則是基本施工費用，與鋁窗的品牌無關。

4. **水電配管線**：

數量不會因施工材料品質而影響增減，但會因其本身的施工品質而影響。

5. **廚房設備的品牌效應對工程費用的影響極大**。

（三）裝修項目的多寡

除了數量、品質之外，另一個影響工程總價的情形是「項目」，這個施工項目也是最不容易調整的施工成本。

一樣以一間30坪的整修工程而論，因其屋況新舊、堪用程度，裝修的使用目地，就會影響整體的施工成本。在這樣一個裝修設計工程當中，我們就可以假設出以下的一些施工項目，而這些項目有些是可以調整，有些是最基本的整修項目，也就是說，不論你想多節省，這些項目都是不能省略施工成本。如果有設計師跟你說他有「密方」可以省錢，你也相信，那可能是你賺到了！但我也肯定告訴：你在新裝修完成之後，會讓你花另一次裝修的錢，而且會花的很痛苦、花的更多。

舊房子的整修與新房子在基本工程上有很大的不同，但這不能用「花錢」去相提並論，就像買新車可以指定烤漆顏色，中古車只能考慮車況，而舊車需要自己維修。但重要的是自己能合用這部車。買新車有買新車的價錢，整修舊車有整修舊車的負擔，重要的是你喜歡。裝修新家也好，整理舊屋也好，當你想把自己的窩，或者你的生財店面搞亮麗一點，有些錢是你不能省的。

常見的裝修項目有下列幾種，我假設是一間中古屋整修來列舉，如果你是新房子，你自己把不必要的項目剔除掉：

1. **拆除、清運工程**：

這個工程不見得不會出現在新房子的施工項目，但一定會出現在舊屋的整修工程。新屋會出現拆除工程，多數是變更商業用途的使用風格，或是住家格局變更、敷貼材料變更。

舊房子的拆除工程最可能出現在隔間、固定木作、破損的粉刷、老舊的門窗、出現「白華」的水泥粉光、老舊管線，還有不堪使用的老家具。

新的房子則可能因為格局不正確、空間動線不好、風水，而必須更改既有設施，或者，建築物的施工品質不良，可能連新的「熱」水管都必須更換。

這個施工項目會出現的施工成本為：拆除、清運、工程保護，拆的越多，施工成本越多，修護成本也越多，並且是沒有所謂「品質」高低。

2. **泥作工程**：

裝修工程通常動用的泥作工程有：拉皮、磚牆隔間、更改浴室大小、更換壁地磚、門窗填縫、防水工程、表面造型材料、清水磚、清水模……，只要動用其中一項，原則上就不會是小工程。泥作工程很多不算是「裝飾」工程，任何一項的工作，一定前面有假設工程或設備，後面也會施作修飾工程。

3. **鐵件工程（金屬工程）**：

商業空間的鐵件工程應用會比較複雜，而很多時候，鐵件用在違章建築，我們先撇開這個部分。所謂鐵件，在裝修工程上泛指生鐵、熟鐵（鍛鐵）、黑鐵（低碳鋼）、鋼鐵、型鋼、馬口鐵、鋼板、不鏽鋼、錫、銅、鋁……等材料的製作工藝，在材料特性上及製作工藝上，有其不可替代性。

圖2-6-1　在裝修工程上，白華是不得不處理的基本問題

圖2-6-2　浴室的整修需動用到許多工程

圖2-6-3　鐵件工程在裝修設計上具有重要的地位，但可惜台灣不銹鋼的施工技術一直不能普遍提升

鐵件工程常用在：雨遮、雨披、樓梯、樓板、門窗、扶手、欄杆、地板、造型牆、家具構件、廚具配件、排水明溝、戶檻、防盜窗、護邊……。

金屬工程也多數是一種「中途」工程，他的施工程序會介於基礎與裝飾之間或是一種基礎與裝飾的工程。

所以，動用到鐵件工程時，他不可能只是單純的一項單一工程——除非不管裝飾效果，所以只要牽扯鐵件工程，在普遍的情形下，一定會連帶其他基礎及修飾工程。

4. **水電工程**：

水與電是兩種不同的專業，但那是自來水業法與電氣業法的分業，在現實生活當中，我們習慣把這兩種專業工種合併在一起。實際上，水與電常存在緊密的關係，例如：當你需要裝設一個自來水的加壓馬達時，你需要同時動用水與電的工匠，但在工程規模上，如果用到兩個專業分工，很少人能接受那樣的開銷。

裝設一個加壓馬達時，必須讓馬達接通水管，這屬於「水匠」的工作，而同時，這個馬達也必須接通電流及裝設開關，這屬於「電匠」的工作，在台灣，很少人能接受他必須用兩個專業工匠去施作這樣的一個工程，因為不認同這樣一個工程需要花兩份工資——在某些重視專業分工的國家，他確實必須這樣施工。

當一個裝修工程動用到水與電的管線路修改時，那表示他一定會花在相關工程更多的錢。因為生活品質要求的提升，相對的，對於裝修美化工程也相對的提升，這使得現代的水電管路全面使用「暗管」施工，而這施工方法就會連帶增加

圖2-6-4　當準備裝設一個免痔馬桶時，就會同時動用到水與電的專業

圖2-6-5　現代水電管路多數採用暗管配管，這會讓相對於明管配管增加許多費用

許多工序及工程項目。並不是說水電管線路不能使用明管施工，而是已經很少人能接受那樣的視覺效果，但是，如果這些管路是裝設於工廠、商業廚房、出租公寓……等，不是你自己需要忍受的場所，那另當別論。

改裝水管路可能附帶增加的工程，約有：更動廚房設施、位置、設備；更動浴室的設施、位置、設備。而增修電氣配管線所附帶的工程，約有：設備更新、增加設備、燈具、電力負載。

不論是更換水或電的管線路，在相對的設備支出之外，為了進行施工，需有拆除、修補、敷貼及裝修的相對支出。

5. **木作工程：**

裝修工程中木作經常占據很大的比重，事實上，在「室內設計」這個名詞出現之前，「裝修」多數就是講小木作，其實就是裝修的代名詞。所謂「木作」是一種以工法施工所做的項目分類，就現在的材料應用上，不全然使用木材為施工材料。

圖2-6-6　現場固著施工的工法，有很多無法被替代性

就現代的施工項目分工看裝修木作，他的工作內容幾乎都可以被「專業」施工行為給取代，但很難取代現場製作的那份質感及耐用度、特別性。裝修工程幾乎很難避免動用到木作，這是因為木作工法在裝修現場的先天優勢，他可以處理小到幾根釘子；到處理建築結構外的所有生活機能構件。木作施工的優勢是，他本身是基礎、結構與被覆的綜合作種，例如：樓梯扶手可以是木

頭欄杆搭配鐵製握把，也可以是鐵製欄杆木頭扶手。或者；木作可以自己就蓋一棟七層樓的建築物。

圖2-6-7 這宅院位於福州的三坊七巷，在幾十間大宅院裡，有兩種空間找不到：廁所跟廚房，可見這兩種空間不是建築物既有的概念

常見的裝修木作工程內容有：隔間、櫥櫃、壁板、天花板、固定或是架高的的地板，商業空間更擴展到屋外景觀造型工程。舉凡需要手工、客製化的、現場固著的工程，他都有不可被取代性。不論新型被覆材料的研發應用如何，傳統現場木作仍然保有其細膩工法的獨特優點，但要達到這些細膩特點，也是選擇現場木作施工一項很重比率的工程經費。

裝修木作的不可被取代性的工作有：契合、非機製化、須固定造作的造型工作、複雜的交叉作業、需固著施工的。裝修現場有木工在，可以處理很多其他作種的疑難問題，是因為所有的工匠裡，木工的工具雖不是最先進，但肯定是最齊全，並且，一個技術精熟的木工，他可以處理很多小項修補的工作。

在民國六〇年代那種「販茨」的工作型態，木作施工往往等於是把所有的裝修工作完成。那個年代，無論是隔間、櫥櫃、壁板、天花板、地板、門窗；甚至是木作的透明塗裝，幾乎全可以由木作完成，他不太會出現「裝飾」或「裝潢」的問題，因為木工通常會將塗裝工作一起完成。這個年代因為新的塗裝技術與新的塗裝材料運用的不成熟，傳統油作的材料轉型成化學及礦物油材料變動期，裝修塗裝的專業工匠並未完全定型。例如：約民國六〇年代末期，大量的「毛胚

圖2-6-8　這堵牆是由木工所完成的

屋」[5]出現在成屋及預售屋的市場，那個年代的購屋行為幾乎為自行居住目的，而幫新房子做基本裝修是一種入住新屋的必需行為。新的房子除了一間浴室、一個簡單的廚房之外，可說是空無一物；牆壁可能連粉刷都沒有。而住家會進行基本的隔間、天花板、地板、衣櫃、酒櫃、床頭組……等，固定式的裝修及家具木作。因應塗裝技術及普遍消費能力，當時發展出的木作材料幾乎均為「敷面材質」，亦即使木作施工為裝飾的最後一道施工工序。常見的有：花板、刻溝板、塗裝實木薄皮夾板、麗光板、美耐板，或者由木作完成透明漆、洋干漆……等塗裝作業，他幾乎使用在室內的所有「天、地、壁」上面。

現代的裝修木作型態比較轉型為一種「造型」及「材質表現」的工作型態，木作常可能只是一種工作介面，後續的敷貼及成型可能還必須藉由石材、人造石、文化石、鐵件、塗裝、裝潢……等作業工序。

6. **其他**：

裝修項目不勝枚舉，就現代的裝修行為，他很難只是一種單項作業，只要增加一項作種，就可能牽連出相關施工作業，而他的施工費用就會相對增加。例如：早期施作石材敷貼，只要注意牢靠與平整，現代的施工品質則會要求防止「吐鹼」，及施作「膠填縫」的美容處理。例如：流理台、早期只要求瓦斯爐、抽油煙機及洗濯槽，現在會講究整體造型、材質及設備。

[5] 毛胚屋是大陸的用詞，比台灣的「空屋」的屋況更陽春，他可能連一間廁所都沒有。

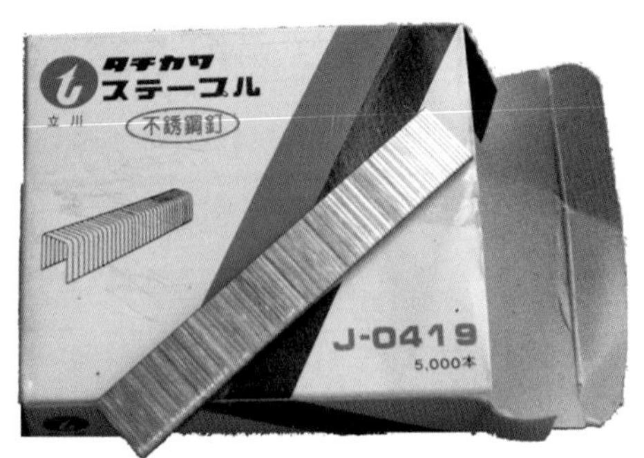

圖2-6-9　除了製材木料之外，裝修工程所使用的任何材料都有品牌

（四）品牌效應

裝修材料與設備品質也是影響工程施工費用重要的成份之一，這當中尤其以「品牌」的效應居很大的成份。所謂「品牌」，可以分成三種可能：

1. **材料品牌**：

不能說廣告一定是騙人的，可以說，沒有一項裝修材料是不用廣告而有人知道使用的，最少也要印份產品簡介或是DM，不然，很難讓設計師或工匠記得住名號，但那不代表「品牌」，只是很少人會去注意它。

我們這裡所說的品牌，是指在裝修材料市場上占有一定知名度、一定的市場占有率、一定的品質肯定（包含好的跟壞的，他是一種市場區隔）。舉美耐板為例：最早進入台灣的有西屋、威爾森（威盛亞）、富美家，最後以富美家在市場占有率較高。台灣在引進美耐板之後，很快的有「自力」生產的能力，並且很快的占有市場一定的比重，如松奈特、安勝、美俐家……，不同的品牌有一定的市場區隔，相對的；他的品質及材料成本也會不一樣。

對大多數人而言（包含部分設計師），能分清楚「材料」已經很不容易，更遑論材料在市場上的品質區隔，但實際上是有的。舉木心板為例；依當年的市場售價高低，分別為：林商號、永建和、金絲猴（品牌），再來為熱壓木心板、

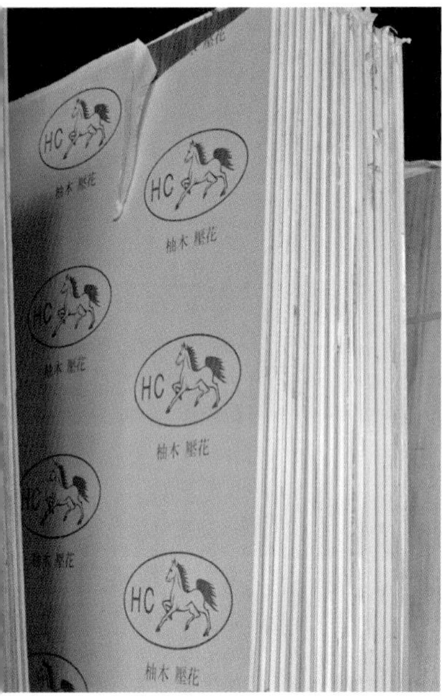

圖2-6-10　市售木心（芯）板都有品牌分級

冷壓木心板。近期使用很多的矽酸鈣板，他的主要原料為石英粉、矽藻土等、水泥、石灰、紙漿、玻纖、石棉等，經過製漿、成型、蒸養、表面砂光等程序製成的輕質板材，台灣在生產矽酸鈣板的時程上落後先進國家很多。最早為進口材料，知名品牌為日本麗仕（LUX），在台灣有一定的市場占有率，本土生產的矽酸鈣板在市占率上還無法與之相比，但有價格優勢。

舉最簡單的線板為例，最早的線板是利用木工以線型鉋刀起線，通常是在器物上直接成型，或者是以泥塑而成型，這項工藝稱之為「左官」。約在民國六〇年代後期，木材商改善「立心機」的刀刃由雙刃改善成四刃，機製木線板於是受現代裝修木作所大量運用。任何機製商品，都會因機器設備的良莠、選材的市場考量、品質的管控……等，而產生品質高低，也就會影響其產品售價。

圖2-6-11　線板工藝在裝修工程上有很久的歷史

如果線板是在造作過程以手工藝而塑型，這跟線板沒有所謂的「品牌效應」，但當這根線板是藉由一種獨立的生產過程，在銷售行為當中，自然的產生一種品牌的市場區隔，而品質會影響售價。在二十幾年前，機製線板剛風起雲湧的年代，台灣市場上可謂百家爭鳴，以存活最久的「佳佳」線板而言，他不是市場上價格最高的線板品牌，當然，他有一定的品質。但同時期，有一叫「惠衆」的品牌線板品質非常好，但價格也比佳佳高出很多，在物競天擇的自然定律之下，惠衆自然的減少在市場的占有率。這只能怪台灣速食文化的消費習慣，並不是台灣生產不出好的製品。

圖2-6-12　線板工藝一樣也存在於石作及左官作

2. **進口品牌與國產品牌**：

就消費者而言，有時「使用」的方便性不是最重要的，這以廚房及衛浴設備最為明顯。很顯然的，台灣人在廚房用到烤箱做料理的機會不多，但如果預算可行，大部分的人一定會選擇德國進口的廚房設備，並且最好是配備相等級知名品牌的洗碗機、烘碗機、烤箱、微波爐、籃架、爐具、排油煙機……，好不好用一回事，彰顯品牌的目的很重要。

圖2-6-13　對有些人而言，東西是不是進口的很重要

三十年前，我的一個老闆開著一部很不知名的小轎車，我問老闆那是什麼品牌，他回答是韓國進口的。當時坐在那部車裡，只感覺車內滿是油耗味，避震器比我那台偉士伯機車還不如，鏗鏗鏮鏮的像是一部「銅管也車」。我問老闆怎會

圖2-6-14　這種光線及這裡的消費目的，多數不會看得出來那馬賽克是進口還是台灣的

花錢買這種車？他回答說：「最少是進口的！」

無疑的，以台灣的消費市場，如果研發商品很難行銷全世界（其實還是有一些世界性的品牌產品），自然無法投入太多的研發經費，也無法投資太多的資金去裝備先進與精密的生產設備，自然在品質上就會被市場區隔。但是，本土的材料與商品有著適應在地文化的優勢，並不是只是錢的問題，例如：你花大錢從澳洲買一個知名品牌的馬桶回台灣，他就會產生水土不服的現象[6]。

進口的東西並不一定就代表比台灣在地生產的好，例如：拋光石英磚，在市場的價位及品質區隔就很明顯，他大致是歐洲進口、台灣、中國大陸、東南亞進

[6] 南北半球的渦旋方向不一樣，北半球是逆時針方向，南半球是順時針方向。不過這個馬桶是澳洲生產準備賣給北半球的，應該會知道這一點。

口，所以產品的生產地對品質有絕對的影響，並不是進口貨就一定比台灣的本地貨好。

無論進口或國產，知名或不知名品牌，其實最重要的還是錢的問題，工程經費預算不足，一昧的討論品質只是一種不務實的心理罷了！我曾經設計過一間鋼琴酒吧，設計風格早就定調為西班牙風，我決定大量使用馬賽克作為造型敷貼材料。在選擇馬賽克的時候，我很喜歡一塊進口的馬賽克，那質感與顏色真是讓人心動，但他的單價讓我心痛，一才要200多元，我最後只能選擇一才20多元的國產品。這不是我偷工減料，我也希望能設計與完成一件自己跟客人都滿意的作品，但可惜，業主不肯給我十倍的材料費用。

3. **經銷商**：

頂尖消費市場並不是任何人都能明白其消費定位，也不是所有知名品牌及流行品牌就代表一種消費品味，為了滿足這些金字塔頂端的消費群，所以產生了這種類似仲介的營業行為。

知名的經銷商，其販售的商品不見得是知名品牌（也許在某些消費群是），但經銷商在廣告行為上及商品行銷的手法上，他本身就是一種商品。講這部分很難著墨，畢竟都算是一種市場機制，也是為了滿足一部分消費者的需求。

當經銷商的品牌高於經銷品牌時，他會有一種可能，一家知名的肉品經銷商，他進口「安格斯」牛肉，售價可能比其他不知名的經銷同業高出許多，或者他也只是進口一般牛肉，但你會因商業品牌的信用感，而相信他的牛肉品質比較好。

2-7　如何判斷工程估算的合理性

裝修費用是很難估價的一門功課，不是計算問題，而是「合理」問題。所謂合理，就是估算的價錢合理，合理的報價、合理的報酬，跟讓業主合理的滿足。顯然的：「讓業主合理的滿足」這部分是最難的，因為你不一定是一個真的慷慨的業主，也可能你天性就是喜歡秤斤秤兩，當然，你也可能只是希望相信專業，而這也是你的設計師在幫你估算工程費用時，也會可慮的工程專業，只要他是一個專業及有商格的設計師。

（一）假設建築物營造

營造工程有一定的市場造價行情，裝修工程也是一樣，不同的是，建築物營造有一定的模矩計算公式，而裝修工程會因工程規模及施工時程而影響其單價。建築物營造通常以「建坪」為計算單位，而估算標的的造作物件為：加強磚造、RC造、SRC，這三種為現在建築物營造最基本的營造工法，會有一定估算行情。相對的，當這三種基本營造結構之外，在加上不同的外觀敷貼材料、地坪材料、機電設備、衛浴設備、粉刷，就會產生很多種不同的造價組合（表2-7-1）。

表2-7-1

造價組合	基準值	外牆敷貼	地坪	中央空調設備	大門	衛浴設備	單價
加強磚造	40,000 ∫ 50,00	丁掛	磁磚	窗型	硫化銅門	國B	40,000～50,000
		0	0	0	0	0	
		砂岩	拋光石英磚	冷氣	透視鋼門	國A	50,900～60,900
		3,000	3,000	3,000	1,000	900	
		花崗石	大理石	變頻	鋼木門	進口A	61,800～71,800
		10,000	5,000	4,000	1,500	1,300	
RC造	60,000 ∫ 80,000	丁掛	拋光石英磚	窗型	硫化銅門	國B	60,000～80,000
		0	0	0	0	0	
		砂岩	大理石	冷氣	透視鋼門	國A	73,900～93,900
		3,000	6,000	3,000	1,000	900	
		花崗石	實木地板	變頻	鋼木門	進口A	81,800～101,800
		10,000	5,000	4,000	1,500	1,300	

（續下頁）

（續上頁）

造價組合	基準值	外牆敷貼	地坪	中央空調設備	大門	衛浴設備	單價
SRC造	120,000 ∫ 150,000	玻璃帷幕	拋光石英磚	窗型	硫化銅門	國A	120,000～ 150,000
		0	0	0	0	0	
		大理石	花崗石	冷氣	透視鋼門	進口B	141,600～ 171,600
		6,500	10,000	3,000	1,000	1,100	
		花崗石	實木地板	變頻	鋼木門	進口A	141,800～ 171,800
		10,000	5,000	4,000	1,500	1,300	

（表2-7-1）假設基準為40,000，其他數字為相對於40,000的數字，單位為營造建築物估算單位，本表所分析的數字只是大約值，只是一種參考，請勿直接應用於工程估算。本表的單戶面積不大於20坪。

從表2-7-1的分析當中可以發現，工程施工費用會因所選擇的材料與工法的不同，而出現不同的單價基數。

上表中所列的單位數值為營造基準值所含帶的營造單位成本，例如：大門的硫化銅門的估算值為「0」，表示這項工程原本就包含在施工報價之內。而其中的透視鋼門的估算值「1,000」，表示這項改變，會讓工程的單位成本增加。

同樣的，裝修工程估算仍需有一定的市場行情，而有些單價是市場的流行機制，再因地域性質而改變。就本業的服務特性，沒有絕對的所謂的「合理行情」，而是一種對客製化服務的合理報價，這個「報價」在下列正常情況下，其「合理」與否的認定在於工程合約的訂定條文。

（二）工程估算單位

相對於建築物營造的「建築坪」計算單位，裝修工程的估算單位顯然複雜與繁雜多了。這是因為裝修工程都為細項施工，其施工規模與項目分類不能與建築營造相提並論，所以需使用「針對性」的估算計算單位，這有利於對施工項目的數量計算。他所使用的單位大致有：

1. 長度單位：

表2-7-2　長度換算表

公厘(mm)	公尺(m)	公里(km)	台尺	吋(inch)	呎(feet)	碼(yard)	.哩(mile)
1	0.001	…	0.0033	0.00328	0.00109		
1000	1	0.001	3.3	39.37	3.28084	1.09361	0.00062
	1000	1	3300	39370	3280.84	1093.61	0.62137
303.303	0.30303	0.00003	1	11.9303	0.99419	0.33140	0.00019
25.4	0.0254	0.00003	0.08382	1	0.08333	0.02778	0.00002
304.801	0.3048	0.00031	1.00581	12	1	0.33333	0.00019
914.402	0.91440	0.00091	3.01752	36	3	1	0.00057
	1609.35	1.60935	5310.83	63360	5280	1760	1
1公尺＝1米（大陸用）			1公尺＝3.3 台尺 ＝33寸			1公尺＝100cm	

計價項目的高及深為一個常用值時，如櫥櫃、隔間等，以面的寬度之長度為計算單位。使用的單位有：mm、cm（歐式廚具）、尺、呎、寸、吋、公尺、碼、間等：

長度換算公尺換算台尺為：1公尺＝100cm＝1,000mm＝3.3台尺＝33寸

換算公式如下：公尺×3.3＝台尺，台尺×0.3025＝公尺。

其中「間」為個數單位，代表柱與柱之距離，無一定的度量值。

2. 面積單位：

■ 表2-7-3　面積換算表

平方公尺 (㎡)	公畝 (a.)	公頃 (ha.)	台坪	台畝	台灣甲	英畝 (acre)	美畝 (acre)
1	0.01	0.0001	0.3025	0.01008	0.00010	0.00025	0.00025
100	1	0.01	30.25	1.00833	0.01031	0.02471	0.02471
10000	100	1	3025	100.833	1.03102	2.47106	2.47104
3.30579	0.03306	0.00033	1	0.3333	0.00034	0.00082	0.00082
99.1736	0.99174	0.00992	30	1	0.01023	0.02451	0.02451
9699.17	96.9917	0.96992	2934	97.80	1	2.39672	2.39647
4046.85	40.4685	0.40469	1224.17	40.8057	0.41724	1	0.99999
4046.87	4.04687	0.40469	1224.18	40.806	0.41724	1.000005	1
1台灣甲＝10分＝2934坪		1坪＝3.30579平方公尺		1坪＝36才		1才＝100平方寸	

計價項目的厚度為一個常數或常用值時，以估算項目的長×寬的值為計算單位。常用的面積單位有：平方公分、平方寸、才（平面）、m^2、坪、碼（布的計算）、公畝、台甲等，通常用於如玻璃、壁板、天花板、隔間……等。

各項面積之數據如下：

1才＝100平方寸＝1台尺×1台尺。

$1m^2$＝1公尺×1公尺＝10,000平方公分＝0.3025坪×36才＝10.89才。

計算布的碼數時，碼代表的是長度計算單位，但布的計算與「布幅」的寬度有關，如果已經把「布幅」的寬度列入估算，此時「碼」代表單位。

以公制面積換算台制面積其換算公式如下：（長）公制（公尺）×（寬）公制（公尺）＝m^2×0.3025＝坪。

以台制面積換算公制面積其換算公式如下：（長）台尺×（寬）台尺＝平面才積×36＝坪÷0.3025＝m^2。

3. 體積與重量單位：

表2-7-4　重量換算表

公克（g）	公斤（kg.）	公噸（m.t..）	台兩	台斤（日斤）	磅（pound）	英噸（ton）	美噸（ton）
1	0.001		0.02667	0.00167	0.00221		
1000	1	0.001	26.6667	1.66667	2.20462	0.00098	0.00110
	1000	1	26666.7	1666.67	2204.62	0.98421	1.10231
	0.0375	0.00004	1	0.0625	0.08267	0.00004	0.00004
600	0.6	0.0006	16	1	1.32277	0.00059	0.00066
	0.45359	0.00045	12.0958	0,75599	1	0.00045	0.00050
	1016.05	1.01605	27094.6	1693.41	2240	1	1.12
907185	907.185	0.90719	24191.6	1511.98	2000	0.89286	1
1台斤＝2市斤							

使用於非固體或固體的估算項目，使用的單位有：寸^3、才^3、M^3、公克、公斤、台兩、台斤、磅、盎司、噸、加侖、公升等，M^3、才積最常用於木材之計算，木材亦可以以重量為計價單位，M^{3}用於預鑄混泥土等。

寸^3、才^{3}兩個符號分別代表立方寸與立方才，1立方才＝100立方寸，電腦符號表找不到，為作者自創。

表2-7-5　體積換算表

M^3	CM^3	寸^3	才^3
1	1000000	35937	359.37
0.00001	1	0.0359	0.0036
		1	0.01
		100	1
1才＝100立方寸			

體積的計算公式如下：長度×寬度＝（面積）×高度＝體積

木材製品在台灣通常使用才積為計算單位，若材料規格直接以台制為單位時，計算上較不發生困難，例：1寸×1.8寸×12尺的角材一支，其計算式如下：1×1.8×120＝216÷100＝2.16才，將12尺進位為120寸，在計算上可避免產生太多小數點，所得的商數216不一定使用除法，可以直接以百分位進位。

公制才積與台制才積較不容易直接轉換的原因，在於台制才積1才為100立方寸，與其它的體積單位相比，它的體積單位較為特殊，而公制與台制也往往無法整除。公制才積與台制才積的換如下：1m×1m×1m＝$1M^3$　1m×1m×0.3025＝0.3025坪×36才＝10.89才×33寸＝359.37$才^3$。另將公制先轉換為台制的計算式：（1公尺＝33寸）

33寸×33寸＝1,089平方寸×33寸＝35,937立方寸÷100＝359.37$才^3$。

4. **個體單位**：

用於前述項目之外及其項目是為一個組合的估算項目，如：一「張」桌子、一「樘」門、一「片」門片、一「具」瓦斯爐、一「盞」燈、一「部」冷氣機、一「個」臉盆、一「幅」畫、一「組」門鎖、一「副」鉸鍊、一「式」、一「桶」瓦斯……等。

鉸鍊的計算如使用西德角鉸鍊時，因可能出現奇數，也可以用「只」為計算單位。

圖2-7-1　工程估價單位如遇到圖中這種小項修補，因工程規模無法單一量化，這才適合用「式」為估算單位

開列估價單的計算單位有許多不同的單位，所謂「必也正名乎」用在這裡非常恰當，用適當合理的單位估算，可讓估價值顯明表示，減少爭議及方便工程驗收。如果所估算的項

目，是一個量體，並且是可以用常用估算單位分析單價值的，計算單位儘量避免使用「式」為單位，可避免對這項目驗收的認定。

（三）工程成本

圖2-7-2　小項修補需注意材料最小成本

工程成本的計算會包含工資與材料的最少應用成本，這部分在細微修補工程時，常會被誤會施工單價過高，而這方面也是部分資淺設計師估算錯誤的主因。合理的工程數量必須包含材料耗損與工資最低成本，這是常被忽略的。

1. 施工材料計算：

裝修材料有一定的生產規格，這就會產生材料的有效應用率，例如：合板及木心板的市場規格為4'×8'、3'×7'、3'×6'；美耐板為4'×8'、5'×10'；矽酸鈣板及石膏板為3'×6'、4'×8'；人造石為80cm×244cm、122cm×244cm、122cm×303cm，另外是生產廠商運送成本的最小銷售單位，例如：企口地板為半坪、壁紙為一坪半、磁磚為一箱（面積依規格而定）、馬賽克為40才、訂製品以3才為最小基數（單一作件最少以3才做計算基準）、鋁窗則為10才。

以上的數據是一種舉例而已，在現實的材料市場，還有很多最低銷售習慣，讀者並不一定要全部清楚這些規則，但要知道有這些規則。

圖2-7-3　材料的利用率愈低，單位造價成本就會愈高

2. **最大利用率**：

材料的最大利用率需視應用的材料特性而定，他會因下列幾個問題而影響：

(1) **材料規格**：當應用規格無法是可讓材料規格應用「模矩」分割時，他的耗損率會相對增加。當應用規格的最小尺寸大於材料規格的1/2以上時，材料的有效利用率會減少。

(2) **材質**：搭配材質越多，其材料的耗損率會因施工規模成反比。

(3) **花紋**：花紋越講究「對花」效果，材料耗損越大。

3. **工資成本**：

工資的計算須包含下列成本：

(1) **技術工資**：包含監工（假設工程）、技術工、雜工（實質勞動成本）。

(2) **交通成本**：交通成本會影響工作時間成本，也會相對的影響勞作成本。

(3) **管理成本**：服務業的特性是：智慧是一種成本、技術是一種成本、利潤的養成也是一種成本。

2-8 施工時間寬裕與否的工程價差

■ 名詞小常識：建築坪

「建築坪」為建築物營造計價單位。

我遇到過很多「趕工」的裝修工程，在二、三十年前，「趕工」愈趕愈好賺，現在想起來，那些趕工真的沒必要。二、三十年前的工匠，有一種責任心，並且技術成熟度夠，那時候加班、趕工，工匠的配合態度都沒大問題，但時至今日，最好不要有這種事發生。

沒有一件趕工出來的品質會是好的，這舉一個例子可以很清楚勉強趕工的缺點：台北市京×城百貨在開幕之前正好遇到納莉風災，全台北市一半以上地區都被泡在大水當中，京×城百貨的三層地下室也完全淪陷。隨及京×城當局馬上宣布將在兩個月內趕工開幕，我當時就斷言他可能會在開幕後不久就需要重新整修。我的判斷根據是：

1. **混泥土牆的水分不容易揮發**：

正常的RC結構樑柱的養成時間最少在15天以上，而最基本的1/2B磚牆隔間也是需要將近12天才能揮發水分到正常的乾燥值。這些數值是在地上層的正常通風及日照的情況下，在密閉、通風不良、沒有光照的情況下的地下室結構，他可能需要更多時間。

新的梁柱樓板在經過水泥的化學反應下，它的含水率不會形成飽和狀態，但地下室結構在泡水那麼多天的狀況下，它的含水率是在一種飽和狀態，所以水份的揮發需要更多時間。

2. **復工時程的影響**：

在全台北市抽水機大缺貨的情況下，縱使京×城有辦法調集足夠的抽水設備，但也要玉成抽水站來得及抽。在把水抽乾淨之後，還要進行拆除、清理，這總要一些時間了。在可能的情況下，復工的材料進入地下室時，樓層地板還在滴水。

3. 產生惡性循環：

在潮濕環境下的工作條件一定會影響工程品質，他會讓原本在正常乾燥值的材料回潮、會讓膠合工作變得更加困難，並且產生不好的結果，這些不好的因素都會影響正常的施工進度。再者，在工程追趕進度的狀況下，工程進度會紊亂交叉工藝的正常進度，這也一樣更造成工程品質的惡化。這其中最可能的影響是塗裝工程，因為環境潮濕，提早塗裝作業，而因塗裝所產生的隔離效果，反過來要影響結構及裝修構件、膠合材料的揮發與凝結。結果就是塗裝面結膜不完整，塗裝面下的水分無法有效揮發，最後的結果就是發霉與工作物脫膠，並且讓室內空氣品質越來越差。

之所以強調不要趕工的原因，他分成幾個層面來講：

（一）工程趕工的原因

會造成工程趕工的原因有下列幾種可能：

1. 搶開幕：

一種是搶風潮，例如之前的蛋塔店、天津狗不理包子店，為了搶一陣風頭，趕工一個禮拜，然後營業一個禮拜，這真的能回收成本嗎？

第二種是搶復工，通常是頂人家營業中的店或是營業中發生災害，可能是營收獲利可觀，急著開幕，但有急著多一、兩天嗎？每天面對那些趕工下的瑕疵，不難過嗎？

第三種是搶時間，如公共工程或是大企業的指標工程，這些工程其實都有很充裕的開工作業時間，但就是因為時間「充裕」，

圖2-8-1　如以台灣習俗而論，住家裝修只要能讓這供桌準時安座，其他一切可以從容

通常一開始不急，浪費太多時間在耍「綿角」上。而這些工程都會有「剪綵」或是「使用儀式」，在不敢得罪長官的情況下，只好耍威風蹂躪施工單位，然後承辦人員又沒半點權利承諾工程追加款。

2. 搶搬家：

搶搬新家的可能性有，沒地方住、看日子，還有一種是設計單位窮緊張或怕被罰款。任何一個工匠加班四個小時的工資，都最少可以住三星級旅館一個晚上，何況只要是趕工，加班人數都很可觀，並且，依【公寓大廈管理條例】的規定，很多的住家也無法像早期那樣能容忍趕工所產生的噪音。

住家因為「入宅」所選擇的好日子，其實主要是為了「安床」、「安爐」、「結界」，在可能的情況下，如果工程進度真的不能在預定時間內全部完成，可以選擇盡量先完成會產生灰塵的、裁鋸的工作，把入宅儀式所需的工程先完成，其後容忍完成後續工程作業。

住家裝修一般的使用年限都在十年以上，最少也用個五、六年，真的不值得趕那幾天，設計兼工程承攬單位應該有專業判斷施工寬裕能力才承攬工程，不然造成自己商譽受損，也害施工單位工程虧損，只會是兩敗的局面。

（二）趕工造成的施工品質

俗話說：「慢工出細活」，活要細，肯定不能粗製濫造，但以現代機器應用與工法，好工藝不一定就慢。但超過一定的「功限」值，一定做不出好的工藝品質，因為裝修工藝有一定客觀的製作進度，超過這個進度，必然會產生不良的影響。

（三）工程施工寬裕與否與工程估算

所謂「富貴險中求」，高風險多數也會與高利潤是在一起的。沒有一個工程承攬人會把一個正常工程施工時間，跟一個有施工進度風險的工程放在同一水平去做工程估算值。

加班與趕工是兩個不同的施工進度安排，正常的施工寬裕時間，也可能因工作對象與性質不同而出現加班現象，但趕工一定因為施工寬裕時間不足。在一些特定營業場所如百貨公司、旅館、展覽會場……等，會因工作環境、營業需求而必須在非正常工作時間內進行加班作業，這種情形在工作時間寬裕的情形下，「加時」工作是正常的施工行為。

例如：百貨公司更換專櫃，他不可能因為一個專櫃的更換而影響全館的正常營運，這種單一專櫃的裝台、拆台一定會被要求在晚上下班之後施工，在其規定的工作時間內，如果因規模無法在一個工作日完成，依事前工作計畫，可於第二天或第三天再進行夜間工作。

旅館的局部整修情況類似，但一般是只進行裝飾類工程施工，可局部施工，不影響營運。而展覽會場則是比較麻煩，一般在台北世貿展覽會場的慣例是一展覽規模的大小，其佈置的時間可能是兩天一夜、三天兩夜，如果最後一夜還趕不完，那也就不用趕了。通常第一天的下午一點以後開放進場組裝，會場開放到下午五點（不得加班）。第二天則為早上8點到下午5點，五點關閉水電，開始登記加班，每小時為一個時段，每個時段的水電費及工作人員的加班費用由共同申請加班的承租攤位分攤，如果全館只剩下你這攤位加班工作，那就你自己負責全部費用。（三天兩夜則第二天不得申請加班）

上面所說的加班行為都屬於正常的工程進度行為，通常其工程預算都會編列這些超時工資。但如果因為因發包作業而影響工程施工時間的寬裕，其因出現追趕施工進度的情形，會計算在工程風險評估之內。

一般的加班工資計算如下（以正常工作日時8小時為基準）：正常的裝修工常態工作為AM：08：00～12：00，中間休息一小時，PM：13：00～17：00，共8小時為一工，工作環境允許的假日加班，視為正常工時計算。加班時段為PM：17：00～24：00，以兩倍工資計算。其他超時加班依勞資約定。

（四）趕工的可能性

真的需要追趕工程進度而加班趕工時，要注意趕工的可能性，如果客觀環境不允許，或者加班趕工不符經濟效應，真的不需要趕工。

所謂客觀環境，是指工作面積的施工人員最大容留量，其有效工時確有完成工程進度的可能性。工作人員的技術提供足以滿足加班需求。另場作業的配合環境，及分散加工的可行性評估。

在很多工程契約當中都訂有工程延誤的罰則，在很多的情況下，或許繳納罰金會比無謂的加班趕工划得來。並不是鼓勵工程承攬人用不負責任的態度面對合約，而是積極負責需視實際需要而定。他可能在為了應付工程驗收期限，在趕工的情形下而造成工程品質瑕疵，結果一樣是工程延誤。

就消費者而言，因工程施工寬裕時間不足而使發包工程費用膨脹，除了可能必須忍受工程瑕疵之外（業主因時間需要的限期工程，在高度施工時程風險的條件下，通常工程承攬人會言明工程品質的高低程度，這不可能由承攬人負責。），還必須付出比正常施工進度工程的費用，有沒有這個經濟效應，這部分是業主要自行評估的。

圖2-8-2　加班需要計算可行性與必要性

名詞小常識：施工寬裕時間

施工寬裕時間：計算工程管理一種計算施工進度表的時間記號，包含有：

總寬裕時間（TF, total float time）：表示一作業項目，在不影響整個工程之完工期限下，其所能允許延誤之最長時間。

自由寬裕時間（FF, free float time）：表示一作業項目在不致影響下一作業之最早開工時間，其所能允許延誤之時間。

干擾寬裕時間（IF, interfering float time）：表示 項作業所能延緩的時間，雖其不致影響整個作業之完成時間，但卻影響後續作業之寬裕時間。

要徑或關鍵路徑（critical path）：為施工規劃網路上一連串之作業連接而成之最早時間路徑，要徑上之各作業均無寬裕時間。

第三篇：發包裝修工程要注意的事

工程發包的定義還是一種很籠統的說法，普遍的說法為，將工程標的中的材料、施工、監工集合在一起的委任（委託或交付）工作，而這當中不存在勞雇關係。

如果業主自行糾工施作工程，不管材料是否委託工匠代為購買，因此一行為直接形成業主與工匠的勞雇關係，這不能算是一種工程發包行為。

3-1 在工程發包之前要注意的事

無論多麼優秀的設計創意，他的價值在於具體的表現在施工可行上，在於讓工程表現出設計圖所要傳達的意念。要達到這些目的，不論在設計階段、工程發包、施工期間，都應有其應注意的事項，而工程發包就是一項決定工作成敗的重要因素。

工程的發包分成發總包、小包，所謂的「發總包」，是指你將整個所要裝修標的的工程全部委任給一家公司或一個人承攬。而所謂「發小包」，是指你將整個裝修標的工程依「分類」做單項工程發包，這表示你自己將負責工程監工及工程協調的角色。不論你將扮演哪種角色，以下的發包程序不會改變，包含承攬你總包工程的設計公司，或是你自己，他在發包前都有一些共同要注意的：

（一）設計圖說的確認

設計圖面是溝通工程造作流程最好的媒介，也是表達創意、造型、規格、材料、工法……等工作要項最方便的平台，他可以讓施工作業更為順利。

施作工程最怕的是對造作標的的不確認，也就是一個作件無法在施工前完整的確認規格尺寸、材質與造作工法等，這不但會讓工程的估價困難，也會影響正常的施工進度，進而可能影響工程成本。

設計圖說要在工程發包之前完成的項目有：

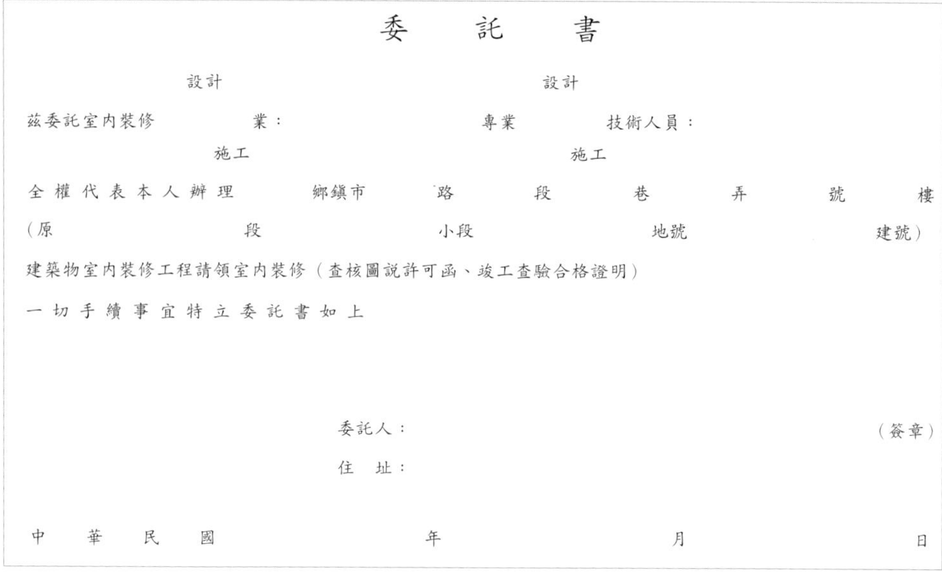

委　託　書

茲委託室內裝修設計／施工業：　　　　專業設計／施工技術人員：

全權代表本人辦理　　鄉鎮市　　路　　段　　巷　　弄　　號　　樓

（原　　段　　小段　　地號　　建號）

建築物室內裝修工程請領室內裝修（查核圖說許可函、竣工查驗合格證明）

一切手續事宜特立委託書如上

委託人：　　　　（簽章）

住　址：

中　華　民　國　　年　　月　　日

圖3-1-1　委託書（局部）

1. 執照文件：

依最新的法令規定，不論是供公眾使用或是住宅裝修[1]，在進行工程施工之前均需申辦「建築物裝修審查」，住家在一定的施工規模內得申請簡易裝修審查。

除申辦相關裝修審查外，另外依據【公寓大廈管理條例】之規定，需於開工前向大樓管理單位辦理裝修工程施工登記等。

2. 設計圖：

最好的狀況是在工程發包階段，設計圖就是整份是完整的，也是被確認的。所謂整份完整的施工圖是指平面配置圖、設備圖、管路圖、立、剖面圖、大樣圖、敷面計畫、材料表。這些圖面應將規格尺寸、材料、工法記載完整，不要出現如：材質另定、施工前應提算樣板共設計單位同意、型號另定、色另定……

[1] 現階段以台北市實施範圍較廣。

建築物使用同意書

下列建築物辦理建築物室內裝修，業經本建築物所有權人等　　人完全同意，特立此同意書為憑。

此　　致

~~縣　　建設局~~
台北　　政府
市　　都市發展局

審查機構　台北市建築師公會

申請人簽章：
中華民國　　年　　月　　日

建築物室內裝修地址	建築物面積	同意使用建築物面積
	m^2	m^2
	m^2	m^2
	m^2	m^2
	m^2	m^2
	m^2	m^2
	m^2	m^2

附建物登記簿謄本　　張　建築物所有權狀謄本　　張　同意使用建築物範圍平面圖　　張

建築物所有權人	印	身份證統一編號	住址
1			
2			
3			
4			
5			
6			
7			
8			
9			
10			

備註	※本同意書僅係作為申請建築物室內裝修之證明文件，有關當事人之間之權利義務關係，從其協議規定，主管建築機關或審查機構不為審核。 ※面積之塡寫一律使用國字大寫。

圖3-1-2　建築物使用同意書（局部）

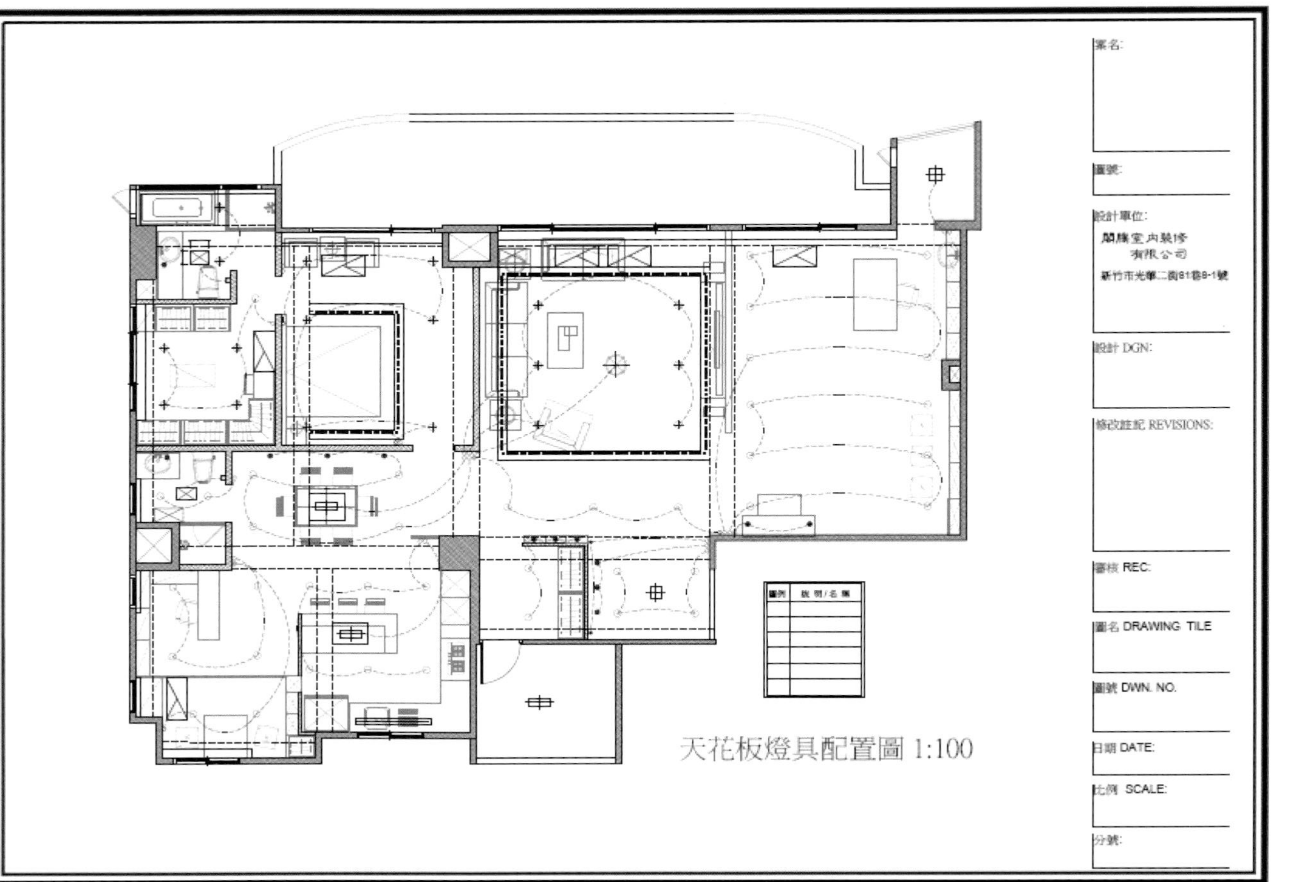

圖3-1-3 工程發包之前所有的圖面最好都完整，這有利於整體的施工估算

等，會造成工程無法有效準確估算的但書文字。在裝修工程的材料當中，顏色不同，材料及造作成本也會不同，或材質不同也會影響材料及造作成本。裝修工程的估算是依據圖面實際設計為準則，所謂「按圖施工」，是這張設計圖能被作為工程估算的依據，進而作為工程施工的標準，這當中並沒有「施工前應提送樣板供設計單位同意」的空間，這是建築設計與室內設計最大的不同點。

裝修設計單位可以同時為工程承攬單位，裝修公司的定位比較接近於「營造廠」的性質，在營造業法裡，「統包」可包含設計及施工。但同樣的，任何工程設計應需同時考慮「工程造價」，也就是施工成本，這裡面除了「業主」之外，並沒有誰有權力作設計變更，因為這會影響工程費用的追加減，也會影響工程品質。

3. 施工計畫：

包含施工計畫、施工規範、施工進度表。施工規範應在工程估算前就應由相關權責單位擬就提出，以利於工程估算，避免在施工期間在隨時亂要求施工單位遵守不利於工程施工方的規範內容。

表3-1-1　傳統桿式施工進度表

周／項目	第一周	第二周	第三周	第四周	第五周	第六周	
拆除工程							
施工放樣							
泥作工程							
鐵作工程							
水電工程							
木作工程							

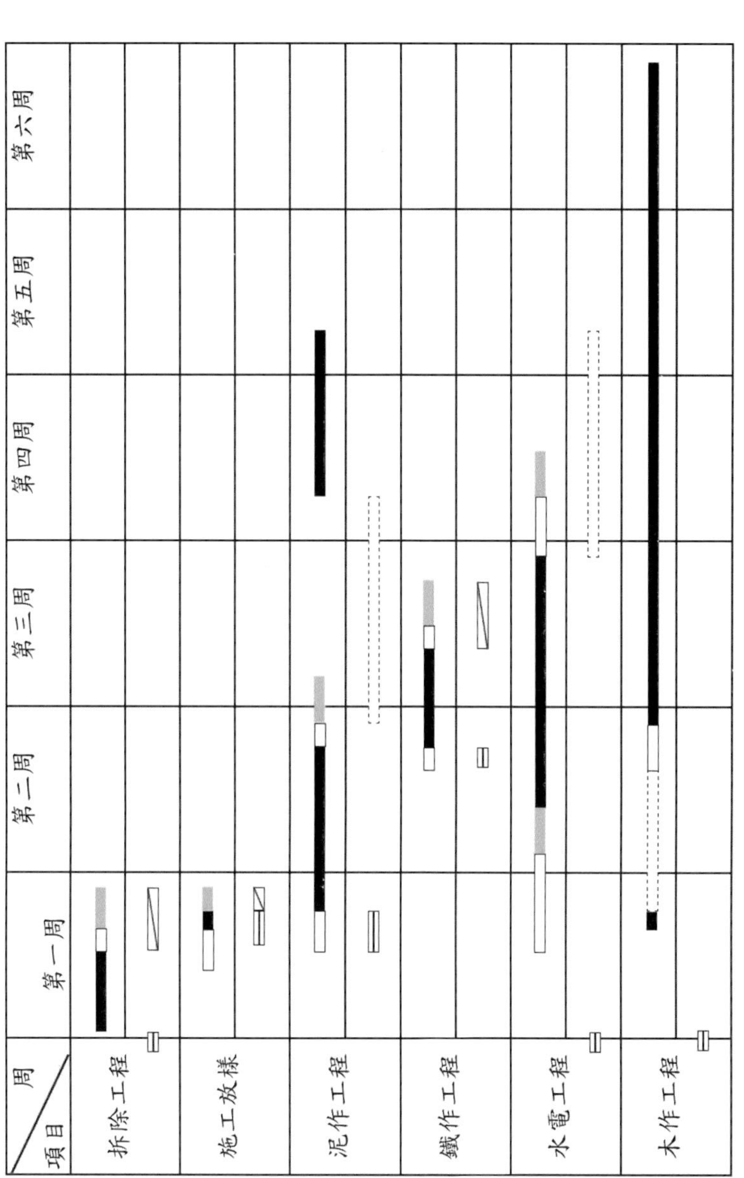

圖例：
作業時間
自由寬裕時間
干擾寬裕時間
進場預備
退場時間
間隔作業時間

圖3-1-4　此表為作者改良後的施工進度表

（二）發包對象的商譽

不論是設計兼工程承攬，或是單獨的工程承攬，涉及工程品質、工程造價等與金錢有關的事，他的人格都是一樣的。在很多人的眼裡，總以為設計師看起來比較有氣質、斯文，一定比較善良，說真的，不一定。

俗話說：「仗義每多屠狗輩，負心總是讀書人。」在這個「士大夫」腐敗的既有觀念之下，很多人眼裡只有學歷高低，而忽略了專業人格。任何行業都有一些敗類，尤其是斯文敗類，當然，工程施作的經營者也不乏心術不正之流，他在同業當中都會留下「口碑」。

我無法幫你過濾這當中的好壞，而那些口碑也不一定就是對的，因為它可能遇到一個很壞的業主所造成，所以，結論還是你要有判斷能力。如果你自己是具有對人、對事判斷能力的人，你可以從對方的專業態度、待人接物、公司的經營管理、工程實績，以及他公司的規模屬性，做為一種參考。

（三）承攬人的專業能力

如果以建築物營造的角度看這問題，他很好判斷，就是工程實績、施工經驗、營運規模這些。但如果是承攬裝修工程，他會涉及複雜一點，主要原因是：你是這個工程的物業主，並且因工程屬性及施工規模的影響，你不會像建設公司老闆那麼輕鬆，你可能必須親自與工程承攬單位直接溝通，所以，你有選擇工程承攬專業屬性的必要。

工程施工管理的專業屬性，可分為：

1. 營業屬性：

現階段的裝修設計公司幾乎都會把營業項目包含設計及施工，也幾乎都可以「包山包海」，但不見得真的每種工程專業屬性都有經驗。其中有很多的設計公司主力專業在系統家具、裝潢等區塊，這種營業性質對處理現場實做工程，在經驗值及專業上較需注意。

2. 承攬工程實績經驗：

在裝修工程管理專業領域上，不同的施工經驗所累積的經驗值是很重要的，因為在不同的施工領域裡，有那個領域的一些規矩、慣例，及技巧。例如：專門施作住家裝修的承攬人，他不一定適合承攬樣品屋的工程，可能會因作的太細而虧本。相對的，專門承攬樣品屋工程的人也不適合承作住家，因為施工品質要求不同，而手下的工匠會累積工作印象。

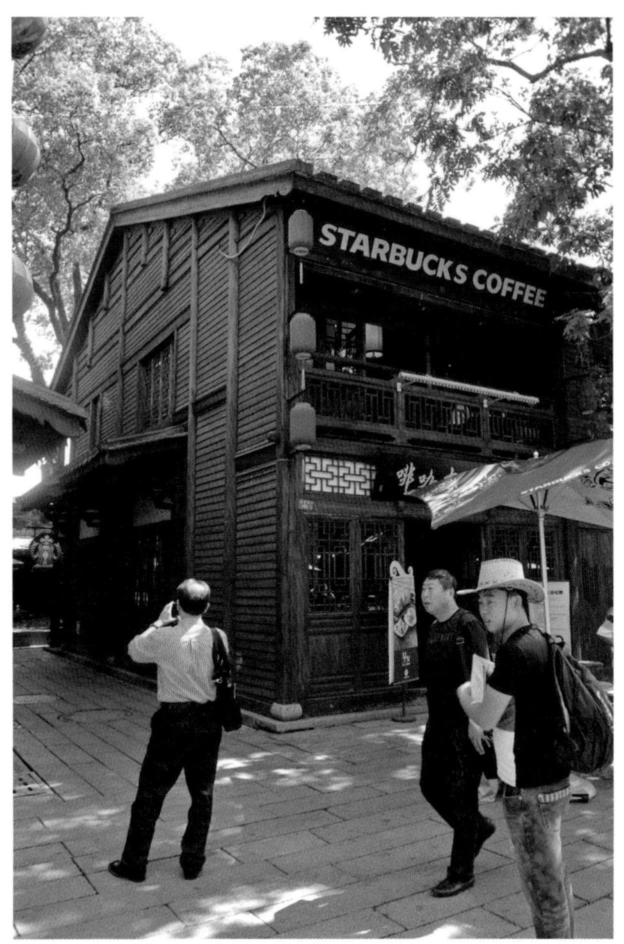

圖3-1-5　商業空間設計與施工，考驗承攬人對於文化的內涵

如醫療驗所、科技園區的廠辦、展覽館佈置、百貨公司專櫃……等，不同的領域有不同應注意的專業問題，所以工程實績的經驗值很重要。

（四）承攬人的施工管理能力

工程承攬人本身不一定要具有工匠身分，但一定要具有施工的管理能力，施工的管理能力是可透過施工經驗去培養的，只是每個人的學習能力與態度不一樣罷了。

如果工程與設計不是統包的情況下，工程的發包對象建議選擇工程承攬人是具有專業技術的，這有利於工程的協調工作。裝修工程的現場會發生一些在圖紙設計作業階段時，無法預期的狀況，有專業技術的承攬人對於技術工作問題，會比較有處理的能力。

針對承攬人的施工管理能力我做以下分析：

1. 承攬人的營運規模：

營造廠的級別對於工程實績及承作的工程規模及經驗有一定規定，其營運能力受甲、乙、丙等級別的規範，在承攬工程能力上較容易判斷。裝修工程的承攬人目前只就「資本額」做認定。這根本不正確，在一些工程標案上，其資格限定會增加完稅證明及去年的營業實績或完工證明，除此之外，並無法從公司營業執照上看出公司的承攬能力。

目前台灣尚無裝修工程的企業級別的分類，但中國大陸的裝修工程企業已經在十年前就實施分類，其裝飾施工企業如下：

施工一級（不限金額）

施工二級（承攬1,500萬(RMB)以下）

施工三級（承攬600萬(RMB)以下）

家庭裝飾（承攬家庭裝修）

在無法就營業執照判斷施工承攬能力的情況下，業主需就客觀層面去判斷，也許親耳所聞、親眼所見，比一些冷冰冰的數據還來的正確。

2. 承攬人的專業技術：

工程承攬人本身是否具備施工專業技能，不能去認定其對施工的管理能力好壞，但如果本身為專業工匠技能者，在與設計師及工匠間的溝通能力、專業技術的處理能力可能會比較好，但是，不代表好的工匠就一定是一個好的施工管理人。就現在工程承攬概況，我對各種專業技能的工程承攬人做以下分析：

(1) **有相關背景的專業承攬人**：所謂有「相關專業背景」，是指其畢業於相關系所、曾任職於相關公司行號；從事於相關業務工作，具有一定的工作經驗。

(2) **無相關專業背景的承攬人**：是指一些利用人際關係招攬工程的人，這種人在很多行業裡被稱之為「蟑螂」，無孔不入、無縫不鑽。通常承攬工程的利潤比專業的還高。

(3) **具有專業技能的工程承攬人（但不見得具有專業管理證照）**：可能只是具有專業技術，但缺乏理論知識，會有其優缺點：

A.木工：裝修的原本工作範圍就是指的是木作，理論上，裝修工程的基礎就是小木作，工程承攬人為具有木作技術者，因其工作技術層面的涵蓋層面廣，對協調技術、處理工程細節會有較大的處理能力。

在【建築物室內裝修管理辦法】理有這樣的規定：

第十七條

專業施工技術人員，應具下列資格之一：

一、領有建築師、土木、結構工程技師證書者。

二、領有建築物室內裝修工程管理、建築工程管理、裝潢木工或家具木工乙級以上技術士證，並經參加內政部主辦或委託專業機構、團體辦理之建築物室內裝修工程管理訓練達二十一小時以上者。其爲領得裝潢木工或家具木工技術士證者，應分別增加四十小時及六十小時以上，有關混凝土、金屬工程、疊砌、粉刷、防水隔熱、面材舖貼、玻璃與壓克力按裝、油漆塗裝、水電工程及工程管理等訓練課程。

由此一條文可以看出，在法令上也比較認同木工在這方面的施工管理能力。

B.泥作：泥作也是屬於裝修工程的基礎作種，對裝修的專業常識有一定的認知，但因是最基礎的工種，對敷面工程可能較不熟悉。

C.其他專業工匠：裝修業所運用的專業項目還有鐵工、油漆工、裝潢工、水電工、石工……等，但這些工種所涉獵的工程多數不是全面性的，可能對掌握全盤工程的施工管理較不容易。

3-2　裝修工程如何發包

工程如果要自行發包，發包的對象除了原設計單位之外，可能接觸的承攬人有：設計單位介紹的、自己認識的親友、親友介紹的、找廣告來的，社區的工程行。不論承攬人的來源為何，既然你自己要管控工程，就要自己具有工程設計與工程施工管理的溝通能力。

除了發包前應備的資料文件之外， 從「法」的定義談工程發包，會讓工程管理與溝通較有效。裝修工程發包的方法有（包含私人工程）：

（一）統包

就營造業法的定義，所謂「統包」，是指將設計及工程委託同一人或同一單位。

統包的發包方法是現階段裝修工程最普遍的模式，也就是將工程先委託一單位做設計，然後依設計規模直接委託設計單位承攬工程施工。

優點：業主可減少對口單位，而設計與工程監工單位同一人，能有效貫徹設計理念。

缺點：設計與工程承攬為同一人，容易自行變更施工內容，需在工程合約當中訂立明確條文。

（二）大包

所謂「大包」，意指工程的總承攬，也就是將工程總標的做成一個工程標的，委任給同一人。對很多業主而言，在自己沒有施工管理專業的情況下，將設計與工程施工分開發包，已經是最大的發包處理極限，而這也是上文討論發包對象的主要目的。

無疑的，業主自己以「大包」方式發包工程，這當中可以少了設計公司以統包方式承攬的「服務費」，但在少了這項專業服務的同時，業主需自行承擔設計與工程施工介面的誤差值。

圖3-2-1　圖中玄關的地板另以大理石框邊，這與拋光石英磚的施工別就分成兩種工程項目

（三）小包

所謂「小包」廣義的是指將工程發包給專業作種的承攬方式，也就是就傳統作種為單項發包單位，例如：拆除、泥工、木作、水電、鐵工、油漆、裝潢……等分項，這在營造工程施工習慣上是很常見的模式。建築物的營造發包方式甚至「拆」得更細，例如：裝修工程的泥作工程多數會形成一小包，但建築物營造施工因工程規模夠大，可能把泥作拆成砌磚、粉光、壁磚、地磚、填縫、洗、磨、斬石子……等。

業主自行發小包時，如果自己對工程管理有一定的常識，這當然問題比較少，但如果業主本身對裝修工程的施工管理不是具有一定的專業能力，建議你最少在木工、泥作、水電、塗裝等作種中需有一個是絕對可信任的人，請這個人協助施工界面的協調。

我不建議業主自行發小包，這不一定能幫你省多少錢，只會因你的「外行」，造成一堆內行的專業工匠無所適從，而工程出了狀況，正好有推諉的空間。

圖3-2-2　工程界面的管理有一定的專業高度

3-3　如何交付施工權力給業者

權利的雙方在法律上是相等的，工程合約上的「甲乙」方只是合約上的一個代表符號而已，他不是老師對學生的成績評等，所以不會產生甲方比乙方權力比較大的問題。【民法】第172條規定：

「未受委任，並無義務，而爲他人管理事務者，其管理應依本人明示或可得推知之意思，以有利於本人之方法爲之。」受委任之人，其有責任以委託人最有利的方法執行受委任的工作，但在未受委任的工作，相對的一方並無義務。

【民法】第153條規定：

當事人互相表示意思一致者，無論其爲明示或默示，契約即爲成立。

因此，所謂的契約並不限於特定的書面形式，即使是口頭的約定，只要彼此間有相同的共識，契約就已成立了。

自民國84年頒布【公寓大廈管理條例】、85年頒布【建築物室內裝修管理辦法】後，裝修工程的施工「進場」方式起了很大的改變。並因【勞工安全衛生法】的實施，裝修工程在正式進入工地現場施作，需有業主相關權力證明，他必須有完整的書面證明文件。

在所謂交付「施工權力」的問題上，不一定會牽扯工程合約的問題（書面合約），而是一種權力證明，他在很多的認定上，有風俗習慣可循，以下是既存的一些慣例：

（一）鑰匙（門禁管制卡）

不一定每個裝修工地都會有「大廈管理員」，可能你交付的是一棟獨棟的別墅，而這個別墅只要有鑰匙就可以自由進出，任何人擁有你「交付」的鑰匙，在風俗習慣上就會認定你委任其一定工作，而他也就擁有這個建築物一定的施工權力（委任設計丈量跟委任工程是可分開的）。

這把鑰匙的交付，他的權力是受約束的，不代表擁有那把鑰匙的人代表這鑰匙主人的所有權利，他能行使權利的範圍是你所賦與的，你沒授權的部分，拿這把鑰匙的人不能擴充行使。

在現代的公寓大廈門禁管制型式當中，持有大門鑰匙不代表就能自由進出，通常需大廈管理委員會之規定辦理施工申請。

（二）委任

通常進行裝修工程時，申報裝修施工許可是由施工管理人代為申請即可，這不論有無工程合約，當業主提交申請裝修施工許可的相關文件，並簽妥委任書狀，施工單位即可以此委任書狀向建管單位或建築物管理單位申請裝修施工許可。

（三）訂金

工程的委任契約不見得比一張工程估價單來得好用，只要你所委任的工程，有最基本的工程估價單，能證明你同意將工程委任給承攬人，那就完成委任工作。最好的情形是交付定金，這才完成在民法上雙方形成一種「債」的關係，並且讓受任人確認他有幫你完成委任標的的義務跟責任。

建築物室內裝修圖說審查表

案件編號

依據建築物室內裝修管理辦法第二十七條規定，直轄市、縣（市）主管建築機關或審查機構受理室內裝修圖說文件之審核，應於收件之日起七日內指派審查人員審核完畢。審核合格者於申請圖說簽章；不合格者，應將不合規定之處詳爲列舉，一次通知建築物起造人、所有權人或使用人限期改正，逾期未改正或復審仍不合規定者，得將申請案件予以駁回。

【建築物原使用執照號碼】

【地址】　　　　　　　　　　【審查機構】（戳記）

【掛號字號】　　字第　　號

【掛號日期】　　年　　月　　日　【查驗人員簽章】

□【併建造執照申請】　　□ 新建　□ 增建　□ 修建　□ 改建

□【併變更使用執照申請】

審查項目		審查結果
【書件審查】		
申請書		
建築物室內裝修業登記證書影本		
建築物使用執照謄本		
【建築物權利證明文件】		
建築物所有權狀謄本或建物登記簿謄本　　件		
建築物使用權同意書正本　　件		
【圖說部分】		
現況圖		
裝修圖		
裝修材料表		
經簽證之裝修材料合格證明		
簽證表		
【消防審查合格證明】		

呈判流程	查　　驗	核　　稿	批　　示

備註：掛號時審查：僅就「有」、「無」之審查，不涉及內容之審查

建築物室內裝修申請書

案件序號　　　　　　　　　　　　　　　　　　　□ 變更使用　□ 未變更使用

依據建築法第七十七條之二第一項第一款規定，供公眾使用建築物之室內裝修應申請審查許可，非供公眾使用建築物，經內政部認有必要時，亦同。

本工程遵章檢同建築物室內裝修圖說及有關證件，請准予辦理建築物室內裝修查核圖說

此 致

台北市政府都市發展局

審查機構 台北市建築師公會　　　　　　【申請人簽章】

【建築物使用執照號碼】

【1.所有權人或使用人】
【姓名或法人名稱】
【法定負責人】
【出生年月日】　　年　　月　　日
【國民身份證統一編號】
【戶籍地址】　　　　　　　　　　　【電話】

【2. 室內裝修設計】
【建築師事務所或室內裝修名稱】
【公司地址】
【開業證書或登記字號】　　　　【有效期限】　　　　【電話】
【統一編號】
【負責人】
【姓 名】
【國民身份證統一編號】　　　　　　　　　　　　　【電話】
【專業設計技術人員】
【姓 名】
【登記證字號】　　　　　　　　【有效期限】　　　　【電話】

【3.裝修概要及建築物室內裝修概要】
【裝修概要】
【裝修地址】
【原建築物用途】
【變更後建築物用途】
【建築物室內裝修概要】
【裝修樓層】　　　　　　　　　【裝修位置】
【原有樓地板面積】　　m^2　　【申請樓地板面積】　　m^2

圖3-3-1　在提出這分裝修申請書之前，表示你已經委任這個標的

3-4 工程施工期限如何計算

營造施工的施工日計算一般使用實際「可作業」天數，也就是所謂的「工作天」，而裝修工程一般採用「日曆天」計算。

所謂「工作天」的計算方式是計算施工期間內的例假日、晴雨天、停電、停水、風災、地災、天災、人禍（發生重大工安事件被勒令停工）……等，無法預期的工作環境，而計算「可」施工日期，其計算方式依據合約規定。

所謂「日曆天」的計算方式，在工程合約中的施工期限會載明：本工程施工期限為自XX年XX月XX日起；至XX年XX月XX日止，共XX天，這當中無所謂可工作與不可工作的日子。使用日曆天為工程合約時，需特別注意施工期間的可能例假日、天候及市場工匠供需等影響，自從實施【公寓大廈管理條例】之後，實際可供裝修工匠現場施工的工作天被嚴重壓縮。

圖3-4-1　櫥窗裡的模特兒和衣服，目前的建築物裝修管理辦法還不會管

除了【公寓大廈管理條例】之外，另一項可能嚴重影響裝修施工期程的法令為【建築物室內裝修管理辦法】。市場上的業務，新建建築物工程只是其中之一，另外的業務產生如：百貨公司、大型星級飯店等的定期整修；新舊餐飲業之新裝及改裝；小型商店、辦工室、文教業之裝修；樣品屋及住家新舊裝修等。其中的工程

規模，大者幾億計算；小者3萬、5萬，工程期限多數不能像建築營造那麼寬鬆，更有甚者；三、五天趕出一間小吃店、檳榔攤、冰果室的，所在都有。這樣的工程規模都達不到「申請」裝修許可的規定，但現有法令裡，「達不到」並沒有明文規定，要擾民隨時可以刁難。縱或工程規模再大一點，開間理髮廳，卻把它當「特種行業」管理，如依現行之【建築物室內裝修管理辦法】審查裝修許可，可能出現下面的流程圖：

找好了店面→找好了裝修公司→溝通好了設計理念→開始設計→七天作業期→圖面確認→申報裝修審查→因「分間牆」變更，另外再請建築師負責申請→建築師事務所再審查一下圖面配置→可能又作業七天→向建築管理單位申請裝修許可，又是七到十天（這當中都不能出現任何問題）。開始動工（裝修公司隨時等開工，也不挑黃道吉日）→「有點規模」的工程，起碼也算個十天→竣工報驗→七天→其它相關業務主管查驗再七天→家具擺設再二天→申請營業許可十到十五天→再看個黃道吉日開幕。

在無任何程序錯誤的狀況下剛好是最少二個月，等於還沒營業已經先虧了兩個月的房租，這對於市場經濟不能不說是一種傷害。

而【公寓大廈管理條例】的影響為「放假日」不得施工及不得於非正常工作時間施工。所謂的放假日包含正常的星期六、

圖3-4-2　這種場景大家都很怕

日，年俗、節慶、節日、風災、雨災等放假日，而所謂「正常工作時間」一般是指AM:08:00～PM:12:00；PM:13:00～17:00，有些特殊的大樓管委會會有個別規定，例如早上延遲至8:30，下午則1:30才能開工，有些「機車」一點的，時間一到才送電，下班時間準時斷電。

在這樣的影響下，裝修工程的施工時間嚴重遭到延長，在「加班趕工」完全不可能的情況下，早期一個月能完成的工作，現在可能變成需要二個月。例如：

以一個住家裝修而言，不考慮工程待工的時間及可以另場加工的作業，如果以一個30坪這空間，可以同時容納六個工匠作業來計算，一個月以30天計算×6人×8小時＝1,440工時，這在早期的工匠態度並非不可能；若以「放大禮拜」計算，則為可工作1,344工時。

> 名詞小常識：工時
>
> 「工時」，是指工人每施工一小時的計算單位。

【公寓大廈管理條例】實施之後，一個月平均為4.5個星期，等於有9個放假日不能工作，則一個月等於只剩下21個工作天×6人×8小時＝1,008工時，約為早期工時的70%而已。如果再加計早期可夜間加班的工時，約可再增加720工時，合計為2,160工時，以加班的天數每星期5天計算，約可增加540工時，合計為1,728工時，約等於現行受管制施工時間的兩倍工時。

3-5　工程費的支付方法

在裝修工程所發生的糾紛當中，最常發生的「原因」是溝通不良，也就是當業者把物件完成之後，業主不滿意，然後以「看不懂圖」為不滿意工程作品的藉口（或者是真的看不懂）。這是可能存在於裝修工程的風險，並不是說業主是一

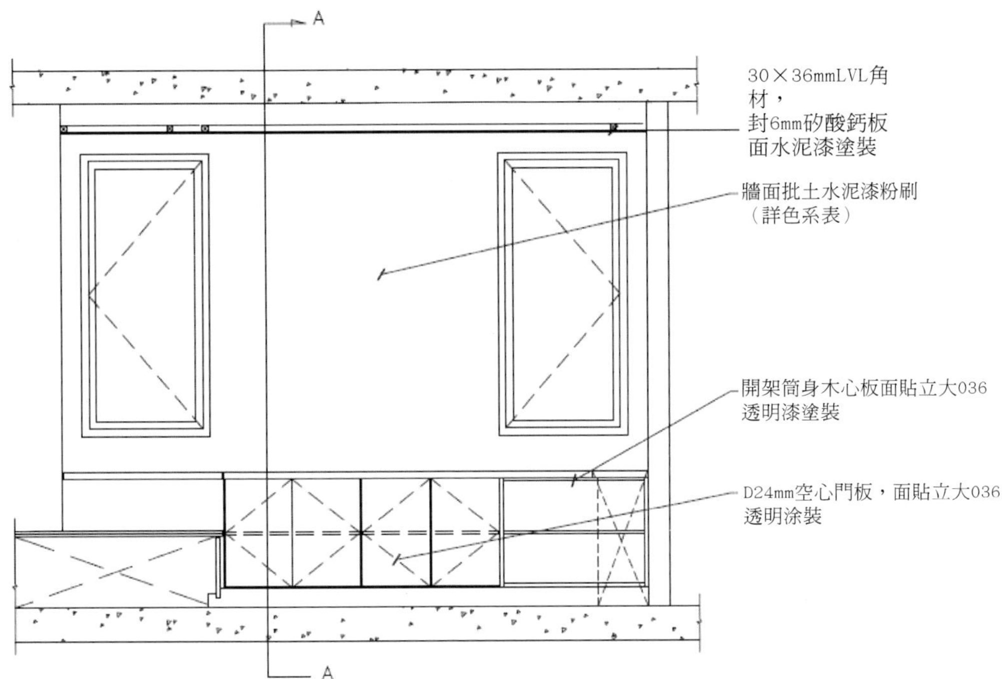

書房矮櫃立面圖 SCALE ： 1： 30 mm

圖3-5-1 在正常的情況下，只要看得懂文字，沒有看不懂圖的道理

定會藉由這一理由找碴，而是考慮風險的分散負擔。[2]

具有一定專業常識的室內設計師，他繪製的施工圖多數會照裝修工程施工圖規範繪製，而這些圖一定會合乎工程圖的表示內容。施工圖的完整度目前還沒一定的標準（完整度取決於設計費及設計師的專業技能），但有一定的基本要求，例如：造型、材質、尺度、色彩、比例，這些基本要求，都可以在施工圖上一目

[2] 在許多工程糾紛的判例上，工程定作人以「看不懂施工圖」做為不滿意施工作品的說辭，很少能在法律上站得住腳。如果看不懂施工圖，那就不必要求設計師畫施工圖，而當你審閱過施工圖，你要求看施工圖，表示你看得懂施工圖，除非你跟設計者都是外行充內行，不懂裝懂。

瞭然。如果施工圖上都最少完整標示這些基本內容，其他只是施工品質及相對工程費的問題，不應該有看得懂、看不懂圖的問題

裝修工程是一個高度「客製化」的商品，但因為製作時程長、材料無法回收、高工資成本、高材料成本、材料無法還原……等特性，所以必須要求訂作者先期付出訂金，並且必須有一定的比例。裝修工程同時也是一項無法「轉賣」的商品，更無法保留再利用，在訂製人與受定人之間都同時存在一種不確定性，但在現存的法律與市場運作規則之下，它似乎只能是甲乙雙方須忍受的風險。

現階段的裝修業在「專業」立法上還有一段距離要走，他比營造業來的複雜，而在市場上卻更貼近一般人民生活所需。只是，他不關乎「國家大計」的經濟問題，更不關乎國家政治，所以不是很急迫的立法問題，但卻是造成很多社會問題。

我在很多年前就在研究這個問題：如何讓裝修工程的甲乙雙方都能存在一種安全感，我希望在這問題上能取得一個平衡感。在既有的制度上，建築師公會就要求建築設計費必須先提存在公會帳戶裡，在工作執行無礙之後，再由建築師向公會申請撥款，只是，這也能讓建築師「感覺不便」。

在我提出這個構想時，本業很多人就是潑一盆冷水，我只能說，一己之私，人皆有之，也不能說人家的想法就是不對，但我是構想一個可能的辦法。（最新的名詞叫做「第三方付款」）

如果有一個公正機構，當工程契約的兩造都同意，工程施工費用可以有一個「信託」存放的單位，這筆款項是屬於「甲乙」雙方所共有，這樣做，可以消除甲乙雙方很多疑慮。甲方不用擔心乙方拿了錢不做事，或不照施工進度做事，或施工品質不符合施工規範。乙方也可以放心做事，不用擔心甲方付不出後續工程款。

你可能會疑問：「我怎麼可能會賴人家的工程款？」有些事，計畫趕不上變化，人生真的是事事難料，在工程界常發生以下的事，以致於業主做出「非善

意」的行為：

（一）業主可能發生不支應工程款的原因

1. 合資企業體質不好：

一般人正常的印象，合夥投資生意，資金應該是依股份出資而加入股東，但很多合資企業不是這麼健全，尤其是投資在「特種行業」的服務業時。合資的人組成複雜，個個心懷鬼胎，所謂資金的股份比例，很多是「指河賣水」，很少是收足股份資金才真正計畫營運的。

2. 預期資金的獲利失敗：

所謂「預期資金」，是指應付帳款的資金寄託在有「投機風險」的不確定獲利上，這種狀況會發生在任何一種裝修工程上，也包含住宅裝修工程。業主很可能在期貨或股市一帆風順，在預期獲利心理因素下，做先期規畫理財與投資，包含投資事業，結果不如預期，然後認為工程承攬人有陪自己等股市回春的義務；不會認為自己有承擔責任的義務。

3. 過度提高工程規模：

這種狀況很容易發生在喜歡有「膨風」性格的業主身上，對於所要求的工程都要「最好的」，「最大的」，但不一定自己的荷包就一定能撐得住，如果借不到錢或自己沒錢，「擺爛」是常見的。

4. 性格問題：

很多人只相信自己，縱使自己沒專業能力，依然不相信別人的專業，因此，法律觀念薄弱、道德感薄弱、社會觀薄弱。工程完工不敢驗收，也不願意承認工程已經完工，只是一直想找工程瑕疵，就是不肯乾脆的付工程尾款。

5. 以拖待變：

有些業主喜歡玩弄法律，不管有沒有工程合約，更不管所謂的善良風俗，總認為「有錢是老大」，用拖欠工程款或延遲支付工程款當成玩弄工程追加減的手段。

6. **超標驗收**：

裝修工程是一項很難訂立工程品質的服務，不是難訂；而是訂不清楚。很多業主為了省錢，往往在工程估價階段一直強調「做工」不用太細，但細不細的驗收標準，在工程驗收時，全由自己自由心證，往往提出一些超出施工成本的要求。

裝修工程雖然很難訂定工程品質標準，但有市場行情，同樣一個做件，其施工品質一定有高有低，其品質高低的認定應以承攬價做市場比較，當然，施工瑕疵不計算在品質的說法。但所謂的市場行情，必須包含承攬人的「行情」，服務業的行情必須忍受他的價差。

圖3-5-2　很多人追求清水模的質感，但不知道他要付出多大的代價

（二）支付工程訂金

工程之承攬關係與有無交付訂金不代表絕對性，就民法上的定義，契約之成立要件之一，就是要當事人（出賣人與買受人）間的合意，契約即為成立（【民法】第153條第1項參照）。在購買物品並訂定買賣契約時，並不以交付訂金為必要，只是依【民法】第248條規定，「訂約當事人之一方，由他方受有訂金時，推定其契約成立。」

在本業的施工慣例上，上下包之間並不存在訂金的問題，也就是下包的協力廠商接受上包的施工通知時（其契約關係建立在已合作過的習慣），在法律上，這個通知已經具有合約的效力。所以，在工程出現任何需要「結算」時，並不會因有無訂金的問題而影響其契約能力，其工程價金的討論也不會只是訂金有無的問題。

但！業主與工程承攬單位的關係並非像上下包之間已存在合作關係，而可能是一種勞務要求，或是一種商品買賣，所以，買受人有預付訂金以形成契約效力的必要。

訂金的百分比並沒有一定的規範，主要是看訂製商品的初期製造成本，例如訂製一件絕對客製化；並且是一次性施工製作、材料無法回收、產品無法轉賣……的商品，也許，商家會要求訂金是總價一次付清。裝修工程多數不可能在工程承攬階段就必須一次性的完成標的物，而是依據施工進度完成，所以，必須要求一定比例的簽約金（訂金）。

如果支付訂金後，反悔要求退還訂金，依【民法】第248條及【民法】第249條規定，訂金支付後將因契約是否履行而發生，至於訂金能否請求退還，須視不能履行的責任，應歸責何方而定，說明如下：

1. 依民法第249條規定第2款規定：

契約因可歸責於支付訂金方當事人的事由，訂金不得請求返還。例如：頂（買）方支付訂金後，認為價格偏高或認為地點不佳而後悔不買，則不得請求讓

（賣）方退還訂金，但如頂讓雙方當事人另有約定應按約定條款而行。

2. 依民法第249條規定第3款規定：

契約因可歸責於受訂金當事人之事由，致不能履行時，該當事人應加倍返還其所受的訂金。例如：頂（買）方支付訂金後，讓（賣）方認為價格偏低或認為還有機會讓給他人，也就是後悔不賣，則讓（賣）方應加倍返還其所受的頂（買）方訂金與頂方，但如頂讓雙方當事人另有約定應按約定條款而行。

3. 依民法第249條規定第4款規定：

契約因不可歸責於雙方當事人事由，以致不能履行時，訂金應返還之。例如：店面如被地震天災或遭第三人縱火燒燬，此乃不可歸責於頂讓雙方，讓（賣）方只須將訂金返還頂（買）方，但如頂讓雙方當事人另有約定應按約定條款而行。民法第248條（收受訂金之效力）訂約當事人之一方，由他方受有訂金時，推定其契約成立。民法第249條（訂金之效力）訂金，除當事人另有訂定外，適用左列之規定：

(1) 契約履行時，訂金應返還或作爲給付之一部。

(2) 契約因可歸責於付訂金當事人之事由，致不能履行時，訂金不得請求返還。

(3) 契約因可歸責於受訂金當事人之事由，致不能履行時，該當事人應加倍返還其所受之訂金。

(4) 契約因不可歸責於雙方當事人之事由，致不能履行時，訂金應返還之 。

必須說明的是，裝修工程的合約要件是合約的「全部」，不會只是「訂金」這一部分，這點如：

民法第一五三條（契約之成立），民國九一年六月廿六日修正

當事人互相表示意思一致者，無論其爲明示或默示，契約即爲成立。當事人對於必

要之點，意思一致，而對於非必要之點，未經表示意思者，推定其契約為成立，關於該非必要之點，當事人意思不一致時，法院應依其事件之性質定之。

圖3-5-3　所謂「階段」，不是指工作做到一半

當契約成立時，「合意」雙方的約定既為成立，不論所收付訂金百分比多寡，其所造成工程損失或追加減，契約的金額標的不會只追究到訂金的範圍，而是及於契約的全部。

（三）階段工程款

所謂「階段工程款」，是指依工程進度或是依工程施工日程，而所約定的工程支付款。

很少會有業主願意在工程一開工之後，就把所有施工款項支付給工程承攬人的，在很多人的習慣上，那個工程承攬人縱使是你兒子，你還是不習慣一次把所有的施工費用給他。

圖3-5-4　專業工廠的機器與裝修現場不能相比

階段工程款的計算方式一般依契約規範，在公共工程或大型營造工程的計算方法另有一套計算模式，這裡只就一般私人裝修工程而論。階段工程款的支付與施工進度有很大的相關聯，但判斷「施工進度」在裝修工程的施工現場不是那麼

圖3-5-5 住家裝修工程多數到這個階段交屋，如果施工品質沒問題，就請驗收通過，後面那個書櫃上的書，很少是工程承攬範圍

容易判斷。因為裝修工程是一種極度多重交叉的工藝，常會出現「另場」作業施工，這部分的工作不可能在施工現場看得到。在此情況下，很難認定工程不在進度之內，這部分只能相信合約精神。

（四）工程尾款

工程尾款是裝修工程發生最多爭議的時程，這起因於工程驗收標準，而有部分起因於業主對於工程獲利的不甘心，以為反正這些都不是承攬人的施工成本，想盡辦法賴帳。

所謂工程尾款，是指工程驗收後，需最後支付的工程款。在工作經驗上，有某些業主有不好的「觀念」，以為工程尾款一定是施工業者的純利潤，而想辦法不想支付這筆費用。先不論這筆工程款是否是承攬人的利潤，就合約精神，他就是合約的一部分，而就現實而言，工程承攬人不該有這份利潤嗎？

工程尾款的支付時程一般都訂立在工程驗收完成，「驗收完成」這幾個字很容易讓業主誤會「驗收標準」，以為自己認為工程不合格，就永遠不算驗收通過，這種想法不正確。

影響工程尾款支付的原因可能有：

1. 結算工程追加減的認定：

理論上，裝修工程如果在施工之前做好開工前的正常程序，工程產生追加減的情形不多，但這問題卻是許多工程糾紛的主因。可能的原因有：

(1) 業主自己要求只估部分工程，俗話說：「起茨按半料」，通常是工程施工到一半，才發現這也需要做，那也需要做。或者想使用次級材料，材料到現場才發現無法接受，這時變更材料可能比一開始就估算的還花錢。

(2) 工程項目或數量短估，這在業界有些不肖業者會使用這種方法開列估價單，以期迎合業主想找「比較便宜」的心理。俗話說：「頭都洗了，不剃不行！」裝修工程牽一髮而動全身，不同的材料與不同的工法，都會影響後續的修飾處理，並且，該做100尺的工程，不可能只做99尺。

這部分的糾紛是人性使然，無藥可救。

(3) 可能故意的過失，裝修工程在估算之前，舊裝修還存在是很普遍的現象，在舊的裝修物下有許多應注意的檢修工程會被忽略。這部分的工程需要靠有經驗的工程承攬人或設計師才能預先判斷或做假設工程估算，讓整體工程費用有預期心理。這些可能的裝修費用是業主所不可能主動委任的，因此，如果遇到經驗不足的或是包藏禍心的設計師或工程承攬人，會有可能不知道要估算，或故意不估算，以讓初期的承攬總價降低。

2. 施工品質的認定：

工程施工品質的認定可分為：

(1) 施工瑕疵的認定問題，裝修工程還是以傳統手工藝居多，也因材質的問題，環境所產生的溫差效應，他不可能像在無塵室裡所生產的那麼精密。所謂：「做土兮，差寸；做木兮，差分」，也就是古人生活經驗上對於不同材料與工法，能接受的誤差合理值。

就現階段的應用材料、工具及工法，它不會像以前產生那麼大的誤差值或表面平整度，只在於用哪種係數去看他，而這有市場行情，不是「精益求精」。

(2) 工程品質的價值，工藝水準的高低確實會影響工程品質的價值，但工程費的高低也會影響工藝高低，而「服務」在本業裡須包含在施工品質一起估價。

3. 工程期限：

工程延遲交付是一件很嚴重的事，業主據以扣除部分工程款是合約所規定，在正常情況下這不應該成為不支付工程尾款的理由。但有些情形的延遲可能會造成無法收拾的後果，例如：展覽佈置、延誤入宅或開市的黃道吉日、延誤使用時機、因工程延誤所造成的其他費用。

但也不是準時將工程交給業主就會沒事，我約在二十幾年前承攬一間發生火災的KTV，約100坪，工程費約百來萬。業主因為生意太好，不捨得休業太久，拜託我千萬幫忙在最短期限內趕工，好可以早日重新營業。

工程期限十三天，我用盡了吃奶的力氣督促工匠極力修復，終於在第十四天的早上6點半讓業主可以及時開市大吉。事後請領工程尾款時，業主不但不感激我的恩重如山，竟然恩將仇報，以我那十三天內都沒加班，太好賺為理由，不給尾款。這種人都有，後來是直接找到他幕後老闆才要到錢（據老闆事後說，是那個店長想坑這筆錢）。

3-6 裝修工程合約的注意事項

裝修工程不是一項即時買賣就可以成交的商品，所以不可能在工程委任時馬上「銀貨兩訖」，因為所約定的標的需有一定製程，所以買賣雙方有證明意思一致的必要，以保障雙方的權利義務。

在法律的觀點，契約的存在主要就是一種「債」的存在，合意的雙方是為了各自獲取希望標的，而讓這標的在契約當中形成一種有義務履行的「債」。就我國《民法》對於契約效力的主張並不一定只承認「白紙黑字」，只要「債權方」能主張債的存在，相對的一方就有遵守合約的義務。

但無論如何，所謂「空口無憑」，真有事還要找人證、物證，還要證明證據效力……等，所以還是「先小人，後君子」的好。最常發生未簽訂工程合約就施工的情形很多，如果合意的兩造確為熟人；又雙方人格特質也確為對方所信任；而工程單純，那或許還好一點，如果不是，最好簽訂一份工程合約比較好，尤其是親戚之間。

針對民法有關的法律常識，不是我能在這裡可以解釋的。我懂的範圍連保護自己都還不夠，所以無法教你如何保護自己。我只強調在工程實務上，工程契約的簽定是有必要的，而契約內容的要項，我們就普遍的工程契約樣本逐條了解一下（以下以坊間工程合約內容為主）：

立契約人：業　主（以下簡稱甲方）

　　　　　承包商（以下簡稱乙方）

雙方同意訂定本工程契約，共同遵守，其條款如下：

說明：裝修工程合約的甲方通常為工程委任方，而受委任方為乙方，這當中的「甲乙」沒有任何的從屬、上下關係。

一、工程名稱：

例：永和林森路王公館住家裝修工程。

二、工程地點：

例：新北市永和區林森路46巷X號X樓

三、契約文件：

例：工程設計施工圖表、工程估價單、設計圖。大比例詳圖優先於小比例圖樣。

施工補充說明書、施工規範。

四、契約總價：

例：新臺幣X億X千X佰X拾X萬X仟X佰X拾X元整

本項可能出現的附註如下：

（一）本工程契約總價計新臺幣元整，詳如標單工程總價表。

（二）本工程按照契約總價結算，即依契約總價計給，如因變更設計致工程項目或數量有增減時，就變更部分予以加減賬結算，若有相關項目如稅利管理費另列一式列計者，應依結算總價與契約總價之比例增減之。

（三）本工程按照實做數量結算，即以契約中有工程項目及單價，依竣工實做結算數量計給，若有相關項目如稅利管理費另列一式列計者，應依結算總價與契約總價比例增減之。

五、工程期限：

例：本工程自X年X月X日起開工：X年X月X日，計XX日曆天全部完工。

本書的前面已經說明，裝修工程的施工期程多數以日曆天計算，無論工程契約如何訂定，工程期限以合約所定的完工日為準。但如果契約比照其他土木工程合約訂有「但書」，以該合約為準。

六、工程變更：

說明：本項條款一般不會出現於坊間的工程合約，但如為大型工程，有加註的必要，這主要在明定工程變更設計之認定範圍及甲乙雙方權利義務歸屬問題的處理方式。

七、付款辦法：

說明：本款主要在明訂契約標的的支付期程及交付方式，主要的交付期程約有一施工時間及施工進度兩種，其項目條文如下：例：

雙方約定付工程款辦法如下：

1. 簽約金：新臺幣XXXXXXXXXXX元，簽約日當場以現金或支票支應。

2. 第一期工程款：XX工程進場（或進度或退場）（年月日）支付工程總價XX%，共新臺幣XXXX元（現金或支票）

3. 第二期工程款：XX工程進場（或進度或退場）（年月日）支付工程總價XX%，共新臺幣XXXX元（現金或支票）。

4. 第X期工程款：油漆完成退場（年月日）支付工程總價XX%，共新臺幣XXXX元（現金或支票）。

5. 工程尾款：

說明：工程期款的支應時程依工程規模或時間長短而定，主要的考慮問題是工資及材料費的付款時間及成本，但也必須顧及甲乙雙方風險分擔的平衡，但既然簽了契約，就該遵守合約精神。

八、施工管理：

說明：在公共工程的工程發包契約文件之中，本條文都是甲方為保障自己的權益而無限擴充自我權力的要求，這在正常平等行使契約權利的合約中，有很多是裝修工程無法做到的。

在坊間的工程契約當中，最多只提到工地管理跟施工人員的勞工安全、乙方與施工人員間的勞雇關係。所註明的條件大致如下：

（一）工地管理：

（二）施工計畫與報表：

（三）工作安全與衛生：

（四）工地環境清潔與維護：

（五）配合施工：

（六）各項設施設備，法令規定須由專業技術人員安裝，施工、檢驗者，由乙方應按該規定辦理。

九、履約保證：

說明：履約保證這一條款也是只可能出現在公家機關的工程契約當中，其立場完全先認為自己是好人，對方不一定是。這種履約保證制度很有單面條款的味道，對於一些經常承攬公家工程的承攬人根本是一種笑話，而初步涉獵公共工程的承攬人會是一種困擾。

那種「老大」心態式的所謂「履約保證」制度在坊間裝修工程上，顯然不可行的，在甲乙雙方都是善意的一方時，同時也是承擔工程風險的一方，這要片面的要求另一方「提出」履約保證，無論如何說不過去。在本篇3-5「工程費的支付方法」中曾提到所謂「履約保證金」的信託方法，那是建立在一種「防範未然」的方法，並且不拖累第三人。

十、爭議處理：

說明：明定乙方對工程契約規定有異議時，提出爭議之處理方式，其中包括甲乙雙方的協議、仲裁訴訟及其它有衍生事項的處理原則。

十一、工程驗交：

說明：明定工程完工之認定，部分完工之驗收，驗收作業及不符規定之處理方式，甲方未依限辦理驗收時應給付待付款之利息，甲方怠惰工程驗收應付之賠償責任。

十二、工程保固：

（一）保固期限：本工程自全部完工經驗收合格日之次日起，由乙方保固X年。

（二）保固保證金：

說明：裝修工程屬於消耗性商品，實在無法提供所謂「保固」的認定標準，這當中的所謂「保固保證金」不可能存在於坊間工程。在民間的私人債務關係，最好是銀貨兩訖，能不能負保固責任，很多是「信用」問題，從工程開工到完工，還不知道哪一方有信用，何況把那種情愫保留。

十三、罰則：

下面舉兩則公家機關發包工程時所提出的合約條款：

（一）逾期罰款：乙方如不依照契約規定期限完工，應按逾期的日數，每日賠償甲方損失，按結算總價千分之一計算的逾期罰款，該項罰款應由乙方在本工程驗收合格後向甲方繳納，甲方亦得在乙方未領工程款中，或履約保證金中扣除，如有不足，得向乙方或履約保證人追繳之，但其最高額的逾期罰款金額，不超過結算總價十分之一為限。

（二）乙方未能依預定進度施工，其施工實際進度落後達預定進度百分之者，經甲方通知乙方在日內未能趕工至預定進度者，甲方得停止乙方在甲方本機關的投標權，迄至乙方趕工達到預定進度時或工程完工時，始得解除。

說明：從以上的兩則條款可以發現，好像契約中只認為「乙方」會犯錯，而甲方完全不受罰則限制，這種合約就是所謂「單方」條款。從合約訂定的精神來看，合意的雙方都有違反合約內容的可能，所以，在契約裡的罰則不可能只針對一方作規範，因為定作人也一樣有違反合約的可能。

在裝修工程合意的雙方，定作人可能會有以下違反合約精神而損害承攬人權益的情況：延遲交付工程款、拖延工程驗收時間、任意更改施工設計、無端刁難工程品質、未盡己方應盡之善意；或應盡己方應配合對方施工之應負責任……。

合約的精神一定要達到一種平等，不要有付錢的是老大，或是「物以稀為貴」的心態。

十四、契約終止或解除：

說明：明定契約終止或解除之處理方式，及雙方應配合之事項。定作人及工程承攬人對於工程合約都有主張終止或解除的權利，本條款主要在說明契約的雙方在哪種情形下可以行使權利；或應依合約條件中止合約。

十五、其他：

說明：本項條款主要在補充一些契約條款的不足，可能的內容如下（以下為公家機關的制式內容，不一定適用於坊間工程契約）：

（一）全部約定：本契約凡未載明於文件內之任何陳述或承諾，乙方均不受其約束，亦不須負責。本契約條款之任何變更，均須經雙方之書面同意。

（二）本契約文件及其附件內，所指的申請、報告、同意、指示、核准、通知、解釋等其他類似行爲之意思表示，均須以書面爲之。書面之遞交，以面交簽收或以掛號郵寄至雙方預爲約定之地址準。

（三）本工程的承包範圍除另有規定外，爲本工程完成所需全部的材料、人工、以及施工所必須條件的費用。（詳如施工説明書）。

（四）未經對方的同意，雙方均不得轉讓本契約之全部或一部分的權益。但合法之繼承不在此限。

（五）乙方不得將本工程轉包，乙方非依政府的規定，亦不得將本工程之一部分分包。

（六）專利及著作權：乙方如在本工程使用專利品，或專利性施工方法，或涉及著作權時，其有關之專利及著作權益，概由乙方依照有關法令規定處理，其費用亦由乙方負擔。

（七）契約份數及附件：

1. 本契約正本二份，甲乙雙方各執一份，副本份，計甲方份，乙方份分別執用，副本如有誤繕，以正本爲準。
2. 本契約正本的印花，由雙方各自貼銷。
3. 契約附件：

說明：施工圖、估價單、施工規範；或所需申報裝修許可之文件等。

（八）其他約定事項：

說明：例：本契約之管轄法院為XX地方法院。

立契約人：甲方：

負 責 人：

地　　址：

乙　　方：

負 責 人：

地　　址：

中華民國　　　　年　　　　月　　　　日

3-7　如何履行合約與保障自己的權利

就契約的精神而言，履行合約就是保障自己的權利。

國人的法律觀念薄弱，又一些不肖業者喜歡耍小聰明，以為在工程契約當中潛伏一些利己不利人的條件，就可以「穩贏」，這都是一種病態心理。一件契約的訂立在法律上一定會規範合意的雙方，所以，定作人與承攬人都同時有履行合約的義務。

我在我的第一本著作《裝修工程施工概要》中針對這一問題就提到：如果認為對方是好人、對方不會不履行承諾、對方一定有能力履行承諾，不一定要簽定工程合約。如果合意的一方在不履行契約精神時，也負不起契約責任，那也不用簽約（根本就是放棄合意）。如果，契約的雙方都是居於善意，而雙方都具有損害賠償的「能力」，在這對等的情況下，這份工程契約才有其契約意義。

在契約的雙方都有執行契約能力時，契約的約束才有意義，而在合意的雙方不能依據契約條件處理合約內容時，最後的結果不是打架就是上法院，通常，有可能先打架，然後再上法院，只是多了刑事告訴。

我在某協會擔任「工程評鑑主委」期間，曾處理一些法院委託的裝修工程民事糾紛評鑑，工程的品質與市價的對應關係，對我們一些有相當工作經驗的人而言，他的判斷值不會悖離於市場行情太多，但案件的兩造，其是非對錯不是我們負責評鑑工程品質的人可以做判斷的。

由此之故，如果，當一件工程契約的雙方是都有承擔契約能力時，而雙方也居於「遵守法律規範」，當糾紛須走上法律途徑，那在契約訂立的開始，就應該保持及蒐集、記錄對自己有利的資料。在我評鑑的一些裝修工程糾紛案件中，有一個案子值得提出來供參考：

這個案子的訴訟標的是新臺幣30萬，已經訴訟了六年還沒結果，最後經雙方同意，訴請公正單位評鑑。

工程標的是一間辦公室的裝修工程，承攬人是一家傢俱公司，原始工程承攬價金約為60幾萬。工程糾紛的主因是工程施工品質不良的認定問題，導致承攬人在定做人遲遲不結算工程尾款的情況下，也不再配合業主後續的改善工程（或追加工程），因而鬧上法院。

訴訟標的的新臺幣30萬元並非全部是原工程款的尾款，而是有些部分業主自行找人做改善工程及自行增做的工程，如此就把整個案子弄得一團亂了。

不論評鑑結果如何，他本身有這樣的實際狀況存在：

1. 承攬人不是裝修工程的專業施工管理人。
2. 雙方均未履行合約精神。
3. 在經濟能力上有不對等的情形。
4. 對訴訟標的的陳訴文不對題。

裝修工程專業對於本業從業人員而言，目前還沒有一套完整的規範，在此一情況下，實在沒有辦法證明所謂的「專業」認定，因此，他在法律上有很多的漏洞。以這個案件而言，我們將評鑑報告回覆給法院，但不見得法官就看得懂評鑑報告的陳述內容；也不見得法官看懂了就敢判決，他還關係一些訴訟方法。

這個案子的定作人是一個具有一定法律常識及財力的人，但有點「仗勢欺人」；而承攬人的專業能力有缺乏，並且法律知識薄弱。其實況是：承攬人執行工作契約並沒有太多瑕疵，但在工程專業上有瑕疵，並且在處理後續整復工程上不具備專業能力。因此，這個案子在定作人有能力聘請律師，而承攬人占理但不懂法律的情況下，縱使公正單位提出評鑑報告，法官還是不願裁決。

另一個協會不願接受委託評鑑的工作是：總工程費1,600萬，而30張的工程估價單上只出現一個估算單位「式」，這根本無從評鑑。會出現這樣的估價單，他的可能有兩個，一是工程承攬人故意寫的模糊，想幫自己預留玩弄小聰明的空間；但他不知道這遊戲空間同時也是對方的權利。另一個可能是真的對工程估算沒經驗，這是很可怕的事情，這樣的工程一定會出問題。

由以上的案例可以看出，任何大小工程的委任與承攬，都可能存在一些不確定因素，當契約可能成為日後民事提告的依據時，在執行合約的過程當中，隨時收集保障自己權益的證據是有必要的。

圖3-7-1　這麼大的地板規模，不要用「一式」做為估價單位比較好

（一）確實履行合約義務

民法第246條：

以不能之給付爲契約標的者，其契約爲無效。但其不能情形可以除去，而當事人訂約時並預期於不能之情形除去後爲給付者，其契約仍爲有效。

所謂「不能」的說法在法律見解上有法律的解釋，這部分要請簽約的當事人自行了解法律用詞。

我們先假設你與對方所簽的契約都是有效且可執行的，當工程依據工程契約而進行時，先違約的一方一定是較不利的，所以，縱使契約的執行可能必須訴請法院裁決，先履行自己應盡的義務可能會對自己比較有利。

（二）用講的，不如用寫的

契約的成立是只要有明示或暗示即可的法律規定，但畢竟「空口無憑」，並且時間久遠之後，腦袋也不一定那麼靈光。當可能發生工程糾紛而告上法院時，證據代表一切，包含人證跟物證，物證只要有保留，在訴訟有效期限內一般都不會壞，但人證不一定。

當需要人證時，有可能發生這樣的事：

1. 找不到證人：

多數人不會「見義勇為」，且不願意見官（法官），當然，如果你有足以讓他為你挺身而出的誘因，那另當別論。

2. 證人的證詞不一定對你有利。

3. 證人的證詞沒有證據力：

通常會上法院幫你作證的人，一定跟你關係匪淺，也就是大部分是有親等關係的，這些人的證詞一般不很被法官所採信。

（三）相關文件（證據）的保存

不論是否可能走上法律途徑，在工作經驗上，只要是具有一定的工程規模，多數在工程驗收的結算，一定會出現工程追加減。就業主而言，最好是契約簽好後，工程承攬人就「包山包海」，很多人會認為這修改一點、那修改一點；這改一些、那改一些；這加一點點、那加一點點，對工程的成本沒什麼影響，或者認為包商有的賺，想貪點小便宜。

事實上，如果你是這樣的業主，你在簽約的時候就已經摳門到極點了，並且你後面要求追加的部分，是你當初刻意隱瞞的工程估算範圍。在這樣的情況下，如果我是你的承包商，我恨不得你多增加一些，只要不是我承攬的範圍，你要求追加的，我一定會照你的意思做，但我也一定會跟你要工程追加款，我會記錄你要求時的人、事、時、地、物。

所謂相關文件的保存方法，可以利用掛號信件、會議記錄、錄音、拍照，以及往來的所有溝通文字、付款證明，並盡可能註明時間、事件、地點。

1. 給交付標的物時之收據（證明）。

2. 完整的施工日報表：最起碼有進出之人員、匠作別、材料進出、天氣等記載。

3. 階段工作之施工紀錄：如階段或匠作別進退場時的施工進度、相片。

4. 相關進貨憑證：材料進貨的日期、品類、地點。

5. 相關支出憑證、會計資料、工資支出憑證等。

6. 損害證明：設計變更、定作人特別指示、要求，可能因對方責任所產生之施工延遲、變更等所造成之支出費用、成本。

7. 有效追訴限期：於契約內主張權利的重要依據。

8. 各項相關之法律行為。

（四）承攬之法律關係

1. 承攬人之權利義務：

(1) 完成工作之義務。

(2) 完工物交付義務。

(3) 瑕疵擔保責任。

(4) 法定抵押權。

2. 定作人之權利義務：

(1) 支付報酬之義務。

(2) 定作人之協力義務。

(3) 工作之受領義務。

3. 危險負擔：

依【民法】規定，關於雙務契約之危險負擔，係採債務人負擔主義。

圖3-7-2　我想，很多人都不希望他以後漏水

3-8　工程進度的計算方式

工程進度與工程款的支應有關，在裝修工程計算進度而言，多數是直接載入工程合約，以日曆天計算。施工進度表對於一般小型裝修工程並不具有很大的效益，對大型工程而言，施工進度表為計算施工期程的百分比的工具，也是承包商據以向委託方請領工程款項的依據，但裝修工程以日曆天為工作進

度計算，施工進度表通常只是為了方便工程協調。

裝修工程的進度多數以施工可行性做評估，一般都直接載入工程合約當中，在工程進行當中並沒有所謂工程進度的計算。在可能的工程規模上，會先擬定施工計畫，其中會包含施工進度表，但實務經驗得知，很多工程承攬單位的這張施工進度表都是亂寫的。施工進度表多數會出現兩種情況，一種是施工計畫的施工進度，一種是如同施工日報表的格式，在大型工程的工程進度計算就是以後者的實際施工進度所完成的工作，在工程驗收日的日期橫切一刀，以計算完成進度的百分比。

營造工程或裝修工程施工進度表原本都採用甘梯進度表（Gantt-chart），也稱之為線條式進度表，是美國Frank ford兵器工廠顧問H.L.Gantt所發表，歷經第一次世界大戰而應用至今。

表3-8-1　桿式施工進度表例

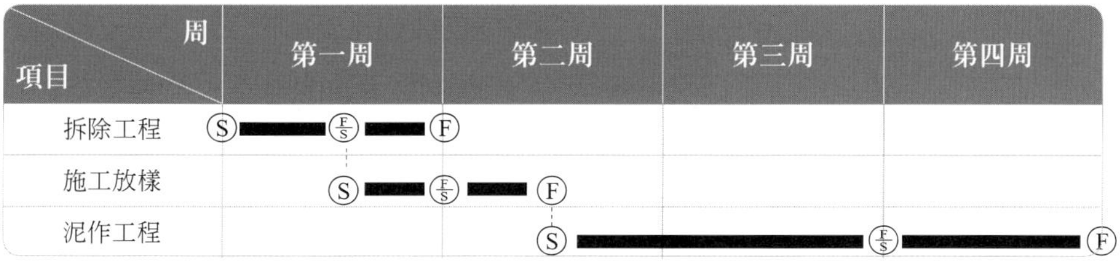

項目＼周	第一周	第二周	第三周	第四周
拆除工程	Ⓢ━━ F/S ━━Ⓕ			
施工放樣	Ⓢ━━	F/S ━━Ⓕ		
泥作工程		Ⓢ━━━━	━━━━	F/S ━━━━Ⓕ

註：S表示開始，F表示完成

或許，對於已經進入高科技、高技術、高產值的營造工程而言，精密的施工計畫是必須的，但對於低技術、低產值的裝修作工程而言，建構這項複雜的施工計畫，成本太高，對於裝修作工程的簡單性，也沒有必要導入太複雜的學習領域。

簡單的裝修工程一般不會用所謂工程進度做為付工程進度款依據，主要是裝修的工期計算沒有所謂的「工作天」，而是依據契約所載的付款進度。因裝修的

圖3-8-1 所謂作業進度，可分成項目及數量，如圖中所示，完成砌磚是一種進度，完成水電管路配管也可算是一種進度

完工時間多數需如期完工，工期逾期，也許整個工程就不用驗收了，而且，裝修工程的複雜性也很難實際計算施工進度。其簡單的算法如下：

（一）合約的施工進度算法

裝修工程進度計算多數載明於契約當中，它有兩種計算方式：

1. 工期進程：

依工程規模大小，分施工期進程，明訂工程款百分比，分次撥提，中間不管施工進度。但定作人會視工程進度的合理性，做應付款支付，這種方式常造成一些不必要的困擾。

2. 作業進度：

載明施工作業到哪種工作到哪種進度，依契約內容支付工程款項的百分比。適用於小型工程，不適用於大型工程。

（二）實際施工進度的計算方法

1. 加權法：

對每一單項工程賦予一個權術（Weight），一件工程的總權數可以定為一百。以權數為共同衡量單位，將各單項的個別進度，乘以個別權數，得進度權數，然後相加，得綜合總進度。

2. 工程價值法：

此法以錢為各項工程的共同衡量單位，計算公式如下：

實際總進度=實際完成工程價值／預定工程總價

預定總進度=預定完成工程價值／預定工程總價

3. 按工作天推算法：

以工程總工作天數為分母，預定天數或實際天數為分子，其比率即為工程總進度。

3-9 監工責任與監工費用

我們常在建築工程的文件上看到「監造」兩個字，這是依據建築法的規定而來，建築師法第18條規定：

「建築師受委託辦理建築物監造時，應遵守下列各款之規定：

一、監督營造業依照建築師法第十七條設計之圖說施工。

二、遵守建築法令所規定監造人應辦事項。

三、查核建築材料之規格及品質。

四、其他約定之監造事項。」

同法第19條又規定：

建築師受委託辦理建築物之設計，應負該工程設計之責任；其受委託監造者，應負監督該工程施工之責任，但有關建築物結構與設備等專業工程部分，除五層以下非供公眾使用之建築物外，應由承辦建築師交由依法登記開業之專業技師負責辦理，建築師並負連帶責任。……

另內政部89.10.09第8910815號函說明二：

圖3-9-1　這是某完工約兩年的一處獨棟建築物所拍攝，這種施工品質發生在這裡的所有建築群，可見「監造」一詞形同虛設。這片地板是在建築營造時所鋪設，地磚背部幾乎沒有黏著泥漿

建築法第十三條所明定，是建築物監造人爲建築師，已依法登記開業之建築師爲限。其釋函與建築法第十三條第一項但書「……但有關建築物結構與設備等專業工程部分，除五層以下非供公眾使用之建築物外，應由承辦建築師交由依法登記開業之專業工業技術師負責辦理，建築師並負連帶責任。」及建築師法第十九條「建築師受委託辦理建築物之設計，應負該工程設計之責任；其受委託監造者，應負監督該工程施工之責任，但有關建築物結構與設備等專業工程部分，除五層以下非供公眾使用之建築物外，應由承辦建築師交由依法登記開業之專業技師負責辦理，建築師並負連帶責任。當地無專業技師者，不在此限。

事實上，「監造」責任是一項很具爭議名詞，建築師希望擁有「監造」權的同時，也希望可以不要背負「監造」的法律責任，甚至不用擔負這項職務的實際工作。

「監造」一詞在法律上為建築營造的專用語，並不適用在裝修工程的現場施工職務上，所以本業多數以「監工」一詞代表監理施工品質與施工進度調配的職稱。

一般我們可以注意到有三種立場各別不同之現場監工人員，而其任務也各有不同。

1. 業主（起造人或業主）代表現場監工人員：

監督施工進度、品質以達業主使用要求。

2. 監造人派駐現場監工人員：

要求施工單位確實照設計圖說施工完成。

3. 工程施工（承造人）及分包單位（小包）現場監工人員：

執行工程施工進行中之一切檢核、協調。

在2.裡所謂的「監造人」會出現在新建築物的裝修工程當中，但實際上很少發生，建築物為了請領建築物使用執照方便，裝修工程的項目很少在建築物的施工項目當中。

在行政院勞工委員會對建築工程監工員職業定義：

代表建築師在工地監工，確保工程符合設計規格及材料與施工保持既定標準。在當前講求品質保證的時代，對建築物之興築水準有直接影響。本職有監工員、助理監工員、工地主任、領班、工務員、工務主任、工頭等俗稱。

此條文中的「代表建築師」一詞，在實際工程承攬與工程作業上，不能完全轉換為「室內設計師」，因為對施工品質的責任與權限不同。裝修工程設計是裝修工程針對工程施工的設計行為，除在民法上受委任，並沒有直接權限為工程的施工監理，也就不可能有人代表這種職稱執行工程的監理工作。

業主是最有權力擔任監督工程品質的角色的，但因為工程專業的關係，而出現職務代理的現象，並且協助工程進度之協調。在裝修工程常見的監工人員可歸納出幾種身分，並且代表不同的監工責任，但不論其監工責任為何，監工的責任只在受委任的部分：

（一）業主

直接行使工程的監理與施工進度調配的角色，這當中必須事業主自行發小包

圖3-9-2　現場監工必須能注意所有施工細節

圖3-9-3　監工的權力來自於權力繼承

給各個工種，並具有一定的工程施工知識。業主必須自行承擔工程進度的調配工作、工程品質的監理、施工材料的驗收、工匠人員的管理、工地安全維護。因為工程是自行發包，原設計單位並沒權力限制施工設計的規格與材料運用，業主有權利做任何變更，但其變更所需付的所有責任由業主自行承擔。

（二）設計公司

就現行的法規，設計單位並無法像建築師一樣具有法定的「監造」權力，這個權力必須受業主所委託而取得，但在工程不是由設計單位發包時，設計單位對於工程的監理只能算是一種查核的工作，沒有權力或職責改變現場的施工進度與工程品質。

就實際施工習慣而言，施工設計圖並不能完全以施工管理的角度去執行，當完整的施工設計是經由業主自行發包工程時，監工的權利在業主，而受監工的範圍在業主發包工程時與承攬單位的委任關係與範圍。他可能改變全部或部分原設計內容，如此一來，原設計單位根本無法依據其原本的設計圖說做為現場監理工程的依據。

設計公司同時為工程承攬人時，因為其同時為工程承攬人，不論其工程發包方式為何，因為工程的交付對象為業主，有自行管理與監督工程施工品質的義務跟責任。需承擔工程的發包、進度協調、工程品質的管理、工程驗收……等，施工管理人的責任。

（三）工程承攬人

不論工程承攬人是設計公司直接承攬，還是工程專業承攬，任何工程之承攬人都負有工程監理的責任。裝修工程的承攬可分為總承攬、次承攬、單項承攬、專業承攬，各項承攬業務所需負擔的監工責任是依據其承攬範圍而定，並且也只能有限度的進行監工。其監工權責如下：

1. 總承攬人：

管理其發包的次承攬、小包、分包、專業承攬，其監工權力來自於業主的委任及自己的工程發包，監工範圍包含本承攬工程之一切施工責任（受委任的部分），除非業務來自於設計公司，其施工權利部分受原設計單位限制。但其承攬工程的責任包含需受設計單位監督時，以承攬合約為準。

2. 次承攬：

次承攬的身分有時可以受到業主認同時，其合約效力可直接追溯至業主時，可直接接受業主的命令（依合約為準）。但在實際運作上，次承攬的權力轉於自主（總）承攬，其監工責任除承攬業務應盡

圖3-9-4　監工的權力必須具有指揮施工方法、使用材料，才能達到施工品質控制

責任外，並受主（總）承攬之指揮。

3. 專業施工或是小包工程均負有工程監理的義務：

木作承攬木作專業項目時，負有對自己承攬範圍的監工責任，包含材料、工法、施工人員、工地安全等。在其工程需委任其他專業施工作業時，其所委任的專業施工責任由委任人付直接責任。

4. 末端施工作業：

木作將人造石檯面工程一體承攬，而將人造石的施工委託專業廠商施工，這個專業廠商在現場施工時，對其施工人員及其所承包的工作負有監工責任。

（四）勞雇關係

監工的責任除了在監督工程品質與施工進度外，同時也是一種施工人員管理，這個指揮權會關係到「勞雇關係」。勞資關係簡單的說，就是指勞方與資方間的權利義務關係。有學者稱勞資關係為工業關係、勞工關係或勞雇關係，其主要原因為研究者對於勞資關係的定義有廣義及狹義之區分。

學術有學術的看法，這裡只針對承攬關係與勞雇關係做一個比較。承攬關係是指【民法】上的一種委任契約關係，雙方只存在一種買賣關係，沒有受一方的指揮而進行勞力工作的義務。

民法規定：稱僱傭者，謂當事人約定，一方於一定或不定之期限內爲他方服勞務，他方給付報酬之契約；稱承攬者，謂當事人約定，一方爲他方完成一定之工作，他方俟工作完成，給付報酬之契約，民法第四百八十二條及第四百九十條定有明文。

有關承攬關係之認定，除依上述原則外，仍應就【民法】債編中所提承攬人特徵如品質保證、瑕疵修補、解約或減少報酬損害賠償、危險負擔等加以分析認定。

內政部釋令：

勞動契約係以勞動給付爲目的，承攬契約係以勞動結果爲目的；勞動契約於一定期間內受僱人應依雇方之指示，從事一定種類之活動，而承攬契約承攬人只負完成一個或數個工作之責任。（內政部七十四年七月十九日七四台內勞字第三二六六九四函釋）

甲與乙間帶工不帶料之合約，如以勞動給付爲目的，且甲對乙所僱勞工具指揮監督管理權限時，甲與乙所僱勞工間應係僱傭關係。（參照行政院臺八七訴字第四二○二九號訴願決定書）

甲將工程之「工作」交由承攬人乙招攬工人承作，雖名爲承攬，惟甲係按實際到工人數及工作天數發放工資，且派有工地主任在場管理，對乙之工人有管理權，其實質仍以勞務給付爲目的，甲與乙之工人間應屬勞動（僱傭）契約。（參照行政法院八十八年度判字第四○八二號判決）

原事業主僅將部分工作交由他人施工，本身仍具指揮監督、統籌規劃之權者，應不認定具承攬關係。（行政院勞工委員會八十三年三月四日台八三勞安三字第○八八四六號函釋）

移動式起重機「連人帶車」之租賃關係，如出租人除出租移動式起重機供租用人使用外，並指派操作人員完成租用人之一定工作（吊掛作業），則雖名爲租賃，其間並非單純之起重機租賃關係，而係租賃兼具承攬關係。（參照行政院九十二年三月十七日院臺訴字第○九二○○八二七七八號訴願決定書）

原事業單位之認定，適用勞工安全衛生法之事業單位以其事業之全部或部分交付承攬、再承攬，並分別僱用勞工共同作業者。

將承攬之工程交付再承攬並分別僱用勞工共同作業者，就承攬工程範圍爲再承攬人之原事業單位。即於共同作業中，相對於其承攬人之事業單位即爲該共同作業之原事業單位。（參照台北高等行政法院九十一年度簡字第四七號判決、第六一號判決）。

因原事業單位對其交付承攬之工作具備相當之專業，故勞工安全衛生法訂有若干規定令原事業單位負一定責任，至於其他單純的定作人，則無勞工安全衛生法第18條之適用。

勞雇關係有下列這些解釋：

勞動關係乃是指勞動者與雇主之權利義務關係。以義務而言，勞動者對於雇主有提供勞務之義務，而雇主對於勞動者則有給付報酬之義務。以權利而言，勞動者對於雇主有請求報酬之權利，雇主對於勞動者則有請求提供勞務之權利。由此可知勞動者與雇主在互動關係中，勞務之提供及報酬之給付而言，互負義務及權利，皃成爲權利義務之關係。（陳繼盛，《勞工法論文集》，財團法人陳林法學文教基金會，民 83年，頁43。）

用最簡單的方式來描繪勞資關係就是：受顧者與雇主兼的衝突與合作。這種關係肇始於企業聘用勞工，當一位雇主和一位勞工在工作場所接觸時，勞資關係自然就發生了。勞資之間的衝突在於雙方的目標不同，雇主所追求的是效率（efficiency），偏重經濟面的考量，勞工所期待的是公平（equity），傾向人性面的需求。（衛民、許繼峰，《勞資關係與爭議問題》，國立空中大學，民 92年，頁8-9。）

資料來源：http://nccur.lib.nccu.edu.tw/bitstream/140.119/34427/5/26201905.pdf

從以上分析可以看出來一件事，業主將工程直接發包給施工業者承攬的動作，其契約關係可認定為承攬關係，但如果改變這一層關係，很有可能業主必須承擔與工匠間的「勞雇關係」。在很多的勞資糾紛當中，這種既承攬又摻雜著勞雇關係的案件很多，最好能避免。

（五）監工是一項假設工程

監工費用在工程的進行當中與工程結束，這一項人事成本是無形的，但一定會有實際付出。監工的實際工作時間很難規範，他主要是一種專業與責任，光是這項義務，本身就是一項成本。

建築物的監造費設有一定的標準收費，主要是依據建築物的工程造價的百分比去計算，這部分如果有需要，你可以上任何建築師公會網站查詢。

裝修工程的施工監工費則因裝修法遲遲無法通過，致使專業管理沒有法源依據，所以並沒有一個標準。長久以來，相關公會均會訂出「收費」標準，但那也只是僅供參考，實際作業還是仰賴「市場行情」。常見的監工費收費情形約有如下幾項：

圖3-9-5　監工費以工程費的百分比計算較為合理

1. 以施工面積為單位：

通常設計費是以面積計算，這是因為圖紙必須將所有設計的範圍製作清楚，以面積計算尚在合理範圍內，並且，因地域、設計師大小牌，他收費高低有很大的空間。

監工管理費的收取標準同樣會跟設計公司或承攬人的服務品質與營運規模有差，以面積做為計算單位時，從一坪1,000至5,000元都有可能，這只要雙方「歡喜甘願」就好。但用面積去計算監工費用有一項不合理的地方——沒施工的地方不知道怎麼算？而且，同樣的面積，工程費用差好幾倍，這顯然不合理。

2. 以工程造價的百分比去計算：

監工費用約為工程總價的5～10%，這當中主要是依據承攬人的服務品質與工程的複雜度去計算。

我個人較同意這種計算方法，工程造價的多寡、施工項目的繁簡，都會影響監工的工作量，而這確實是工程施工行為當中所必須付出的施工成本之一。

3. 概括承攬：

很多的業主會認為「監工」是承攬人的責任，所以對於監工費用會斤斤計較，總認為那是估價單裡所出現「敲竹槓」的項目。台灣有句諺語：「龜頭龜內肉」，如果你只是想證明自己聰明、內行、會殺價，你就盡管砍殺設計費與監工費，反正「殺頭的生意有人做、賠錢的生意沒人做」，你不可能殺到見骨，承攬人最少還有選擇不接你生意的權利。

第四篇：業主在裝修工程施工期間要做的事

圖4-0-1　施工現場的工匠會有一位「工頭」統管施工進度與工匠，業主在施工現場盡量不要直接指揮工匠，有任何問題找監工人員即可／史金興攝影

業主在裝修工程期間不可避免的會關心工程進度及工程品質，所以出現在裝修工地現場是很合理的事。有些工程如：餐廳、服飾店、辦公室，業主整天盯在現場的所在都有，這對工程的進行不一定有影響，但也沒什麼好處。

一塊板料從整塊木心板開始裁切，我在工地現場時，只要我知道師父要做的是那個工程，我就可以判斷他所裁切的尺寸規格是否正確，但業主可能沒這樣的功力。工程的施作有一定的工序，從裁切、下料、結構、造型到敷貼完成，不一定是一成不變的工序。如果你是業主，你整天在工作現場，只會問東問西，連一瓶礦泉水都捨不得請工匠喝，那對你的工程品質不會有幫助的。

4-1　插花插頭前（準時付工程費用）

很多的業主都喜歡先享受後付款的服務，這如果是去吃頓大餐，那種感覺是正常的。但把那種感覺用在裝修工程的付款程序上，不一定正確，因為大家對「奇蒙子」的感覺都不一樣。

所謂「插花插頭前」，不是叫你提前給付工程款，而是不要找藉口拖延付款，沒有一個承攬人被你刁難工程款還會爽的。除了工程的正項工程款之外，會有些臨時的委任工程是需要付款的，如果可以，當你委任承攬人幫你代購、追加工程時，這都會增加工程的額外負擔，記得先把該付的錢主動提出。

會需要預先支付的款項有：

（一）代購

可能是一些設備、擺設、家具等，這些物品有些是應估算於工程款項之內的，某些業主怕被賺一手，在工程估算的階段會主動要求做漏項估算，想自己買便宜一些。業主的想法並沒有錯，但是，有很多專業規格的東西，業主自己去購買不會比較便宜，甚至可能找不到這些所需的物件。因此，有很多的情況下，業主會回過頭來要求承攬人代為訂購或購買。

代購或代訂的東西如果只是一點點的小錢也就算了，但有可能被訂購的廠商承攬人也不熟，那這就不是像叫一片夾板或是買個五金配件那麼簡單，必須先支付一筆現金。這筆現金也許就是工程頭期款的總額，如果你認為反正後面一起算，你認為幫你做事的人出力氣還要代墊款，東西買來如果有問題，還要負責處理售後服務工作，這誰會做得心甘情願。

（二）代收

代收物件的事情常發生在設計公司為承攬人，然後再將工程發小包的場子，通常設計公司很少會派駐專業的監工人員在工地，而因為裝修工程特殊的交叉施工特性，會發生甲工藝代收乙工藝施工人員的材料或設備。

圖4-1-1　圖中還少了冷氣室內機跟一台電視，其中的冷氣設備就是業主自行發包的項目／史金興攝影

代收物件是一項需要負擔責任的事（有保管的責任），如果這項材料或設備是將用於代收人的工程上，那也就沒話說。如果這個代收的東西是業主交代設計公司，然後設計公司又把這個責任推給現場施

工人員，或原本是設計公司自己要驗收的東西，因為自己「沒空」，而要求別人代收，代收的人光點交這些物品可能浪費半天時間，請問，這個時間要算誰的？又東西如果遺失，算是誰的責任。

如果有些東西是貨到付款的，你一時不便請人代收還要先代給錢，請問：你會一時不便，人家的口袋就該隨時方便嗎？

（三）臨時追加工程

有些材料與設備臨時購買都是需要現金的，況且是要一次付清的，很有可能購買的金額比你當初給付的頭期款還要多。這種臨時追加的大量工程，並不在原先的工程估算之中，也就是一些可能需要支付的費用並沒有計算在當初的工程合約，所以，在工程的施工期程當中，承攬人並沒有支付這筆錢的預算。

圖4-1-2 這種小工程很容易發生追加，不過在整體工程的比例上，還不算是大追加

工程承攬人有接受委託人追加工程的義務，但委託人在委託臨時追加工程時，也應注意同時追加應付的工程款項。有些自以為聰明的業主會藉由增加工程來累積工程尾款，以為這樣一來，手上的籌碼比較多，也許有些承攬人不計較，但通常都會不舒服。有些業主在承攬人提出先支付工程追加款時，還會以要錢太快或是人家不信任自己而認為人家不對，先想想自己，你同樣也不信任人家，何況，這筆錢你主動給付是天經地義的事。

4-2 如何注意裝修工地的管理

工地的管理屬於工程承攬人的責任，業主對於工地的義務，如果為已裝設水電的建築物，有提供施工所需的臨時水電的必要。

在一些屬於大型或是公共工程的發包作業上，針對工地施工管理會有以下的這些規定（以下引文節錄自《工程契約樣本》，非民間工程慣用文字，其中甲乙雙方的承攬關係也與裝修工程的管理型態不同，將在節錄文字之後做說明）：

（一）工地管理

1. 本工程施工期間，乙方應指派適當之代表人爲工地負責人，代表乙方駐在工地，督率施工、管理其員工器材，並負責一切乙方應辦理事項。乙方應於開工前，將其姓名、學經歷資料等，報請甲方查核，變更時亦同。如甲方認爲該乙方工地負責人不能稱職時，得要求乙方更換之。

2. 乙方應按預定施工進度，僱用足夠且具備適當技能的員工，並將所需之施工機具及材料等運至工地，如期完成各項契約之各項工作，施工期間，所有乙方員工之管理、給養、福利、衛生與安全等，以及所有施工機具設備及材料之維護與保管，均由乙方負責。

3. 乙方員工均應遵守有關法令規章規定，包括施工地點當地政府各目的事業主管機關訂定之規章，並接受甲方對有關工作上之指示，如有不聽指導，阻礙或影響工作進行，或其他非法、不當情事者，甲方得隨時要求乙方撤換之，乙方應立即照辦。該等員工如有任何糾紛或違法行爲，概由乙方負完全責任，如遇有傷亡或其他意外情事，亦應由乙方自行處理，與甲方無涉。

（二）施工計畫與報表

1. 乙方應於開工前，擬定施工順序及預定進度表等，並就其主要施工部分敘述施工方法，繪製施工相關圖，送請甲方核定。甲方爲協調相關工程之配合，得指示乙方作必要之修正。預定進度表之格式及細節，應表示施工詳圖送審日期、主要器材設備訂購與進場之日期、各項工作之啓始日期、各類別工人調派配置日期及人數等，並應標示出本工程施工之要徑，俾供嗣後因變更設計檢核工期之依據。乙方在擬定前述工期時，應考量施工當地颱風及其他惡劣天候對本工程之影響。

2. 施工預定進度表，雖經甲方工程司指示修正與核定，仍不解除乙方對本契約完工期限所應負之全部責任。

3. 本工程施工期間，應按甲方同意之格式，按約定之時間，塡寫工作報表，送請甲方核備。

（三）工作安全與衛生

1. 本工程施工期間，乙方應遵照勞工安全衛生法及其施行細則、勞工安全衛生設施細則、營造安全衛生設施標準、勞動檢查法及其施行細則、危險性工作場所審查暨檢查辦法、勞動基準法及其施行細則、及道路交通標誌、標線、號誌設置規則等有關規定確實辦理，並隨時注意工地安全及水、火災之防範。如因乙方疏忽或過失而發生任何意外事故，均由乙方負一切責任。

2. 本工程施工期間，發生緊急事故，影響工地內外生命財產安全時，乙方得不經甲方工程司之指示，而採取必要之適當行動，以防止生命財產之損失，但乙方應在事故發生後廿四小時內向甲方工程司報告，如事故發生時，甲方工程司在工地有所指示時，乙方應照辦。

（四）工地環境清潔與維護

1. 本工程施工期間，乙方應切實遵守水污染防治法及其施行細則、空氣污染防治法、噪音管制法、廢棄物清理法等有關機關所頒法令規章之規定，隨時負責工地環境保護。

2. 本工程施工期間，乙方應隨時清除工地內暨工地週邊道路一切廢料、垃圾、非必要或檢驗不合格之材料、鷹架、工具及其他設備，以確保工地安全及工作地區環境之整潔，其所需費用概由乙方負責。

3. 工地周圍排水溝，因本工程施工所發生損壞或砂石、積廢土、或因施工產生之不當的廢棄物，乙方均應隨時修復及清理，如延誤不予修復及清理，致生危害環境衛生、公共安全事件，概由乙方負完全責任。

（五）配合施工

與本契約工程有關之其他工程項目，經甲方委託其他廠商承包辦理時，乙方應有與其他廠商互相協調配合及合作之義務，使該等工作得以順利的進行，因工作不能協調配合，致生錯誤、延誤工期，或發生其他意外事故者，乙方應負其應有的一切責任及賠償。受損之一方，應於事故發生之日起三日內，以書面通知甲方，由甲方召集雙方協商解決，經雙方多次協調仍無法達成協議時，甲方除逕行裁決外，並得在其估驗款內扣留，俟其解決上述爭議後再予發還。

（六）工程保管

1. 在本工程未經驗收移交接管單位接收前，所有已完成之工程，及到場之材料機具設備，包括甲方供給及乙方自備者，均由乙方負責保管。如有損壞缺少，概由乙方負責。如屬經甲方估驗計價者，乙方並應賠償，其部分經驗收付款，其所有權屬甲方，禁止轉讓、抵押或任意更換。

2. 在工程未經驗收前，甲方因需要使用時，乙方不得拒絕。但應由甲乙雙方會同使用單位協商認定權利與義務後，由甲方先行接管。使用期間因非可歸責於乙方因素而有遺失或損壞者，應由甲方負責。

（一）引文解釋

由上段引文的文字當中可以看出這完全是一種保護甲方的單方契約，並且有些文字說明根本不合理，舉例說明如下：

（一）工地管理

1. 本工程施工期間，乙方應指派適當之代表人爲工地負責人，……。如甲方認爲該乙方工地負責人不能稱職時，得要求乙方更換之。

說明：「如甲方認爲該乙方工地負責人不能稱職時」這段文字太過於籠統，也太霸道，應以負面表列所謂「不能稱職」的條件，難道乙方的工地負責人不肯與甲方的管理人員「同流合污」也算嗎？

同「（一）工地管理」條例：

3. 乙方員工……並接受甲方對有關工作上之指示，如有不聽指導，阻礙或影響工作進行，或其他非法、不當情事者，甲方得隨時要求乙方撤換之，乙方應立即照辦。該等員工如有任何糾紛或違法行爲，概由乙方負完全責任，如遇有傷亡或其他意外情事，亦應由乙方自行處理，與甲方無涉。

說明：依承攬關係與勞雇關係的差別，工程的委託方並沒有權力直接命令乙方的員工做為，甲方只求自己的權力無限擴大，又怕發生意外損及自己權利，發生問題時又要撇乾淨責任，好像法院是他家開的。

（二）施工計畫與報表

1. 乙方應於開工前，擬定施工順序及預定進度表等，並就其主要施工部分敘述施工方法，繪製施工相關圖，送請甲方核定。甲方爲協調相關工程之配合，得指示乙方作必要之修正。……。

說明：所謂「繪製施工相關圖」一語，多數出自於建築設計「甲方」代表人

圖4-2-1　這兩片的馬賽克價錢就有差別，而右邊的樣品，只要顏色不一樣，材料單價也會不一樣

或監造方，這一用語只適用於建築物營造工程或公共工程，但也是相當不合理。裝修工程的估算必須是材料、工法、施工進度都明確的情況下才有辦法計算，此一條文不適用於裝修工程之工地管理規範。

2. 施工預定進度表，雖經甲方工程司指示修正與核定，仍不解除乙方對本契約完工期限所應負之全部責任。

說明：這根本就不知所吟，如果甲方工程司所核定的施工日期超過契約所規定的期限，這責任算誰的。

（五）配合施工

與本契約工程有關之其他工程項目，經甲方委託其他廠商承包辦理時，乙方應有與其他廠商互相協調配合及合作之義務，使該等工作得以順利的進行，因工作不能協調配合，致生錯誤、延誤工期，或發生其他意外事故者，乙方應負其應有的一切責任及賠償。……。

說明：如果不配合、不協調的責任是可歸責於甲方所委託的廠家，也要乙方負責？

（六）工程保管

2. 在工程未經驗收前，甲方因需要使用時，乙方不得拒絕。但應由甲乙雙方會同使用單位協商認定權利與義務後，由甲方先行接管。使用期間因非可歸責於乙方因素而有遺失或損壞者，應由甲方負責。

說明：甲方如需使用時，應辦理提前驗收，一經使用，只要有遺失或損壞者，一律歸責於甲方，沒有所謂「**非可歸責於乙方因素**」這種文字遊戲的字眼。

承攬關係的相關責任在許多案例上都可找到，實在沒有必要玩這些欺負人，而在法律上相抵觸的文字，一般的裝修工程合約更沒有玩這種文字遊戲的必要。業主在工程施工期間，其實是可以由承攬人負完全的施工管理的責任的，盡量不要在工地對施工人員做命令，如果在工地發現一些需要承包廠商改善的地方，可以要求現場施工管理的負責人或直接通知承攬人。

（二）施工現場的注意事項

因為施工人員的品類有越驅複雜的趨勢，業主在巡視工地時，主要針對以下幾點注意即可：

1. 注意施工現場的人員的進出、材料搬運、堆置、施工作業……等，會否損害鄰居安寧、會不會影響公共區域整潔。

圖4-2-2　現在的施工更注意細節，這可以看出施工品質的粗細

2. 施工時間有沒依管理單位所規定的時間作業。

3. 施工人員的服裝儀容、生活態度、衛生習慣等，不要造成工地環境髒亂。

4. 不要有危險性工作發生，如在作業時間飲酒、或精神不佳、使用的工作架不安全或出現輕忽施工安全的舉動等。

圖4-2-3　施工所產生的工程廢棄物最好每天清理

5. 工地清潔之維護，例如：使用後的便當盒、工地現場的每日清理、工程廢棄物的處理，以及注意工匠使用排水系統處理工具清潔時所產生的髒汙。

6. 注意施工品質，可注意材料或材質是否與設計圖相同，施工方法是否為知識範圍內的正常工作方式。

7. 注意施工進度，工程的進度可在工程合約中大致看得出來，只要不是工程落後太嚴重，需要時再提醒一下承包商即可。

4-3　在裝修工地面對工作人員的態度

業主在裝修工地的時間因人而異，面對形形色色的現場工作人員，所表現出來的態度也多所不同，而不同的態度可能有不同的結果。我無法教你要用哪種態度去面對施工人員，因為每個人生活的背景不同、涵養也不同、待人接物的處世哲學更是不同。

在我多年的工作經驗中發現，業主在工地面對不同的工作人員大致會有以下不同的態度：

（一）面對設計師

可以說多數的業主對設計師都很尊重的，但也要看是什麼樣的設計師，但起碼一開始都是很尊重的，因為設計師給人的印象是「藝術家」、「斯文人」。依據設計師不同的專業能力，可以分成幾種等級：

1. 敬若神明：

有的設計師具有一定的知名度，而且具有一定的專業品牌，並且懂得耍酷，懂得衣著打扮，有些人很吃這一套。

2. 當作包工程的：

不論設計師的專業能力，有些業主只要誰從他口袋拿錢，他就認為人家不值得尊敬。

3. 都當做奴才看：

不習慣尊重專業，喜歡任何人都須聽他的，設計師只是幫他畫圖的，設計都是他自己做的。

4. 正常關係的：

不多。

（二）面對承包商

工程的承包商或是設備提供的廠商，與業主都有直接或間接的承攬關係，我建議業主要溝通的對象還是直接找直接承攬人好一點（但工程是原設計單位轉發包的除外）。曾經有一個業主因為對一個送貨的廠商態度不滿意，以為包商的下包比包商還要「低階」，於是對人家頤指氣使。結果廠商一氣之下不做他的生意，因為那是專利品牌，專門供應大型工程使用，是承包商說盡好話才幫業主求來的。那業主還等著人家來道歉，承包商擺明要業主自己付那個延誤工程的責任，後來還是影響工期如期完工。

圖4-3-1　「假獅破真獅」，專業之間不要相互歧視

俗話說：「見到大廟得得拜，見到小廟踢一腳」，承包商多數都具有一定的承攬專業，當然，也會有濫竽充數的，但不論如何，你面對的工程承攬人，他在工程契約當中與你的身分是相平等的。你給付施工費用的同時，對方也給付你相對的專業服務，一樣在盡一份工程中給付工程標的的工作，如果你認為對方要尊重你，你也有相對尊重對方的必要。

當然，如果你就是一副花錢的是老大，那也是你的自由。

（三）面對工匠的態度

可能是現代人人心不古，也可能是新型態的作息改變，轉變現代人對專業工匠的態度。早期的營造方式是由業主備料、鳩工，然後請一個大木匠統籌，這些工匠跟業主會有直接的勞雇關係。因為工匠的辛勤與否直接關係勞作生產力，業主無不對工匠恭敬有加，也許敬的是自己的荷包，但多少還是有對專業的一種尊敬。

早期傳說工匠會懂得「作詛」，所以讓業主敬畏，在我聽說的傳聞當中，它也一直留存著，只是我沒親眼見過，我師從的老師也不具備這項能力。早期的業主對於「大匠」那是敬愛有加，傳說，一業主為祖宅大動土木時，為了款待工匠的辛勞[1]，每天都殺隻雞招待工匠。第一天宴請工匠時，就聽其他工匠說大匠喜歡吃雞胗，業主也親眼見到這位大將在食用那雞胗時受用的滿足。

第二天以後，業主還是每天殺雞請客，只不見那雞胗。工程做完的那一天，大匠將工程點交清楚之後，正準備回家時，業主私底下請他留步，業主交給他一包東西說：「知道你喜歡吃雞胗，所以每天交代廚房把雞胗收集起來冷凍，感謝你這段時間的辛勞，這點東西不成敬意！」大匠一聽這話馬上停下說：「我突然想到還有一件工具忘了拿！」

圖4-3-2　建造大宅被下咒的傳說一直存在，但會的應該不多，而這一點，就像心存邪念去學符咒害人，他不會是工匠的學習過程

原來，那大匠以為業主壞心，明明知道自己喜歡吃雞胗，竟然故意把雞胗藏

[1] 早期的營造工程大都由業主委託一位大木匠主持，再由這位大木匠負責工程造作與工匠的管理。通常材料是由業主依據大木匠所提出的材料表採購而來，工人則是與工資計算。早期的一工的計算時間是以一個白晝為計算單位，所以可能因日照時間的的長短，而影響一工的工作量，所以在《宋．營造法式》裡就針對這點訂出一個「功限」標準。依每日的日照時間的長短，共分成長功、中功、短工等三個等級，並規定每一種功應施作的數量。

起來，因此懷恨在心，故意在業主的房子裡做手腳。當他聽業主的說明之後，才知道是自己錯怪好人，於是藉詞忘了拿工具，把那些不好的東西拿走。

> **名詞小常識：做詛**
>
> 傳說以前的工匠具有一些詛咒人家的能力，說的人繪聲繪影，但還沒看過真正會做的工匠。

現代的工匠不見得有這樣做詛的能力，但作怪的能力還是有的。

現代式的工程施工多數經由工程承攬流程，這讓業主所要注意工地的事物變得單純多了。但業主還是有可能與現場施工作業的工匠直接對話，並無不可，尤其是住家裝修工程時，這請注意一點，工匠是你直接聘請來的時，你會知道尊重工匠，但如果工匠是你的承包商所聘僱的，也請你一樣尊重，因為不管受聘於何人，他一樣都是工匠。

圖4-3-3　工地的施工管理與承攬人的施工管理能力有關

4-4　變更工程設計的時機

不論在開工前設計的多完美的工程，正式施作之後沒有做局部修改的不多，這不是設計師設計的不好，就是業主對施工圖的理解力不深，當然，在施工後因考量實際需要而所做的改變也是可能的。

風水需求也是裝修工程在進行一段時間之後，可能讓整個設計豬羊變色的原因，但最可怕的是，他往往都發生在工程已經進行有一段進度之後。在我的工作經驗中，也曾遇到過這樣的事情發生，只是，沒讓那個「風水師」得逞，那過程我曾把他寫成一篇名為〈從一個和尚看風水談陽宅地理〉在《當代》雜誌連載兩期，因篇幅有限，您可上網找到這篇文章，不在此贅述。

一間住家的裝修工程，可能會讓一家人在這屋子裡住上十幾二十年，講究一下「風水」格局，需不需要視個人的觀點，風水一學「百家爭鳴」，各持己見。室內設計師在規劃裝修平面配置時，會依工程預算、動線、人體工學、生活慣性及簡單的風水常識去設計。但風水畢竟不是室內設計師的專業，有這方面的需求應在規劃之初提出來，而不是自己認可設計師的設計之後，在人多嘴雜的情形下「三心二意」，甚至還怪罪設計師沒規劃好。

關於各種「先生」的「學說」理論，還真的要看這些人的「職業道德」，我引述《閱微草堂筆記・卷二》裡〈醫家相忌〉提到：

內閣學士永公，諱寧，嬰疾，頗委頓。延醫診視，未遽癒，改延一醫，索前醫所用藥帖，弗得。公以爲小婢誤置他處，責使搜索，云：「不得，且笞汝。」

方倚枕憩息，恍惚有人跪燈下曰：「公勿笞婢，此藥帖小人所藏，小人即公爲臬司時平反得生之囚也。」問：「藏藥帖何意？」曰：「醫家同類皆相忌，務改前醫之方，以見所長。公所服藥不誤，特初試一劑，力尚未至耳，使後醫見方，必相反以立異，則公殆矣，所以小人陰竊之。」

公方昏悶，亦未思及其爲鬼，稍頃始悟，悚然汗下，乃稱前方已失，不復記憶，請後醫別疏方。視所用藥，則仍前醫方也，因連進數劑，病霍然如失。公鎮烏魯木齊日，親爲余言之，曰：「此鬼可謂諳識世情矣！」

這種情況大概跟風水先生看風水沒什麼兩樣，縱使原本設計沒什麼大問題，但你既然花錢請他來了，不顯現一下自己「獨具慧眼」怎麼可以？

真的相信風水學說，在房子規劃之先就請人先就格局指導一番，以免工程進行到一半才改來改去，這不僅影響工程進度，也容易引起工程糾紛。裝修工程的設計變更最好是在圖面作業，一旦工程開始施工作業，很多情況都會造成損失。

圖4-4-1　福州的老街三坊七巷所居住的幾乎都是達官顯貴，風水格局那就不用說了，只是原屋主現在沒一個住在裡面

可能的變更作業有下面這些時機：

（一）在工程開工之前

工程簽約後到開工前還有一些變動工程設計的機會，所謂還有「一些」機會，是指工程的發包性質。例如：所發包的工程是比例很大的訂製品，而這些訂製品的材料價值比重很高，並且是非現場施工的，例如：系統家具，他的生產速度可能讓你想更改設計的機會都沒有。

工程中所使用的材料、機械，有一些可能是期貨，或者是專門訂做，部分材料因為是客製化生產，所以收取「定金」的比重很高，甚至百分之百。

在很多的情況下，如果你主張變更的原因是因為你正好手頭很寬鬆，你只要負擔得起所有的變更損失，那就算了。如果只是你「三心兩意」、「喜新厭舊」

或是因風水五行，這工程的變更不能歸責於承攬人，不要想一些要承攬人「概括承受」的腦筋。

（二）在開工初期

裝修工程的施工程序有幾種先後順序安排，在工程進行前，或進行後所作的工程變更會有不同的工程損失：

假設一個「毛胚屋」而進行全部裝修工程而言：

1. 以工程種類的施工順序安排：

大多數的毛胚屋裝修需要進行隔間工程——最少也要隔間廁所，以隔間採用磚牆材料做分析，他的施工順序會這樣安排：

放樣→砌磚→配水電管（門窗工程、鐵件可能在這程序的之前或之後）→粉光（敷貼）→地板（依材料特性）→填縫（依填縫材料特性）→地板保護→木作→粉刷（或其他敷貼工程）→玻璃（或其他裝潢工程）→細部修飾→清潔→裝潢工程→家具擺設。

在砌磚開始之前，有可能已經製作的製品有：鋁窗、門、鐵件，這可能連改變砌磚的規格都會影響既有之訂製品。其他可能還有改變的機會。

圖4-4-2　這個階段的設計變更損失最少

2. 以施工順序的施工安排：

工程施工順序的施作順序也會因結構的力學原理而不同，例如：讓分隔間工程委託木作施作時。

在結構順序上，裝修工程一般所說的「天、地、壁」的順序是不正確的，他會因結構力學的原理去安排施工順序。通常，純就木作工程的施作順序而言，他一定是從

圖4-4-3 從這兩張施工照片應該不難看出哪個施工階段修改工程損失較大

「壁」開始施作，然後才是「天」，最後是「地」，泥作的施作過程也是如此安排。木作是因為工藝結構的工法必要，泥作則是因為材料應用，但有一個先決條件是：工作的安排是不讓同一作種的工作出現不必要的進退場。

這段時間如有變更設計的必要，還有機會，但還是一句話，變更工程的費用請你自己出，不要用任何看不懂圖為藉口，最少，如果我是承攬人，我不會接受這種說法。

（三）在施工中期

業主最會變動設計的時間大部分都會在這時間點發生，那是因為業主真的「看不懂圖」，工程做到一半，正好有個概念。裝修工程施工到中期，正好已經完成隔間、初步的木作工程造型，這時候正好是業主開始產生「印象」的時候。

圖4-4-4 工程如果做到這裡，那表示有些櫥櫃的結構板料可能裁切好了

圖4-4-5　通常工程做到這樣子已經接近完工

圖4-4-6　所謂工程協調是為了達到使用目的，不能是為了己之所好

施工者也有看錯圖的可能，但不論是施工者的問題，還是業主的主觀問題，如果工程進行到這階段，想變更工程設計一樣還是有機會。如果變更的是尚未進行的部分，這都好談，但如果變更的是已完成的工程，那應該先釐清責任歸屬，不要在結算尾款時扯破臉。

（四）在工程的尾期

所謂工程尾期，多數是工程的收尾階段，有可能是油漆完成之後的收尾工作，這時期如果還對造型、材質有問題，那問題會比較複雜。如果我是這個工程的承包人，我會希望先完成既有合約工作，然後再進行修改。

如果你在工程快結束的尾端才想到變成工程設計，那很簡單，就是先結清之前的工程費用，其他的，等你把錢付清了，你愛怎麼改都隨便你。

裝修工程的設計變更或修改，能避免最好，但在所難免。施工者並不是對修改工作如何不情願，只是任何人都同樣的心態，裝修工作的造作一樣是一種工作成就，任何人都不喜歡自己的心血不被肯定，而修改一個工程，可能比新做一個工程還要增加三倍的成本。

工程的變更與修改跟工程的完成度與作種有相對的關係，有些時候還真的必需遷就一下，例如：砌磚如果放樣放歪了，那可能非改不可，不然後面的工作都會出現瑕疵。但如果只是規格出現一些不影響大局的小誤差，那能忍則忍。有些時候，可能為了修改一堵牆，已經完成的磁磚、天花板、壁板等，都必須被修改，當然，這也是施工者要施工嚴謹的地方。

> **名詞小常識：風水學**
>
> 「風水學」就是「勘輿學」，也就是勘察地形地貌的一種科學。

4-5 工程費用的追加減計算

在我從事這個工作的時間裡，由我所設計、承攬的裝修工程，很多工程是不會出現工程追加減的。工作經驗的蓄積，讓很多承攬人可以準確的估算工程內容、項目及數量，在依工程圖、工程估價單確實施作的原則下，正常的工程不會出現追加減的問題。

市場規則如果只是「商譽」、「誠信」、「品質」這麼簡單，工程估價可以像「SEVEN-ELEVEN」透明公開，那工程估價就簡單多了。但可惜，裝修工程不是經由工廠規格化生產的規格品，因此，他就會產生工藝優劣、品質高低的現象，進而還會跟服務印象、商業品

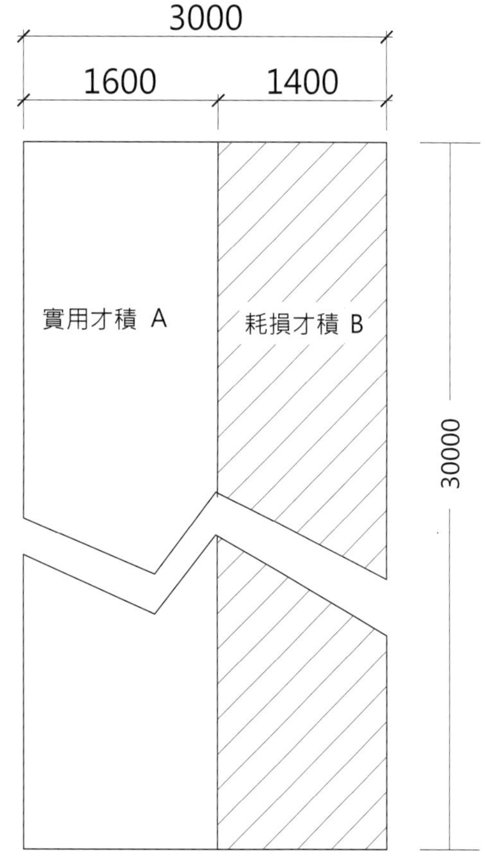

圖4-5-1　A+B為正確的材積計算

牌有等差，也因此讓他在市場上更自由化。

工程估價單並非那麼難懂，最重要的就是「單位」跟「數量」這兩欄。單位多數會使用面積：m^2、才、坪；體積（重量）：M3、才、kg、cc、公升、加侖；長度：cm、尺、公尺；其他會用個體表示。在正常的情況下，計算值會與實際施工值產生些許誤差，這些誤差值可能是一種市場機制，一種行業慣例；也可能是一種計算進位的誤差值，通常在3%以內都可算是合理值。

所謂市場機制的計算值，這裡舉兩個常見的例子說明：木材製品的製材慣例，在厚度一寸之內的製品，必須再加計一分的「鋸路」，稱之為「加分計值」。玻璃採半尺為進位，不足半尺以半尺計算，12mm以上為一尺進位。壁紙以「支」為單位，每支為1.5坪。其他敷面材料以m^2或坪為最低計算單位。所以，在以面積或體積的數量計算上，都會出現與實際面積不相等的數量。

有行業慣例的依行業慣例，這開出的估價值都會有一定的合理值，再者，工程的項目分類盡量能清楚劃分，不要太過於籠統或包裹成一個項目，這也方便日後辦理工程追加減帳時，可以很容易找出增刪的項目、單位單價等。

工程估價單如果以正常的表列方式出現，一般都不會有太大問題，但會因為下列一些現象而造成事後工程必須追加：

（一）承攬人故意造成低工程總價

這社會不乏一些愛比價，又不是真的懂的比價的業主，也因此而產生出一些針對「工程估價」而投業主所好的承攬人。

在這些不是真正內行的行內人士介入之下，為了搶工程、為了「低價競爭」，讓工程估價單出現了很多手腳。因為對工程估價單動手腳，造成工程總價低報，對工程完整施工造成影響，而追加工程在所難免。

以市場行情為單價所製作出的工程估價單，不論哪個承攬人去編列，他的結果一定都差不多，這當然無法形成競爭優勢，於是為了低價競爭，只好在工程總價上動手腳。這個方法有：

1. 漏項：

故意漏失一些工程項目的估算，可能是業主沒特別交代的，也可能是可以省略的，或者故意不估算在工程估價單內的。有些工程可以包裹估算，但一定是可以「另列」的工程估算項目會被故意漏列，所謂「另列」，在同一估價工程項目中，可另外估算的項目，例如：電燈的開關面板有很多等級，高級品項的開關必須另列估價項目，但也可以漏列，以減少估價單上面的總價。

圖4-5-2　常見的施工項目都有一定的市場行情，正常情況下，可能是數量所產生的差異

2. 短報：

工程估算單與工程契約有很緊密的關係，但無論如何，他不可能用「包裹」式承攬，就算是我之前講的「套餐」方式，承攬範圍還是有一定的限制，所以，工程費的結算都還是會以工程估價單為主。

工程估價單中，短報數量是很常見的，但短報的數量不可能會有機會要求「故意」短報的人負責。例如：燈具數量、燈具開關數量、插座配管線、配件、高等級裝備等。

（二）工程報價粗糙

正常的工程估價單會有一些經驗判斷值，這些經驗判斷值會加增業主在對工程費用的判斷誤差，但正派一點、正規的承攬人，會把這些「必須」產生的工程羅列在工程估價單上。反觀一些沒經驗的、或心懷叵測的工程承攬人（設計師也是一樣），可能會，或會「故意」忘了算這些項目。

這樣的做法不一定對工程承攬人有利，但俗話說：「穿皮鞋的，不惹打赤腳的」，這個社會，要錢不要臉的很多，想辦法不要遇到這種人；但也要你自己有正確的態度。

我在上課時，曾經做過一個試驗，就是要學生當場寫出十個工程估價「單位」，很多人在寫到第六個之後就寫不出來了。原因很簡單，老師沒工作經驗，根本教不了工程估算，而工程估算又沒地方學，因此，就「道聽塗說」一些亂七八糟的方法。

最常見的方法有：

1. 用錯誤的「單位」羅列估價項目：

可能的情況是使用「一式」這樣的估價單位跟數量，這其實對於承攬人本身是很不利的，如果你對法律有一定的常識。

2. 在工程施工項目上動手腳：

在幾十、百項的估價單的工作內容內，有可能會故意少編列計幾項工程。例如：將同樣是1/2B砌磚工程的施工區域拆開，然後故意部分不估算在估價單內。或者將大項分成細項時，遺落某些項目。

3. 故意短報數量：

不列工程細項清單，只寫大概的幾種大項，估算單位含糊。短報的數量通常會在契約上註明工程驗收的結算方式，以工程結束後現場的實際完工量作追加減。

4. 故意把單價壓低，但數量跟總價動手腳。

5. 材料及工法模糊：

在工程施工圖不清楚標示的情況下，材料與材質是很容易產生爭議的，也是工程追加減常發生的問題之一。

（三）施工前規畫不完整

不論是材料的推陳出新，還是設計風格的流行趨勢，都有可能讓一件裝修工程在開工之後會有變更工程設計的可能。有些工程在業主要求以最簡單的方式做為工程計畫，而承攬人為了承攬工程，也順著業主的意願去做估算編列。可能承攬人專業能力不夠，也可能承攬人故意不提醒，主要是業主不主動委任的部分，就不主動承攬，當工程一施作，那些業主未委託的工程，因施工程序之必要，就會自動跑出來，也就非追加工程不可。

圖4-5-3　面對一組老舊的配電線，專業的承攬人會要求更換，但有些承攬人不會主動提出

而這種情況也不能怪承攬人「黑心」，有些業主剛愎自用，好心提醒他工程細節，還可能會招來業主以為人家在「拐」他，而影響工程承攬。這種事前規畫不完整的情況更常出現在一些商業空間上，可能因經費問題，先想這裡減省、那裡減省，但一邊作一邊加，最後一定出現工程追加現象。

（四）業主見異思遷

圖4-5-4　在同一面牆壁上，材料不同，工程單價就有別

工程的追加在正常的施工行為上，最多原因是業主自己造成的，也就是說，他的產生跟變更是業主主動要求的。專業的工程承攬人不會自己變更承攬內容，那只會造成困擾，而不會增加利潤。

業主常在工程施工的進行當中，想要「盡善盡美」，或者可能聽三姑六婆的建議，或者是看電視、雜誌、逛街所產生的靈感，如果施工時間允許，如果你的工程經費允許，把將工程施作到最完美為最高原則，這倒無可厚非。如果你沒有這樣的財力，請不要這樣做，這到最後結算工程追加款時，大部分都會翻臉，而大部分是業主翻臉。

（五）把自己當上帝的設計師

約在二十幾年前，在設計界流傳一則笑話，是在一個在當時小有名氣的設計師身上發生的。

這個設計師承攬一間大坪數（現在都稱之為「豪宅」）的住宅設計及工程的業務，業主會找上他當然有它的原因，這不在研究的範圍。但可以肯定的是，業主有一定的財力。

工程做到一半，設計師發現作品自己不滿意，於是叫施工單位拆掉重做。最後他向業主要求追加工程款六百萬，業主回答他：「是你自己叫人拆的，又不是我要你拆的，憑什麼叫我出錢。」這業主還算是厚道的，那工程一定會延誤工期，可能還有追減工程款的空間，並且，工程的內容肯定與當時承攬的設計不同，工程驗收本身就是一個問題。

圖4-5-5　可能你一開始喜歡鄉村風格，而後你又想改為奢華風，只要你認賠，都能改

這個工程的結果沒人知道，但一直是本業設計師的反面教材，是真的有些人換了位置就換了腦袋。

正常的工程追加減計算在坊間的裝修工程上不會那麼分分計較，通常，明顯的刪減及增加的項目一定會被提出。不論是數量、材料，在常識上可判斷其在可接受的誤差值內，一般是不討論的。

除了材料、工程數量、施工品質之外，還有一項需計算的工程尾款是工期問題，在工程契約中，一定會羅列一條工程延誤的罰則，在單純的情況下，延誤所發生的金額以契約規定處理即可，但有些狀況需有其他計算機制。從以上的分析可以發現，施工期限的延誤不一定是發生在工程承攬方，他有可能是業主自己隨便更改工程設計、修改已施作工程、追加工程……等所造成，這些工程的追加所造成的工期延誤，都需視工作量的產生而修正。如果工作量的增加可歸責於承攬方時，那由承攬方負責，但屬於可歸責委託方的工程變更所造成的工期增加，乙方沒有義務主動告知甲方，這是甲方自己需有的法律常識。

圖4-5-6　任何施工程序都需耗費人力、物力，想清楚再動手吧

例如：一個500萬的住家裝修工程，施工時間為三個月，業主可能追加工程到750萬，這表示工程規模增加50%，除非承攬人願意依合約完工期限交付工程，在合理的工作慣例上，他的施工期限也應該被增加50%。

4-6　發生不可預期的麻煩時

任何工程的施作都難免會發生一些不可預期的事，當然，他一定會出現一些麻煩，但除非發生命案，他都是可以想辦法解決的。建築物開挖地基有可能會發生損鄰事件；樓上裝修有可能因為施工不慎造成樓下淹大水；樣品屋更有可能做到一半被火給燒了，除非不敢面對，那些事最後都一定能處理的。

我先對有意整修自己住家的業主提出幾點意見：

（一）利用機會丟一些垃圾

舊裝修整修當然不用全面翻修，但可以利用翻修的機會，來次大清理，把不要的東西清理出來。盡量能暫時找地方住，不要一邊住一邊翻修。利用搬出去住的機會清理一次垃圾，當你還是有些東西不捨得丟時，先保留一陣子，當你搬回新家時，就會讓你下定決心把它丟掉了。

（二）會增加裝修費用

裝修工程估算會計算「踋路」，這是一個很簡單的概念。例如：在一間寬廣的工廠裝修隔間，跟在一間很狹窄的店面施作相比，因工作環境條件的不同，他的估算值也會不一樣。

當你在翻修裝修時，你很可能會在裝修完成之後添購一些新的家具，但在新家具還沒買進來之前，你不得不暫時使用這些舊家具，而這些舊家具在工程進行中會妨礙工作的順暢，也因此必須付出更高的工程費用。

除非你做的工程真的只是一點點，不然你可以簡單的算一下，一個工人一天的工資3,000元，只要多磨蹭幾天就夠你在外面先租個房子，住起來也舒服一點。

（三）會增加清理的困擾

工程進行當中會產生很多粉塵，可能是泥作的水泥粉末、木作的木屑、油漆的石粉……等，這些粉塵一直都會漂浮在空氣當中，必須有時間讓他靜止。而住家的家具有很多布製品，更是這些無孔不入的物質所可能藏匿的孔隙，如此會有害住家的室內空氣品質。

（四）容易損害既有的家具

只要動用到機器及人工，工作時不論如何小心，都會有萬一的可能。並且，

圖4-6-1　施工過程當中隨時都可能發生不可預期的麻煩

圖4-6-2　如果可以，這張餐桌等工程完工之後再搬進來吧

可能你的住家還可能擺放一些貴重的收藏，不是說工人就一定會手腳不乾淨，但會增加監工的困擾。

既有家具不但在工作中妨礙施工流暢，更可能在工作中被不小心損壞到，如果你遇到一個負責的、有能力賠償的承攬人（這種損害認定有時很有得吵）[2]，那也就是賠償了事，但有可能損壞的是「賠不起」的東西。

[2] 依據【民法】第216條：「損害賠償，除法律另有規定或契約另有訂定外，應以填補債權人所受損害及所失利益為限。依通常情形，或依已定之計劃設備或其他特別情事，可得預期之利益，視為所失利益。」
依據民法損壞賠償的精神，這張桌子的損壞情形，其實就是幫忙「修復」到堪用的程度而已，業主有時對自己權利的主張其實是不瞭解法律。

4-7　尊重工程合約

任何一份工程契約，簽約的兩造雙方都希望合約條款是對自己有利的，但不論你所簽約的內容對你比較有利與不利，你就應該接受你所簽訂的合約內容。

由張德周所著的《契約與規範》一書中，對於「工程契約」的解釋如下：

名詞小常識：損鄰事件

是指營造工程在建造過程當中，因施工不甚或是因過失所發生損害其他建築或土地的事件，但往往要認定可「歸責」這件事，光是打官司或請專業單位鑑定就搞很久，這有時也是一些建築物遲遲拿不到建築物使用執照的原因。

工程契約的法律性質。爲有償契約，承攬人有完成工作之義務，定作人有給付報酬之義務。爲雙務契約，因爲雙方所負的義務是互爲對價的，因爲有對價關係存在。

所以工程契約不僅具有證據上的作用，亦爲確定當事人意思之文件，其重要性有下列幾點：

(1) 業主與包商於主要條件談妥後，其履行契約之細範項目或條款必須以書面詳細載明，才能完備無缺。

(2) 工程糾紛爲常見的情形，若訂有正式的工程契約書，更能取得法律上之保障，可作爲交涉的主要依據。

(3) 工程經費龐大，如有正式工程契約，可以作爲貸款融資、納稅的依據。

(4) 工程契約自成立以至工程完成，歷時甚久，尤以長期的工程契約爲然，更須要訂定書面合約，以防紛爭。

(5) 雙方當事人原有之協議，如有執行發生困難，或細節條件不合，則在簽訂書面契約時，對造可及時發現錯誤，立即修正解決。

大型的工程契約文件尚包含「工程規範」或「施工規範」，在民法上都屬於契約的一部分。

「工程規範」在營建工程應用上不僅不能缺少，而且極為重要。因為，營建工程在設計、施工過程中，即要遵循一定的法則，也要注意不同的法式。諸如，土木、建築工程，在設計階段有設計規範，在施工階段更有施工規範。其規範內涵，又因工程性質、設計標準、施工品質、要求有所差異而各別。

（資料來源：csm00.csu.edu.tw/0092/ct4/pdf/ct4.ppt）

合約所要求的對象是簽約的雙方，當然不應該只是要求任一方的「單務契約」，工程契約雖為一種商業行為條款，但一樣可能會涉及「刑事」犯罪，尤其是「公共工程」，其中不論是私人或公共工程，只要是施工涉及公共安全。

很多類似「流氓行為」的工程承攬人，以為施工行為不論如何不會涉及刑事犯罪，這可能對法律常識太過薄弱了。他在法律上其實是有些規範的：

（一）承攬人之權利義務

1. 完成工作之義務：

工作承攬契約之目的，為完成一定之工作，故承攬人為定作人完成一定之工作，為其主要之義務。所謂「一定工作」其種類並無限制，只要事實可能，而且不違背公序良俗，足以滿足吾人一定生活之需要者，皆可為承攬的標的。

所謂「工作完成」：指施以勞務，使生一定結果而言。承攬如施以勞務而未發生結果者，工作即未完成，不能認為已履行義務。又承攬人應依約定之內容完成工作，並使工作符合合約之品質與用途，如無約定者，應具備通常之品質，並適用於通常之使用。

2. 完工物交付義務：

承攬人完成之工作，其結果係有形者，需交付於定作人，例如物之製作即是。其結果為無形者，多無需交付。承攬人完成之作，需交付於定作人者，自有交付之義務，如不履行，定作人得訴請強制執行。

3. 瑕疵擔保責任：

承攬契約為有償契約，承攬人自應負瑕疵擔保責任。乃承攬人對於其完成之工作，應擔保其無欠缺之一種法定責任。其工作物如有瑕疵，承攬人雖無過失亦應負擔責任，以維公平。

4. 法定抵押權：

(1) 法定抵押權之意義：法定抵押權，指依法律規定，而發生之抵押權而言。此種抵押權，非由於當事人之意思所設定，不須登記，即可成立。

(2) 承攬人法定抵押權之成立要件：

A. 須承攬之工作為建築物，或其他土地上之工作物之重大修繕。

B. 需為承攬人就承攬關係所生之債權。

C. 須以工作所附之定作人之不動產為標的，承攬人法定抵押權之標的，需為承攬人工作所附之定作人之不動產。

最近立法院司法委員會二讀通過刑法第193條修正草案，也就是現在名聞天下的「違背建築術成規」罪，由於九二一集集大地震後死亡二千餘人，受傷萬餘人，許多立法委員認為目前刑罰太輕，不足以嚇阻偷工減料的發生，在技師法修正時就有立委提出撤銷執業執照後終身不得恢復之議，因為技師法在撤銷執業執照後本來就不得恢復，所以對於罰則部分沒有變更。接著修正【刑法】第193條，這次修正的重點：一是加列「設計人」的刑責，二是大幅度提高各犯罪行為人之刑責。事實上，這次修正草案早在民國79年2月13日即已函送立法院審議，當時建議修正的條文與現在二讀通過的條文原意相同，由下文可以看出增加範圍不大。

目前二讀通過條文	行政院七十九年修正草案
第一百九十三條	第一百九十三條
工程設計人、承攬人或監工人於設計、營造或拆卸建築物或其他工作時，違背建築技術法令或成規致生公共危險者，處五年以下有期徒刑、拘役或三萬元以下罰金。	工程設計人、承攬人或監工人於設計、營造或拆卸建築物時，違背建築術成規致生公共危險者，處五年以下有期徒刑、拘役或三萬元以下罰金。
因而致人於死者。處無期徒刑或七年以上有期徒刑；致重傷者，處三年以上十年以下有期徒刑。	因而致人於死者。處無期徒刑或七年以上有期徒刑；致重傷者，處三年以上十年以下有期徒刑。
因過失犯第一項之罪者，處六月以下有期徒刑、拘役或五千元以下罰金。	因過失犯第一項之罪者，處六月以下有期徒刑、拘役或五千元以下罰金。
現行所通過的法條：刑法第193條：「承攬工程人或監工人於營造或拆卸建築物時，違背建築術成規，致生公共危險者，處三年以下有期徒刑、拘役或三千元以下罰金。」	

（二）可能涉及的法律責任

既有的刑事法律規範中，承攬工程「有可能」涉及刑事犯罪的有——關於此問題，其涉及法律常識，所以下面只就「可能」舉例：

1. 詐欺罪之辨認：

承攬人承包工程，如有偷工減料，不按圖施工，應否負刑事責任問題，有下列兩種說法：

A.甲說

意圖爲自己或第三人不法之所有，以詐術使人將本人或第三人之物交付者，處五年以下有期徒刑、拘役或科或併科一千元以下罰金。

以前項方法得財產上不法之利益或使第三人得之者，亦同。

前二項之未遂犯罰之。

B.乙說

承攬人偷工減料，係於契約成立後實施，乃違背契約行爲，僅負民事責任，不負刑事責任（58台非103）。與定作人訂有委任契約。（《契約與規範》P.334）

2. 背信罪之辨認：

刑法上之背信罪爲一般的違背任務之犯罪，若爲他人處理事務，意圖爲自己或第三人不法之所有，以詐術使他人交付財物者，應成立詐欺罪，不能論以背信罪。（【刑法】第342條）

3. 背信罪之辨認：

爲他人處理事務，意圖爲自己或第三人不法之利益，或損害本人之利益，而爲違背其任務之行爲，致生損害於本人之財產或其他利益者，處五年以下有期徒刑、拘役或科或併科一千元以下罰金。

前項之未遂犯罰之。（【刑法】第342條）

4. 侵占罪之辨認：

意圖爲自己或第三人不法之所有，而侵占自己持有他人之物者，處五年以下有期徒刑、拘役或科或併科一千元以下罰金。

前項之未遂犯罰之。（【刑法】第335條）

（三）對於定作人之權利義務

1. 支付報酬之義務：

給付報酬為定作人之主要義務，其數額未經約定者，按照價目表所定給付之。無價目表者，按照習慣給付（民491條二項）。至於報酬之種類，以金錢為常，但不以此為限。

2. 定作人之協力：

承攬之工作，需定作人協力者有之（如靜立以待照像），需定作人受領者有之（如桌椅製成應加點收），故【民法】第507條規定：「工作須定作人之行為始能完成者， 而定作人（一）不為其行為時，承攬人定相當期限，催告定作人為之。定作人不於前項期限內為其行為者，承攬人得解除契約 」 ，是以承攬人依本條規定解除契約，須具備下列要件：

(1) 工作需定作人之行為始能完成。

(2) 須定作人不為其行為。

(3) 承攬人應定相當期限催告定作人為之。

(4) 須定作人未於催告期限內為其行為。

3. 工作之受領：

定作人有無受領工作之義務，我民法未設一般規定。不過依工作之性質，無須交付者，以工作完成時視為受領（民510）。若必須交付而定作人不為之者，則構成債權人之受領遲延，應依該項規定（民234條以下）。

（四）危險負擔

所謂危險負擔，是指工程契約的雙方當事人，在執行契約內容及執行的過程當中，雙方在風俗習慣及工程專業上的行業習慣所必須共同負擔的權利義務。

1. 危險負擔之意義：

所謂危險負擔者，指承攬之工作，因不可歸責於雙方當事人之事由，致毀損滅失，或不能完成時，其損害應由何方負擔而言。

依債編通則規定，關於雙務契約之危險負擔，係採債務人負擔主義（民266）。承攬為雙務契約，亦應適用。但民法設有特別規定分述如次。

2. 因可歸責於承攬人之事由者：

因可歸責於承攬人之事由，致工作毀損，滅失或不能完成者，承攬人不能履行完成工作，及交付工作之義務，自不得請求給付報酬。定作人則得請求不履行之損害賠償或解除契約，如係一部不能者，僅喪失不能部分之報酬請求權，定作人亦僅得就不能部分請求損害賠償或解除契約。但一部不能而可能部分之履行，對於定作人無利益者，定作人得拒付全部工作之報酬，並請求損害賠償或解除契約（民226）。

3. 因不可歸責於雙方當事人之事由者：

因不可歸責於雙方當事人之事由，致工作毀損滅失或不能完成者，如材料由承攬人供給工作毀損滅失之危險，以定作人受領時為劃分之界線，於定作人受領前，由承攬人負擔。於定作人受領後，則歸定作人負擔。工作性質，無須交付者，以工作完成時視為受領，於工作完成前，其危險由承攬人負擔，完成後則歸定作人負擔。

4. 因可歸責於定作人之事出者：

因可歸責於定人之事由，致工作毀損、滅失或不能完成者，可分為下列三種情形：

(1) 定作人受領遲延。

(2) 定作人不為必要之協助行為者

(3) 定作人供給材料之瑕疵或其指示不適當者。

5. 工作之重作：

承攬工作，於定作人受領前毀損，滅失者承攬人除負擔其危險外。有無重作之義務民法未設明文。參見【民法】第225條一項重作不能者承攬人免重作義務，但喪失報酬請求權。

> **名詞小常識：單務契約**
>
> 單務契約是僅當事人一方負擔債務，或雙方均負擔債務，而其債務無對價意義之契約。一方負擔債務，例如贈與等。雙方負擔債務，例如買賣。

總之，工程契約不論及於民法或刑法，雙方當事人均受權利義務之約束，不論簽約的哪一方，都應該尊重契約精神，不要在不了解合約的權利義務的情況下，用「自以為是」的法律觀點去執行工程契約。

（以上資料整理自《契約與規範》張德周著．文笙書局）

第五篇：快樂驗收工程當主人

施工品質不容易產生太大的誤差值，會產生的「誤差值」是跟工程的估價值有關，是跟工程價值的預算值有關。除此之外，就工程的產生條件而言，因為技術、施工環境、施工條件、材料、工程的估算值，都可能對施工品質產生影響。很多談論工程「驗收」的論述或規則，都喜歡引述一些硬梆梆的「名詞」，在裝修工程的驗收上，他不一定適用。

就一個追求專業施工的工匠立場，我希望我所施作的工程都能盡善盡美，但就現實生活而言，我必須將本求利，我盡我技術裡最大的本分，去完成客人所能給我工程預算的最好結果，過此，對我是一種苛求。

在營造工程上，尤其是公共工程的土木工程，從撰寫招標文件、工程規範、工程合約，進而對於定作人與承攬人的權利義務，都是一些死板板的「名詞」，從來沒有人去關心他的執行可能性。那些幾近「苛求」的條文，從來沒有人去探討他的合理性，那些完全「單方」條款的工程契約，一樣有人願意去承攬工程，事實證明：他「徒具虛文」而已。公共工程如果真的照一些法律解釋，應該沒人敢承攬，也不可能有人能從中獲利，但想承攬的人前仆後繼，原因無他，那些針對工程合約的解釋條文，只是想嚇一些「非我族類」的承攬人而已。

圖5-0-1　印象中的作品

台灣的法律永遠都是這樣演出：「立法從嚴，執法從寬」，所以，在那麼嚴苛的規則之下，公共工程的施工品質一樣是慘不忍睹；一樣是弊端不斷，所以說，工程品質還是事在人為。

坊間的裝修工程契約如果像承攬公共工程那麼定，定作人的地位也像「公家機關」那麼硬，那能成交的工程肯定不多。因為坊間的業主對工程契約的態度不會那麼「開玩笑」；並且，你也不是像「國庫」那麼有公信力。因此，你跟將與你承攬裝修工程的承攬人，請先把雙方的身分地位「打平」，這樣才有辦法真正去執行一個裝修工程。

圖5-0-2　工程的驗收基準，應該針對工程合約、施工設計的內容為標準，不能只是用「我以為」這種思考邏輯，那只會讓工程不能順利驗收

5-1　施工品質的印象值

裝修工程不論在造作過程，或是工程驗收，他都不能單純的使用一種技術驗證去要求。他的施工品質包含很多實質條件，不可能像「建築技術規則」或單純的【民法】「債權篇」那麼簡單，真的那樣，工程糾紛反而簡單處理。裝修工程的驗收標準多數存在一個「印象值」，而不是「絕對值」，所謂的「印象值」是：感覺、應該、好像、是。這些印象其實都沒錯，但可能錯在「委任條件」，這其實就是【民法】上所說的：「未受委任，並無義務」。

通常，裝修工程的施工行為都是受過委任的，其結果就在於「受委任」的程度跟條件，而工程之品質驗收基準也應該建立在這基準上。在這問題，我提出以下幾點意見：

（一）對使用施工材料品質的委任

材料的好壞是決定工程品質的第一要件，材料的質感會影響工法的使用，其價值感也會在第一眼就留存印象，而材料的應用與工程的委託單價有關。

使用材料的選擇跟工程的委託單價有絕對關係，也會因使用特性的適用性與

圖5-1-1　裝修工程在驗收時，不可能包含這些擺設

圖5-1-2　在工程驗收時，圖中的電視櫃上應該不會出現電視，除非有委託設計師幫你買

耐用性有關，會跟設計風格的印象材質有關，有些可以選擇代用品、次級品 、次品牌或運用不同材質特性為設計。

通常一個合格專業的設計師都能在合理工程預算內，做適當的材料配置，以控制工程預算之執行，並完成合理的工程品質。材料的使用必須考慮材料力學、耐候性、耐用性、美觀及價值感，所以，工程的品質不會只是表面的造作技巧而已。就此一表面敷貼的工程品質與實際運用的工程品質，我用實際的住家工程的使用材料與樣品屋的使用材料做一分析：

1. 以實用性為選擇：

樣品屋為臨時性工程，並且不作為實際使用，例如：床座由木工現場使用薄夾板做造形成型，他的「載重」設計的負載重只計算到承受彈簧床墊的重量，不會計算到其他「活載重」的結構。

在樣品屋所看到的寢具都讓人感覺是一種高貴的質感，事實也是。只是「金玉其外，敗絮其中」。他的假床座上會擺放一張3,000元的床墊，而他外面會罩一床很高級的絲絨床罩，再鋪設一床羽絨絲被，並且擺設四個枕頭加兩個抱枕。

反觀真正住宅裝修，會買一個排骨架床座，花10萬元買一張席夢思五段式獨立筒加鋪乳膠、真絲絨墊，結果卻隨便在菜市場買一套花布床罩來使用。

2. 以耐候性為選擇：

所謂「耐候性」材料，一般是指材料對於環境溫濕度的耐用性，通常是指介於內、外裝修的應用材質，例如：門窗、外牆防水……等，也就是俗稱的風雨材。

圖5-1-3　圖中是一間樣品屋，你所看到的落地窗造型全部由木心板成形，但真正的裝修工程不可能這樣做

在樣品屋的運用上，為了節省工程成本，多數的窗子會使用木作成型（這指的是接待中心的部分，樣品屋為建築物的實際材料與樣式），但實際的建築物工程不可能這樣使用。

耐候性材料依其材質、堅固度、美觀度、安全性，而分成不同等級材料分類，其工程品質的印象值也會不一樣，例如：塑鋼、鋁、實木、熟鐵、不銹鋼、氣密窗、氣密隔音窗、鋁木、鋼木、可潰式五金……等，依據工程經費所設計，其所呈現的質感與氣度也都不一樣。

3. 美觀性為選擇：

材質的美觀與否會有主觀上的認定，其中的圖案、顏色、表面質感都是因個人的喜好，而會有不同的選擇與認定，他有時會跟「流行」有關。

材質的外觀與質地如果是自然材料，只有對紋理、花紋、色澤、材質的喜好有關，再者，同樣的量，因不同的質地而會影響工程費用。例如：同樣是石材，可以因質地而分成崗石、理石、岩石；也會因產地而影響價格，而同樣是理石，會因為材料的稀有性、材質、花紋……等的不同，同樣會影響材料單價。

以木材而論，使用實木也會因材料的稀有性、材質、花紋……等的不同，同

圖5-1-4　圖中兩片材料都是大理石，但是因為名稱不同，就會產生不同的材料單價

樣會影響材料單價。使用薄片為仿實木造作時，薄片會因其材質、厚薄而影響材料單價。

合成材料會因廠牌、知名度、材質……等，而產生不同的單價。例如：一片30X60cm的磁磚，在材質差異不大的情形下，因品牌、因經銷，而產生好幾倍的價差。

不論使用哪種材料，他的美觀性會跟造型有關，適當的利用材料特性在設計上，才能充分發揮材料的特質。如同很流行的「清水模」，用在外觀建築可能創造驚艷的效果，但用在室內裝修時，不見得會得到同樣的效果，而且，好的清水模不是想像中那麼便宜。

4. 價值感為選擇：

同樣的一片木地板，有實木地板、集成地板、厚臉皮地板。實木地板又可分成直鋪地板、長條型地板、企口無塵地板，再因材質的不同、規格的不同、厚薄的不同、表面加工……等，影響材料單價。集成材會因表面薄片的厚度而影響材料單價，不論其厚薄差異如何，他表面是看不出來的，但價值感會一直存在。

一樣一片人造石檯面，會因為是德國製的、台灣製的、日本製的、大陸製的、韓國製的而產生不同的材料成本，其價值感是看完工之後，廠商嵌在台面一角的一塊小金牌。

價值感的選擇會在一些地方表現出來：設計感、空間感、材料的規格、材質及施工技術的選擇，流行式樣也可能是判斷之一。

目前市面上出現一種很畸形的現象，就是系統家具竟然可能比木工現場用木心板料製作的櫥櫃還來得貴，這並不合理。系統家具所使用的板材為「顆粒板」，表面材質為紙皮波麗材質，現場木作所使用的板材為熱壓木心板（一樣也是可選擇所謂環保建材），表面可以是波利面、塗裝薄皮板、熱壓薄皮板，後者的材料價值印象多數高於前者，而現場施工造作，使用壽命也一定高於前者。現場所施工的木作工資高昂，並且能造作出與衆不同的櫥櫃，沒有理由他的價值跟系統家具等量齊觀，除非是加了廣告費。

圖5-1-5　這張照片的地板為實木無塵企口地板，因為材質特性與加工工藝，在實際裝修現場，它的價值性與海島型地板、塑膠地板……，一定會產生明顯的價值性

圖5-1-6　加工製品的造型、收邊，會受制於材料特性、機器技術與經濟效益，他的工藝價值不能與現場工藝價值相比

5. 因材料單價為選擇：

設計風格可以在應用材料的改變下，而不改變風格的印象。通常，在風格與

造型不變的前題下，營造工程的數量也不會改變，如果假設經費是固定的，此時材質選配的主要課題是：在既定的工程費當中，選用適合接近風格目的的材料，以達成工程使用目的。

在下列幾件同樣為文藝復興風格的作品當中，不同的材質表現，可看出其對

圖5-1-7　這是文藝復興風格的建築物，他最大的特色是紅磚、石材、雕塑

圖5-1-8　近一點看也還是文藝復興風格

圖5-1-9　原始風格的石材

圖5-1-10　左官工藝

圖5-1-11　洗石子工藝

「風格」與造形比例不會造成太大影響。

使用不同材料造作，其價值感及美觀度都一定會產生不一樣的結果，但這結果是材料單價所影響，業主必須在這裡面找到合理值。

（二）對使用施工工法品質的委任

俗話說：「慢工出細活」，做工精細，活一定是好的，反之，一定很難得到好的結果。不過，就現代的施工技術與工匠養成的專業性而論，「慢」大部分如此，但倒不一定就能出「細活」。這是市場環境的影響，有沒機會改善看機會，我們這裡先談施工工法品質的委任。

工法的應用與選擇跟工程的施工成本有一定關係，他有時是跟所選用的施工材料是相對應的，有時是可以做分開要求的。例如：使用厚的不銹鋼管為施工材料時，他必須用車牙套管為工法，選用薄不銹鋼管時，他使用壓接套管。工法的選擇通常不會是定作人主動提出委任要求，而會是承攬人提出施工估算，由業主做選擇。

工法選用的正確與否一定會對施工品質造成影響，但有時因為施工造價的影響，而會選用能控制預算的方法，這在工程驗收時必須是對工程品質要列入考慮的。例如：大理石的吊掛施工可以選擇乾式工法，也可以選擇濕式工法，乾式工

圖5-1-12　不鏽鋼有不銹鋼的加工技術

圖5-1-13　這是安藤忠雄施作亞洲大學圖書館的清水模板，很多設計師都很崇拜。如果你花得起從荷蘭進口模板，然後試驗一百次砂漿「坍度」的費用，那你一樣可以玩

法因需使用多項加工材料及五金，相對於濕式工法會產生一定的價差，而完成的施工面也會不一樣、但不一定適用室內裝修工程的施工上。

又新流行使用的薄皮夾板（俗稱熱壓板），已發展出塗裝板，塗裝板可以相對減少部分現場塗裝的費用，但在細部修飾施工時，他不能做出很細膩的修飾。相對的，當選擇使用未塗裝熱壓板施工時，所獲得的修飾面會比較完整，但會增加現場塗裝的工程成本。

如石材及磁磚、拋光石英磚的填縫，其填縫可以採用一般的泥填縫，也可以使用較具美容效果的膠填縫，其施工品質會不一樣，當然，工程費用也會不一樣。

（三）對委任承攬人施工品質的既有印象

承攬人對施工品質會有其一貫性，不論其施工人員是否相同，工程的施工品質取決於承攬人對工程品質的自我要求。工程估價會有一定市場行情，但不同的承攬人會因為其對工程品質的要求，而產生高低不同的工程估算，但不表示越高就越好。

圖5-1-14　膠填縫施工

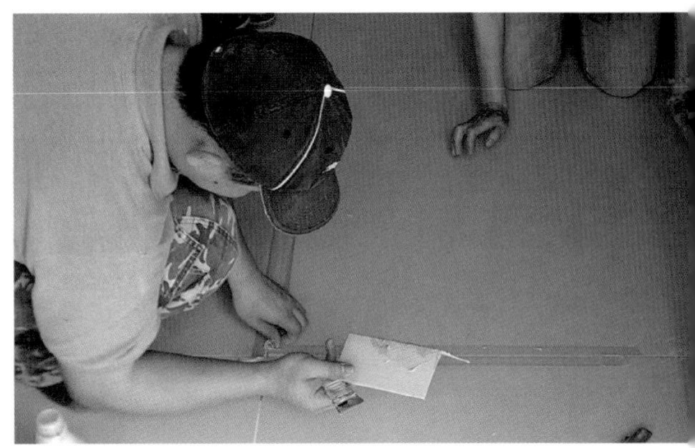
圖5-1-15　膠填縫局部調色

對所委任的工程承攬人的施工品質，在承攬人是設計公司時，你可能會在報章雜誌獲得印象，或是在你朋友的家中獲得印象，但這些印象你所留存的不一定正確。報章雜誌的照片你只能看到造型、設計風格與顏色的搭配，實際的工程品質很難從照片上看出來。

如果是專業的工程承攬人，多數是經由朋友所介紹的，專業的工程承攬人在施工管理上是直接的，但在工程的設計造型上，不是工程承攬人的專業工作。工程委託專業承攬人時，需注意一點，他並沒有拿你的工程設計費。在工程設計的諮詢上，如果是你自己設計的，他照你的設計要求作，如果你提供全套的工程設計圖，他照著設計圖做。請不要一下子請教他洗衣機擺哪裡；冷氣機要用哪個廠牌的，這些諮詢都會造成一些工作外額外的負擔，你設計費給別人

圖5-1-16　就像圖面上這三個混擬土塊，專業的人必須有能力分辨材料的正確與否

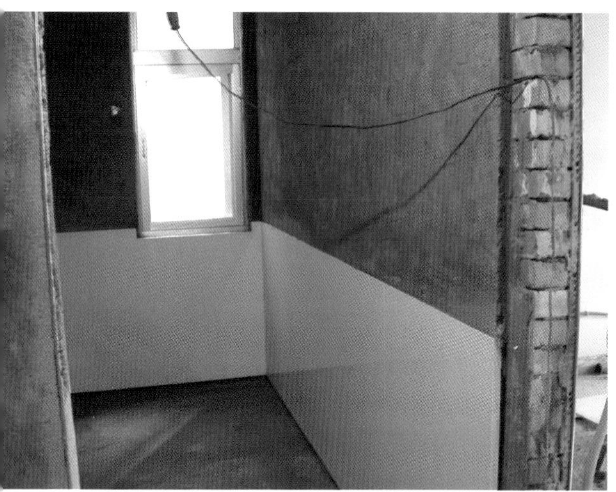

圖5-1-17　像這樣的現場施工，大賣場在賣你馬桶之外，可能沒辦法先幫你施工固著裝修工程

賺，然後工作要其他人承擔，這不合理。

專業的工程承攬人要如何判別，我在本書的第二篇已經講述過了，這裡還要補充一點：很多人都喜歡去大賣場找人做一些家裝工程，也許以為「量販店」會比較便宜。你應該考慮一點，只要你買的是需要丈量尺寸的，他就不會是大量產品。在可能的時候，也許你在大賣場訂製了一座流理台，你也希望委託大賣場幫你裝冷氣，釘地板。你可能拿到的是一份商品訂購單，而不是一份工程契約。而來你家施工的時候，不會有「工程承攬人」到現場幫你做施工管理，而所謂的專業施工人員都是委外的施工廠商。如果來幫你裝流理台的工匠，你千萬不要請他「順便」幫你修一下浴室的水龍頭，那不是他被委任的工作範圍，這也是與專業的工程承攬人的服務態度最大的不同。

一般的工程承攬人都是可以打電話直接找到他的，不用經過語音轉接。

（四）對工程委任的施工環境提供

施工環境對工程品質會有一定的影響，是一種施工成本的影響，所謂的施工成本的影響是指工作環境所影響的實際施工的有效工作量。他主要的影響會有下列可能：

1. 施工樓層的影響：

施工樓層越高，施工人員、材料的運送會比低樓層相對的花時間，也會影響施工人員的有效工作量。

2. 運送載具的影響：

在二樓以上，多爬一層樓梯，會多減少有效工作量，對搬運材料也會相對增加工程成本，他一定必須反應在工程估算的單價上。不同樓層如果工程單價相同，表示其對越高樓層的工程估算單價越低。

因運送材料載具的不同，其施工成本也不一樣，如可使用機器吊掛作業與使用人工挑運，就會產生很明顯的施工成本差異。

3. 施工作業環境：

寬敞的施工作業環境，不論在心理上、生理上，他和狹窄的作業環境相比，也會有不同的作業品質。

舉例木工作業：木作在現場作業時，多數一定會架設一座或一座以上的電鋸床，他最小的作業空間長度為5.5mX3.6m。小於這個空間規模，當現場進行板材的裁切作業

圖5-1-18　作業環境不一樣，施工條件就不一樣

圖5-1-19 像這種臨時性的保護工程，不環保又浪費，有很大的改善空間

時，工匠需不時在裁切到一半時挪移鋸床。這不僅會影響裁鋸作業的有效性，也會影響裁鋸作業的準度，進而影響工程品質。

4. 工地門禁與管理：

因【公寓大廈管理條例】的實施，裝修工程的施工作業完全被這法令限制，他的限制幾乎到不可理喻的程度，他的受害程度其實是全體國民，他影響經濟，更進而養成國人一種極度自私的心理。

現在的建築物都流行預售制度，其中購買為自用住宅的比率不可能百分百。又建築物蓋好之後，急於搬新家的住戶，多數會在「大樓管理委員會」成立之前，搶先進行裝修工程施工，這段期間，施工時間幾乎不受限制。

但等「大樓管理委員會」成立之後，一些先搬進去住的住戶就開始主張住戶的權利，然後就對大樓的裝修施工管理訂出一些幾乎沒人性的管理規定；他們不管這些規定合不合理，只要自己住的權利不受干擾就好。

這些只顧自己居住安寧與方便的裝修工程施工規定，其實對於後住戶是不公平的，他會讓後來購屋的或是較晚進行裝修工程的區分所有權人蒙受一些不必要的損失。在目前所知道的一些陋習是：不尊重勞動法令，把【公寓大廈管理條例】的權力無限上綱，所訂定的裝修施工時間壓縮在合法施工作業的8小時之內，台北市有X福大樓的7小時；新竹的武X國宅更是離譜，規定早上9點到中午12點；下午3點到5點，一天只能工作5個小時。這些所浪費的工作時間，不可能是工程承攬人承擔，他一定會被估算在工程施工成本裡。

還有一種是對於施工人員及運送工程材料的電梯管制。台北的某一家在日據時代為槍決人犯所在的五星級飯店，他的裝修施工人員只能經由地下室進出，並且，不管同時幾百個人在工地，他只能使用一部電梯。

我在此強調，人的工作一律平等，施工人員可以遵守所有【公寓大廈管理條例】的管理規定，但請你注意，那些規定所產生的工程成本，需由業主自己負擔。

（五）工程施工的寬裕時間

工程施工有否寬裕時間對工程品質會有直接影響，更對工程估算有絕對影響，因為「工程期限」在工程合約裡是一翻兩瞪眼的事，而這些限縮工程施工時間的主因，多數在定作人本身。

很多業主都有「有錢能使鬼推磨」的迷思，因為很多業主以為自己花錢的是老大，而忘了自己並不真的很有錢。在工作經驗中可以發現，很多的裝修工程的施工時間是浪費在業主的詢價、比價、三心二意跟自以為想吊承攬人的胃口。所以浪費太多施工的寬裕時間，往往在他發現工程再不發包已經來不及時，那這工程的施工時間已經沒有寬裕時間可言。

圖5-1-20　這種加工製程並非系統家具的專利

現代式的工程施工，很多是需要委託加工的，而專業加工規模越大，反而在委任工作的時程安排上花更多時間。在工程追趕工程的時程安排上，不像早期那種純手工藝的匠作年代那麼好趕工，可

圖5-1-21 施工方法的改良，讓泥作的施工準度越來越高

能一個工作日的延誤，就會延誤工程好幾天不能作業。在施工寬裕時間不夠的情形下，加班會增加施工成本，趕工出來的品質一定不可能跟正常作業時間的工程品質相比。

（六）對施工品質該有的寬裕度

裝修工程的精準度要求到「分毫不差」那根本不可能，只能是要求更好的品質精度，關於裝修工程驗收標準的規定。我舉一下大陸的規定給大家參考一下，因為台灣目前還找不到這樣的規範。（我把原本的簡體字轉成繁體字，反正這本書如果有機會賣到大陸，自然會全部變成簡體字）：

建築裝飾裝修工程品質驗收規範（國家標準）：

4.2.6　一般抹灰工程的表面品質應符合下列規定：

1. 普通抹灰表面應光滑、潔淨、接槎平整，分格縫應清晰。
2. 高級抹灰表面應光滑、潔淨、顏色均勻、無抹紋，分格縫和灰線應清晰美觀。

檢驗方法：觀察；手扳檢查。

4.2.7　護角、孔洞、槽、盒（接線盒）周圍的抹灰表面應整齊、光滑，管道後面的抹灰表面應平整。

檢驗方法：觀察。

4.2.8　抹灰層的總厚度應符合設計要求，水泥廠耗資不得抹在石灰砂漿層上；單面石膏灰不得抹在水泥砂漿層上。

檢驗方法：檢查施工記錄。

4.2.9　抹灰分格縫的設置應符合設計要求，寬度和深度應均勻，表面應光滑，棱角應整齊。

檢查方法：觀察、尺量檢查。

4.2.10　有排水要求的部位應做滴水線（槽）。滴水線（槽）應整齊順直，滴水線應內高外低，滴水槽的寬度和深度均不就小於10mm。

檢驗方法：觀察、尺量檢查。

4.2.11　一般抹灰工程品質的允許偏差和檢驗方法應符合表4.2.11的規定。

表4.2.11一般抹灰的允許偏差和檢驗方法

根據大陸對於裝修工程所定的驗收規範內容，我在這提出一些說明：

1. 所謂品質標準：

工程的施工品質必須與工程的實際承攬價值相比，如果只是單純的用所謂「驗收規範」去做為驗收標準，那顯然昧於現實，因為這當中還牽繫著定作人與工程承攬人之間的約定。

2. 籠統的名詞：

在所謂的「**驗收規範**」當中，仍然可見許多籠統的名詞，例如：

高級抹灰（砂漿粉光）表面應光滑、潔淨、顏色均勻、無抹紋，分格縫和灰線應清

名詞小常識：環保建材

在原料採取、產品製造、應用過程和使用以後的再生利用循環中，對地球環境負荷最小、對人類身體健康無害的材料，稱為「綠建材」也稱環保建材。

名詞小常識：載重設計

載重分別有靜載重與負載重的分別，負載衆又有側壓、剪力、風壓等的設計要求。在裝修工程的載重計算上，主要是計算構造的垂直承載力，目前還只能靠經驗工法，專業計算公式還無法有效應用。

晰美觀。檢驗方法：觀察、手扳檢查。

這在工程品質的檢驗標準上仍不能算是一種統一規範，依據文字敘述，他一樣存在太多模糊空間。

工程的施工品質雖然不能用「作土兮，差寸；作木兮，差分」，這麼籠統的說法帶過，但一定會產生一些誤差值。這些誤差值，應就以上本節所談的內容去加以判斷，驗收工程主要就是看你對工程品質的寬裕度。

5-2　施工的經濟效益

工程施工需考慮經濟效益，也就是必須讓工匠的施工達到最有效的良工率。所以，一個有經驗的施工管理人，他必須能安排工匠在工作時間內，做最多的工作。這個工作就是考驗一個施工管理人對工程成本的管控能力，並不是看到一個細項就連絡一個工匠進去作一小時，半小時的修補。

這樣的狀況常受「業主」窮緊張所影響，我舉最近我所知道的一個住家工程，業主與設計師互動的情況來做說明：

工程：住家工程，空屋，約50坪，所以是整間完全的設計、施工。工程費300萬。設計費與施工管理費內含。

設計條件：一個主臥室（含更衣室）、兩間浴室、廚房、餐廳、書房、衣帽間、玄關、客廳、工作間。男主人在大陸工作，房子平常

圖5-2-1　室內地板做到「冰宮」等級的防水，根本就沒必要

可能只住女主人（小孩不同住），所以要加強門禁及監控警報系統。

這個案子並沒有先做完整的設計圖說，而是在平面配置完成之後，女主人就要求設計公司先做第一階段工程施工，而工程估算也分成兩個階段報價。所謂第一階段工程，是指假設工程、磚隔間、水電、冷氣設備、監控系統、衛浴、地板拋光石英磚、牆壁粉光等，而防水工程是女主人已經自己發包給認識的防水工匠。防水工程是做到所有「風頭壁」牆面、浴室、全室地板，全部同一的等級，光這部分就花了二十幾萬。

在第一階段施工期間，設計公司著手設計第二階段的立面施工圖，而女主人則是開始瘋狂大採購。在施工期間，女主人已經訂購好了一套進口流理台，包含德國miele洗烘碗機、烤箱、微波爐，一台孫芸芸代言的日本電冰箱，另外還選購了知名柚木更高階品牌的全套家具。

在這種用「舊家具」搭配新裝修設計的情況下，這個設計師光改造型與顏色就改了三～五次的3D立體圖，最後確認了，也送出了第二階段的工程報價單，但是，一直沒有辦法確認第二階段的進場日期。在第一階段施工期間，女主人跟設計師說他不趕時間：「慢慢作沒關係」，等工程做到一半，女主人說：「希望全部工程在一個半月後完成，我月底要出國」

這應該是很緊迫的施工工期了，應該在地板完成之後，第二階段的工程就必須馬上進場，但出狀況了。女主人把他的所有花費的單據傳給他在大陸的老公，300萬的工程預算早就「爆表」，結果被她

圖5-2-2　當地板施工完成並做好保護，工序就需木作馬上進場

圖5-2-3　在必須責任分工的情況下，地板必須提前施作膠填縫工程，而木作進場時又需浪費一次地板保護

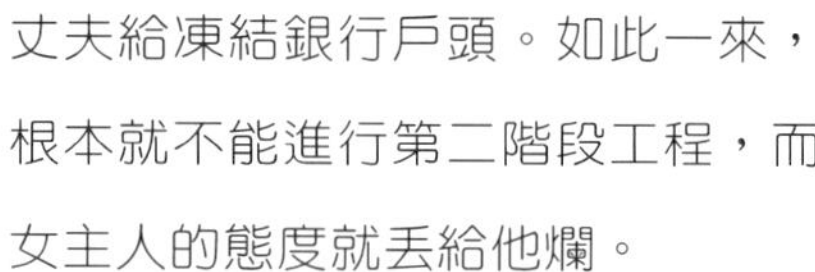

丈夫給凍結銀行戶頭。如此一來，根本就不能進行第二階段工程，而女主人的態度就丟給他爛。

後來，男主人跟女主人協調的結果是：男主人找自己認識的木工進去釘天花板，其他櫥櫃買現成的。而女主人的購買能力又馬上展現，在第二階段工程還沒施工之前，他又已經買好了那些櫥櫃。

在這樣的態勢下，設計公司已經沒辦法再接手第二階段工程；但問題來了。原本拋光石英磚地板在完工之後就做好地板保護，是準備等所有工程完工之後再進行「地板美容」。承攬單位為了在另一組施工單位進來之前，一定必須做好交割手續，並且完成最完整的第一階段工程，如此施工管理責任才能完全分割。這樣的情況就產生一些工作經濟效益上的問題：

（一）影響施工銜接效能

在預期心理下，工程估算在工程經費預算內，工程的進行勢在必行，所以，大部分的施工單位會連絡工匠進場時間，並且會提前訂購一些選定的材料。這讓工程承攬單位的作業流程，完全被打壞。

這樣的情況不容易發生在一些具有規模

圖5-2-4　在有施工天花板設計時，粉刷工程可不必做到滿，這個數量也不會估算在承攬數量當中

的設計公司，工程設計應最好做好前期作業，也就是圖說要完整，並且一次性承攬，如此才能有效管控施工進度與流程。

（二）影響一些工程效能

工程的保護工程是全部流程的施工項目，在工程必須提前完成的情況下，原應該保留到最後的地板保護工程，必須被提前結束。當地板保護被拆除之後，後來的工程施作都必須再重做一次保護工程。

有些工程是重疊交叉施工的，當工程不是一次驗收，把他當成單項工程，他不符合一些工作效能。

（三）業主不專業的騷擾動作

在施工承攬變成階段性工程時，有些工程的細部修飾被不必要的放大，而業主又看到一樣小問題就通知設計師要馬上處理，其實那是不必要的。

施工單位在整理施工項目時，會依據必要與非必要的施工項目去做細部修飾，因為有些先作的工程會被後做的工程所覆蓋，這些可以省略的施工都會被估算在工程值內。例如：流理台背牆所省略的壁磚、天花板線以上的壁磚、粉光或者會被後面施作的木作、裝潢等工程覆蓋的部分，這些工程都在估價時會被減略的。

5-3　施工時間的寬裕

施工時間並不是預留的越長就表示對工程更有利，施工時間不夠寬裕一定對工程的施工成本增加，反之，一樣會增加工程費用。在溫宏政編著的《工程計畫與管理》（大中國圖書公司）的第九章第五節〈最佳工期與最佳費用〉中提到：

相對在「正常點」與「臨界點」兩點間工期之直接費用，必定與工期成反比，計工期越長，費用越低，工期越短，費用越高。

無論哪一工程，除其直接費用外應包括間接費用（Indirect Cost），一般而言，屬於間接費用支項目有如下數種：

（一）監工人員等之薪金。

（二）辦公室租金。（作者註：廠租）

（三）水電費用。

（四）事務費用。

（五）貸款利息。

（六）施工機具租金。

（七）其他不屬於直接費用等費用。

以上所說間接費用與直接費用，則完全相反。工期越長則相對的間接費用越高，反之，工期越短，則越低。

工程的品質跟工程費用有直接關係，而工期長短又跟工程費用產生間接關係與直接關係，這是談施工寬裕時間所不能忽略的問題。

（一）直接成本與間接成本

很多人在評估工程費用時，都只計算到直接成本，而忽略了間接成本，如果簡略了這些間接成本的計算 ，那服務業肯定無法生存。相信你一定去過牛排館吃過牛排；或者也最少去過其他的餐館，你點一客菲力牛排時，看著菜單上寫著：

圖5-3-1　這隻螃蟹賣你多少錢，就看你認為値不値，而不是眼前所看到的成本

一客1,200元

你一定不會懷疑。你不可能去計算牛肉一公斤多少成本，加一些蔥、薑、蒜、味精、醬油，加起來是多少錢，而裝修工程也是同樣的道理。

坊間有一些不是本業人士寫的書，教你省錢的、教你如何精明的、教你如何避免「被坑」的，我都大致有看過這些書，我只能說不能「一概而論」。其中有一本書幫讀者介紹拋光石英磚的工程估算是這樣寫的：

60X60㎝拋光石英磚材料＋施工材料＋工資＝

理論上這樣估算工程費用的公式並不算錯，但實際成本不是這樣計算，而其所表列的計算標示也不清楚，這可由下列幾點說明：

1. 材料標示：

裝修工程不論在設計與工程承攬，他都是傾向於「營造業」的一種行業模式，所以在標示施工材料與工法方面，需為直接標示，否則無法做為工程估算基準。例如：只標示60X60㎝拋光石英磚為材料，這在材料品質上無法有一個基準值，根本無法估算。

合成材料多數賣的是「品牌」價值，同樣的材質規格，不同廠牌就會有很大的價差，況且同一廠牌，光一項「拋光石英磚」就可因規格、花色、質料等的不同；而編列出近百種「型號」，這些型號的不同，就代表其材料單價的差別，何況連廠牌都不做標示，這根本無法做有效比價。

2. 施工材料標示：

所謂施工材料，我們依工作經驗假設他是水泥、膠精、砂、填縫材料，這些材料的數量計算必須有一個基本值，他的敷設高度所使用的量，會影響施工材料的單位成本。

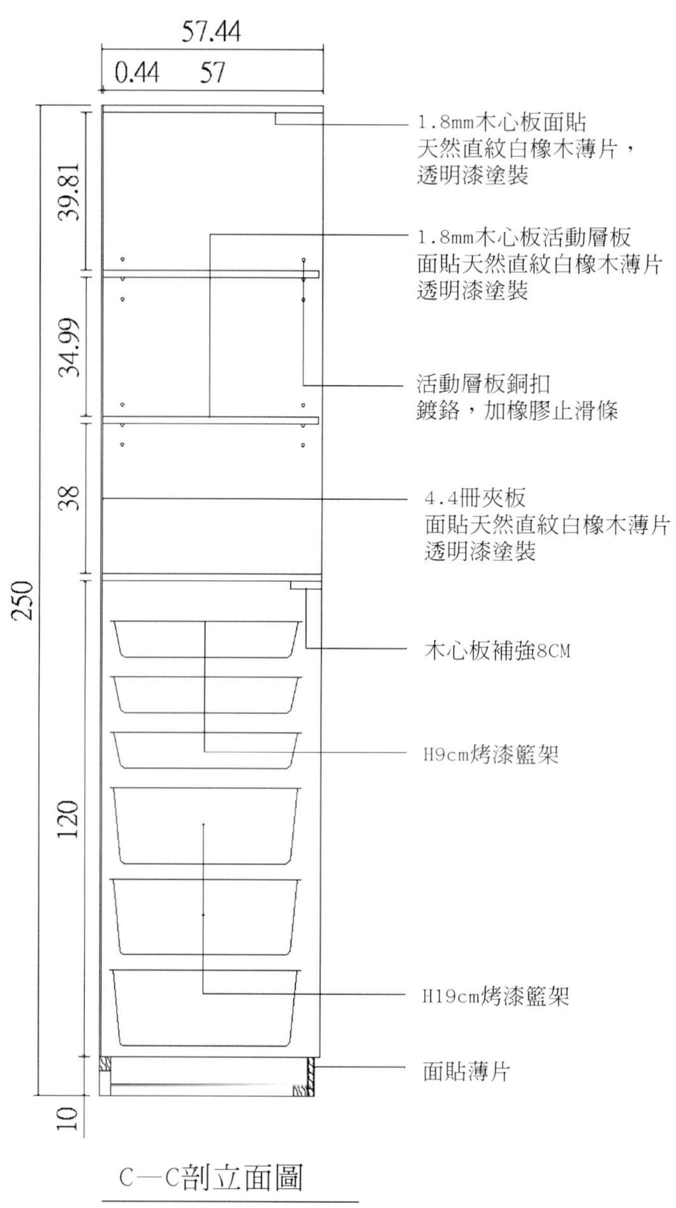

圖5-3-2　裝修工程圖須完整標示材料與材質

3. 工資：

工資是一種直接成本，但裡面還包含間接成本。其中的施工程序的不同，會影響工程成本，委任方式的差異，也會影響工資的單位成本。例如：由工程承攬人依合作慣例指派工匠直接進入工地作施工行為，與業主需要工匠做工地丈量、施工材料計算、工資報價、驗收、請款等工序，他的工資比是不一樣的。

圖5-3-3　當你對施工不具專業時，不同的施工介面可能不會有人幫忙作加強處理

4. 其他成本：

一樣假設你自己從購買材料、自己找工匠，這當中就還漏算許多施工成本。例如材料的搬運、非施工時間的工時浪費、施工機械的提供、工地丈量成本、材料計算成本、施工的聯絡成本、施工時間的寬裕成本，還有工程的管理成本、工程的監工成本，工程的驗收與點交。

5. 施工管理成本：

只要你不委託工程承攬，這些施工管理成本你不用付出。但你必須自己去付出所有專業管理的成本。就一間設計公司或專業工程承攬人而言，他今天承攬一個工程所要付出的間接成本，除了那些你以為你會的之外。在商言商，這是工程承攬人的專業，他所提供的服務專業，必須是一種學習的成果、工作累積的經驗，還可能是經由交際應酬所累積的人脈，或者是花了許多錢做廣告，他才有機會為你服務，而服務收取一定的報酬不應該嗎？

以一個工程承攬的基本服務標準，這當中還必須包含廢棄物清運、清潔等，這些成本都是那本書上所沒提到的。那本書的目的是說「設計師沒告訴你的省錢術」，如果是為了一本書賣錢所下的標題，那真的跟新聞報導一樣的不負責任。只為了寫出「省錢」的計算方法，但根本是一種誤導讀者的理論，他會讓這個市場產生不必要的誤會跟對立，說真的，光書名就用錯了。

「設計師沒告訴你的省錢裝修術」，我請問你，你找設計師是為了「省錢」?設計師有義務告訴你如何省錢嗎？而省錢的定義是什麼？還有，你連找設計師幫忙都沒有，設計師又不是神經病，有主動告訴你省錢的義務嗎？我敢說，以上的問題都是否定的。

裝修工程的施工項目，有許多工程是無法「省錢」，如果你硬要用材料+工資=工程單價，去做為計算公式，那另當別論。如果是正常的工程承攬關係，這當中沒有所謂「省錢」的說法，而是以專業協助業主控制預算。

我們常在電視上看到麥當勞打出超值套餐，會強調跟「什麼」相比「省」了多少錢。其實是，只要你不買你根本不用花錢，只要你買，你就花了錢，而業者也一定會賺回材料成本、管銷費用、廣告成本、利潤。

沒有一個設計師是不會幫你省錢的，但一定不是那種「又要馬兒跑，又要馬兒不吃草」的省法。服務業是以服務工作獲得報酬，為最基本的商業行為，今天一個專業的設計師可以幫你設計一個實木製作的衣櫃，他的工程承攬費為10萬元，如果你想減少工程預算，他可以幫你設計成「仿實木」，只要5萬元，這不是幫你省了五萬了。再想便宜一點，幫你改成不用塗裝的材料，3萬元，功能一樣。如果還要更省，也

圖5-3-4　廁所還分等級咧

可以幫你去「IKEA」買個現成的，只要1萬元。這從頭到尾算下來，足足幫你省了九成的工程費用。如果認為這樣還不夠省，那你自己跑去「IKEA」買，可能會比設計師幫你買的少1,000～2,000千塊，但是；要買多大的尺寸、造型、花色、擺設，請你自己決定就好。

在很多人的眼裡把「設計師」或工程承攬人當成幫忙「跑腿的」，就算是！幫你跑腿不用拿「跑路工」嗎？

（二） 施工工期長短的定義

施工期的長短與所謂的「施工寬裕時間」沒有絕對的關係，他必須根據一些主客觀因素、量體、施工環境的不同而做為計算基準。所謂施工工期的長短，他應該分成兩種定義：一種是工作量體所必需的施工時間；一種是因主客觀環境使施工時間拉長，前者不影響施工費用；但後者一定會。

裝修工程依據其工程特性與規模，會有一個合理的施工期限，過短，會造成施工寬裕時間不足，過寬，則造成施工管理成本增加。在這兩者之間，通常會以下列的考量去計算他的合理工期：

1. 施工現場可容許的最大施工量（合理容許量）：

這必須先計算這工程在現場施工的工作

圖5-3-5　現場的施工容積對施工效能有一定的影響

圖5-3-6　施工條件的便利與否會影響間接成本

圖5-3-7　任何加班行為一定會增加直接成本

量，需求的工匠人數、需求的有效工時，然後計算施工現場可容許的施工造作功限。

假設：工程的現場施工總量÷（每日施工有效功限+工作人員可容許量）×施工日期=工程有效施工量。由此計算出的數值，再給一定的「誤差值」，就是施工工期最好的時間。

假設：同樣的兩個30坪的住家工程，工程費用都相同為300萬時，在施工條件不同的情況下：甲為受【公寓大廈管理條例】所限制的施工條件；乙不受施工條件影響。在此條件下，會產生這樣的影響：

現場的有效容許值為每工/6坪，約等於每天有五個工作量（不談裝置工程的部分），如果一個工作量可消化7,000元工程費，甲乙在施工同樣順利的情況下，會產生這樣的影響：

甲：3,000,000元÷7,000元＝等於429工，429÷可施工日＝85,5日，以一個禮拜可施工日為五天計算＝17.1禮拜，一個月有4.5個禮拜，總施工期約為3.8個月。

乙：同樣為429工，需施工85.5日，約等於2.8個月。

由甲乙兩案的分析可以發現，施工期的長短不是以工程費的總值去計算，而同樣是300萬的工程預算，這當中的甲因為施工期拉長，所以其中的間接成本一定比乙來的高。這也就可能在同樣工程費的條件下，可能發生甲乙工程質量的不同。

2. 不合常理的施工期限：

不合常理並不是不能施工，而是因為不合理的要求必須產生不合理的利潤，所以會增加直接成本。所謂不合常理是指施工期限在正常可容許工作量的狀態下，不可能正常完工，而必須借助「加班」的手段，或增加施工人員而減低良工率。

裝修工程的造作特性是不能模矩化施工，因施工習性、技術傳承的原因，前一個工匠的施工，不容易被下一個工匠直接接續施作。所以，就算是用加班的手段，因為體能的關係，一樣還是有最大施工量的限制。在此一情況下，他的直接成本一定增加，而間接成本中的人事成本也一定比其他會減少的成本增加。

3. 延長工期：

在工程費用不變的情況下，施工期比正常的時程拉長。拉長的原因可能有：

(1) 天災、人禍等不可預期的因素。

(2) 待工、待料。

(3) 設計錯誤所造成的工程延誤。

(4) 業主決定工法、材料時間的延誤。

(5) 違反工程合約。

(6) 其他可能須配合的施工時程。

不論上述哪一種原因，都會造成正常施工期的影響，就會造成施工間接成本的增加，可能包含人事成本、廠租成本、監工成本。

5-4　所謂「綿綿角角」的工程品質

台語的：「綿角」，有兩層意義：一是說做工品質的細膩程度：一是說做人的處事態度有分寸（或是說處理事情的人生歷練），我們針對工程的施工品質來談就好。

圖5-4-1　富美家美立方板／富美家公司提供

「綿角」一詞常應用在物件的直角收邊的細膩度，純就字義解釋，他代表「柔與剛」的表現。「柔」的部分是表面的細緻程度；「剛」則是物件的稜稜角角。先不論這種說法是否正確，我主要要談的是「工程品質」的要求基準。

（一）機器工藝的工程品質

機器工業的發展早已經進入電腦自動化，在生產作業上的流程速度已經到了不可思議的程度，但品質還是因為材質的研發以及機器設備的精密與否而產生不同等級的差別。

就以高周波熱溶膠封邊機而言，已經研發出可在裝修工地現場手提作業的機器，但同樣的封邊，可以封得更為細膩。

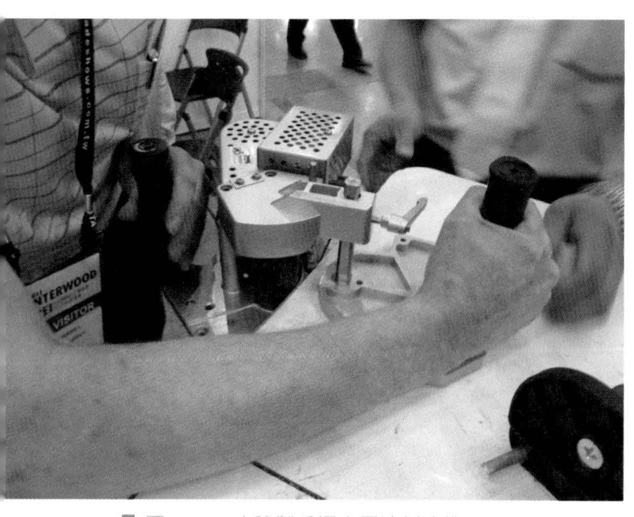

圖5-4-2　大陸製手提高周波封邊機

我舉富美家公司的產品「美立方」與一般的產品做個比較：

1. 六面同色，一體成型：

富美家美立方六面同色、一體成型，無論正面、背面、上下左右都展現無可挑剔的整體美。他主要的表現目的在追求與木作的仿實木品質相同。

一般的封邊無法做到六個面都同色，並且會留出封邊條的材質顏色。

2. 從1.5mm到0.8mm的進化與堅持：

同色同表面處理（雕刻橫紋除外）的進口細緻封邊，不僅重現與面材的花色搭配，更斤斤計較封邊的些微厚度，0.8mm超薄收邊條，與富美家美耐板面材無縫接著的契合，徹底解決了長久以來困擾設計師的收邊問題，讓成型產品更顯質感、美背、肩線都完美無缺。

普通的封邊機所使用的封邊條厚度為1.5mm，而且材質顏色無法做到以表面材料相同，所以，無法讓整片板材形成一個整體材質。

圖5-4-3　手工製作高分子加工時會有一定的施工限制，但可以處理機制品的規格問題

有一句話必須強調，你不要拿美立方的品質跟其他系統板材相比，因為兩者的品質有市場區隔，其市價定位本身就不一樣，你要注意的是，有些業者拿美立方的品質價格，幫你估一般的系統家具。

（二）手工藝的工程品質

裝修工程多數為「客製化」施工，也就是有很多工程的作業不是工業化規格，而可以機器生產的，所以就不可能完全精準的控制他的品質。但他還是有一定標準的施工品質要求，只是這「要求」的立基點不同，無法真正的訂出一個標準。

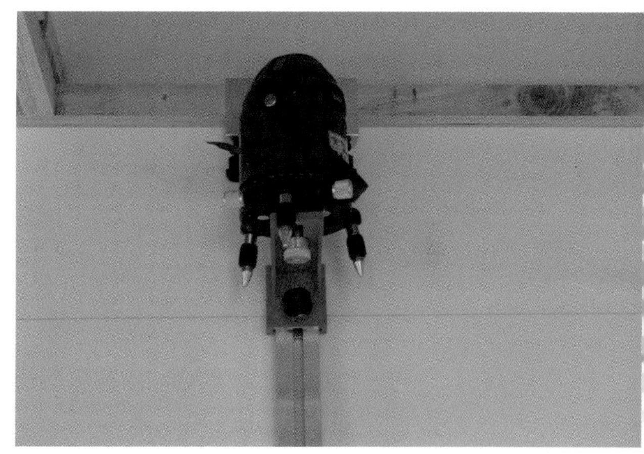

圖5-4-4　雷射儀，可以有水平、矩形、垂直的功能

所謂「立基點」的不同，他包含合理的工程估算、合理的施工環境與合理施工時間。工程的估算與施工品質的要求會因為施工對象的使用場合而有差別，同時也會影響工程驗收的標準。例如：同樣塗裝工程，用在住家工程與用在KTV、卡拉OK、小吃店的施工品質要求一定不一樣，而工程費用也不一樣。工程估算值不一樣，也不能要求相同的施工品質。不一樣的施工環境，其所產生的直接成本與間接成本不一樣，如果工程費相同，表示工程品質的預設標準一定不同。

工程品質的驗收標準一定要在所有條件相等的條件下才能作為比較，不然應就承攬合約的標準做為標準。很多業主都期待如何驗收裝修工程，這在你對工程「殺價」時，就應該先做好心理準備。你在殺價時，一定會把你想要的工程品質說的很隨便，以便你有更大的殺價空間，而你的要求，在民法上就是工程契約的一部分。裝修工程該如何驗收？我舉《營造法式》裡的一段話：

平者衡水，直者衡垂，圓者衡規，方者衡矩。

這一段文字原本是用在「施工規範」的，但他同樣也是可用在工程驗收的標準上。

所謂「平者衡水」：就是工作物的水平，就現代的工具而言，水平線一定可以很精準，但不可能沒有誤差，最少那條「雷射光束」就接近2mm。

所謂「直者衡垂」：垂，鉛錘，也就是下振。現在的雷射儀器都可做到，在需要垂直的地方必須不能產生歪斜，其線條需為筆直。

所謂「圓者衡規」：規，圓規，不論其正圓或橢圓，他的線條必須是平順的。

所謂「方者衡矩」：矩，角度儀，方，多數在講求90°的直角，這在現代的施工工藝上只是一種基本要求而已。

除了這些基本要求之外，工藝品質除了追求實用性，也同時在追求美觀及品質價值，這些施工品質，我用一些「基本」條件說明一下：

1. 泥作：

泥作在裝修工程的尺寸要求上，是比較被放寬的，而其施工條件多數為結構及造型工程，在可能為裝飾性的工程部分，主要是檢驗他的平整度、溝縫線、轉角修飾等。

圖5-4-5　砂漿粉刷會分兩次施工

台灣的粉光工法是用二次施工法，這比大陸進步多了，所謂二次施工法是指粉光的工作是分兩次進行。先進行一次砂將粗底，然後再進行粉光。因為砂漿在產生化學反應的過程當中，有可能產生不平均的膨脹係數，而讓體積不平整。而通常粗底的砂漿層會比粉光層厚，因此第二次的粉光層因為體積變薄，相對的膨脹係數有會減低。

圖5-4-6　現場仿實木作業還是需靠人力

早期對粉光平整度的要求是，利用一支6尺長平整的刮尺靠緊牆面，他的縫隙不可以穿過一張類似A4的紙。現在的施工方法，只要工匠有一定的技術，施工謹慎，通常都不會有太大的問題。

2. 木作：

木作是最被要求嚴格的一項工程，原因無他，所謂「裝修」，其原意指的就是小木作工程。在可能的情況下，木作可以不在其他工程介入的情況下，完成所有裝修工程。

在機器精準、刀具方便的情形下，板材的裁切作業與之前完全使用手提作業的準度已經不可同日而語。並且因為部分成型工作均委託專業廠商加工，減少很多的失敗可能。例如：門板的扭曲、脫膠。鉸練功能的進步，也有效改善櫥櫃門板的安裝作業，他讓櫥櫃造作的施工快速很多現代裝修工程很多都是「仿實木」設計，所謂「仿實木」，就是用合成板材貼上實木薄皮的造作工藝。包含在造型過程的「胎」，以及後面的修飾工藝，會影響工程品質。

另一則檢驗木作的重點則是結構強度，包含天、地、壁，依據使用目的，會有一定的角材規格及間距、裝釘要求，其中在架高地板部分就可以很明顯的顯示他的優劣。

3. 鐵工：

台灣的鐵工施工品質還有很大的進步空間，很多工程都敗在鐵件工程上面，但這跟台灣的許多業主講求便宜價格有關。台灣的鐵工技術都一直停留在「鐵窗」的技術上，如果在裝修工程設計上要求精緻一點的施工工藝，對很多的業者技術是達不到的。

鐵件工藝的施工方法有很多可選擇的加工技術，以不銹鋼材質而言，現在普遍使用#304材料，這種

圖5-4-7　在鐵件的施工技術上，台灣還有很大的進步空間

材料的含「鉻」量不足，所以根本就不可能「不銹」，只能算是「白鐵」。因為#304不銹鋼材本身的防鏽能力不足，所以常在鐵件製作完成之後，再送去電鍍一層鉻，這讓整個鐵件作品很沒質感。

不鏽鋼的本色是一種很讓人賞心悅目的質感，如果可以不經過電鍍，那會是很成功的工藝作品。我去東京旅遊時，很專心的研究日本的鐵件工藝，真的讓人讚嘆。他們使用#316的不銹鋼材是鐵、鉻、鎳的合金不銹鋼，或另外添加其他合金元素的金屬材料，但含鉻成份至少12%以上的不銹鋼，低於12% 者稱為耐蝕鋼。

目前被廣泛採用的雙相不銹鋼，為瑞典Sandvik 公司生產的SAF2205 之雙相不銹鋼。雙相不銹鋼由於合金成份上含有較高的鉻和鉬含量，所以其抗應力腐蝕及孔蝕之能力都比#304及#316不銹鋼還要好，甚至其抵抗氯離子腐蝕之能力較一般沃斯田鐵型不銹鋼強兩倍。

先不論鋼材的素材的選用，台灣目前在不銹鋼的施工技術上，加工跟焊接技術上，還無法達到令人滿意的普遍技術，這一點有值得政府技職訓練單位計推廣的必要。

4. 油漆：

用現代語言來講的話，「油漆」這個名詞用在裝修工程時，把它改成「塗裝」可能還合理一點。

所謂油漆，油指的是礦物油、植物油為基料的塗裝材料，漆則完全指的是漆樹所收集的材料。天然漆並非不能用在現代裝修工程上，只要你花得起錢，並且有那個時間。

現代的塗裝都是使用化學塗料，先不論他的好壞，最少，他讓塗裝的工作變得簡單多了。簡單的工作還是有品質好壞的問題，在很多時候，因為很多人覺得他「簡單」，所以就認為他應該廉價。

塗裝工程並不是一項廉價的工程環節，相反的，他很重要。他可以幫很多先前失敗的地方補救，並且讓工程表現出價值。只是化學塗料有一些特性不適合用在現場施工，例如：礦物油塗料，因為結膜時間的影響，他會讓表面殘留一些灰塵。在正常的情況下，塗膜都會是很平整的表面，但可能因為氣溫關係，有些結膜狀況不如理想。

以下兩張表是拙著《室內設計之塗裝》中所介紹有關塗裝缺失的一部分：

表5-4-1 素地整理所產生的塗裝缺點與改善

名稱	塗膜現象	預防	補救方法
凸起	會產生在釘孔、合板接縫、合板脫膠等處的補土，在燈影下及高亮度漆時非常明顯	注意素材的吸水性，如密集板，合板補灰及黏貼紗布時，注意批土的坍平處理，注意研磨	以鉋刀鉋平、用砂帶研磨機磨除，或用批土補修，再重新塗裝作業
裂縫	合板接縫處的補土，肉眼明顯可見，常出現於夾板及矽酸鈣板	正確的素材結構施工，選擇較可靠的補土灰泥	使用花鉋機以二分直刀將裂縫處重新鉋溝至結構材（木質），再重新塗裝作業
龜裂	俗稱「雞爪痕」，產生於砂漿粉刷、水性補土過厚等牆面	可使用水性彈性底漆隔離，注意補土的膠質與硬度及其厚度，砂漿粉刷牆面所產生的龜裂現象，目前尚無防止的方法	使用水性彈性底漆隔離，再重新塗裝作業
發霉	塗膜由底層開始明顯產生變色及起泡。	空心板、牆的結構材乾燥不足所引起，正確的素材結構施工。另如磚或混凝土牆的養護時間不足，結構材吸收多餘的水份也會產生此一現象	幾乎無法補救
不平	牆面塗裝可輕易判斷出補土不均、厚度不足、研磨草率等缺點	應注意批土的放土厚度或批土的次數，正確的研磨作業	重新塗裝作業
皺紋	仿實木表面的薄片產生皺摺現象	此一現象多數發生在底材為實木的薄片黏貼，最好避免	無法補救
起泡	仿實木的薄片黏貼不當，引起薄片產生「米粒」狀脫膠現象	容易發生在毛孔細小的樹材上，如黑檀、紫檀、人造薄片等，素材整理前先以水擦拭測試	未完成面漆塗裝前發現，應有木作做補救作業，完成面漆後應使用其他熱壓或注射等方法補救

編號	缺陷名稱	塗膜現象	起因與預防	補救方法
1	露垸	在角隅、邊際、稜角、突起等地方，露出夾板或打底的灰層	研磨過當，將面層所貼薄片磨掉，選用適當號數砂紙，適當使用研磨機	以小號畫筆補色，再適當研磨後，再噴塗
2	不平	填泥被磨損，致與素材產生不平的面	填補縫的灰料，因粘力強度不等。打磨時，弱者磨損快，強者不易磨損，而出現高低凹凸不平現象，應重新填補	重做補正工序
3	蹉跡	漆面上留有磨的痕跡	此因於砂紙太粗及研磨隨便。研磨壓力應平均	重新研磨再噴漆。但缺陷是發生於金油塗裝的中塗層時，需由中塗作業工序重作
4	漸減	部分木紋消失見到底材	研磨過度，砂紙選用錯誤，以致薄片被磨蝕損。此項以「薄」的薄皮最常發生	可應用描繪方式補救，但漆藝不精或面積太大，效果不好
5	皺皮	漆膜產生皺紋	乾燥時漆面太快內縮，塗髹太厚，溫度太高，引起「外乾內不乾」	以高沸點溶劑重新髹塗
6	灰粒	漆膜表面有灰塵附著及粗糙的顆粒	施工時未避塵砂，使用劣質調薄油或髹塗漆刷清潔不當	研磨後重新髹塗
7	刷痕	漆膜表面明顯可看出刷塗的痕跡	漆太稠，乾燥太快，刷毛太硬所引起，應調整漆稠度，並於刷塗時展平塗料	研磨後重新髹塗
8	橘皮	漆膜凹凸不平	噴漆太稠、太緊，髹塗面來不及攤平，應減低揮發速度及調薄漆料	研磨後重新髹塗
9	變黃	淺色或白色塗膜因受高熱呈現帶黃現象	起因於塗膜中含有雙鏈脂肪酸，氧化作用及受日光分解而起。應慎選適當塗料	以不易變黃的塗料重新噴塗
10	白化	漆膜有白霧狀的不透明現象	因塗料溶劑急速揮發，而將空氣中之濕氣凝結混入塗膜表層所致。作業時，避免在寒冷環境作業，並提高作業室內之溫度，使濕氣能向外擴散。慎選溶劑	以高沸點溶劑噴塗補救
11	吐色	漆膜受素材色素溶解而變色	水性塗料塗裝於夾板，所引起之變色、沁膠等現象。起因於底材封底不當。最好於披土之前先用油性塗料「膠固」	以油性塗料髹塗一便，再髹塗面漆

編號	缺陷名稱	塗膜現象	起因與預防	補救方法
12	乾噴	表面有粉狀的粗糙物，塗膜有半乾粉狀的塗料	起因於噴槍口與被塗物面的距離太遠，噴塗壓力過高，溶劑揮發速度過快。此應調整噴槍出料及距離	研磨後重新髹塗
13	連珠	又稱之為「淚痕」。漆膜有明顯的塗料堆積現象	塗料太多、乾燥太慢，邊緣轉折處，常有斷斷續續的現象	研磨後重新髹塗
14	浮色	第一道漆膜的顏色，被溶解於第二道漆膜上	塗料中的有機顏料，一部分溶解於有機溶劑中，因之；塗於底層之有機顏料，再被溶解而浮於表面	以去漆劑將塗膜去除後，重新髹塗
15	再黏化	塗膜未完全乾燥	溶劑、可塑劑或乾燥劑不良所引起	使用相對的溶劑、可塑劑或乾燥劑塗料，重新髹塗。必要時必需洗淨重髹
16	毛孔	漆膜有氣孔	塗料含有水份，研磨之後所產生	補正、研磨重新髹塗，如空乾形塗料，可使用高沸點溶劑噴塗、待乾，重新髹塗
17	垂流	塗料有明顯向下流動的結膜現象	塗膜太厚，溶劑揮發不良所引起	研磨後重新髹塗
18	無肉	產生素材的不當肌理	漆質不佳、底漆太稀、批土太薄	須由中塗作業補救
19	過染	木材花紋被染料覆蓋，以致花紋不清	木質素材染色或著色時，因染料的明度或彩度調整不當，致染色作業重複太多次，色料完全覆蓋素材，讓原有花紋無法表現。染料調製時，應注意髹塗方式與噴塗技巧	除非洗漆舊漆，無救
20	露底	漆膜的表面光澤不均	實木材的封底不實，木纖維方向的吸收程度不同。應注意木材的導管面，並做確實的膠固	以硬化劑型底漆做補救作業

5. 壁紙：

壁紙是一種可以快速改變空間氣氛的一種粉刷材料，所以廣被商業空間所使用，例如：旅館、KTV……。但是，很多的前期作業都施工錯誤，導致更換壁紙時，舊壁紙不容易清除。

台灣早期引進壁紙後，所使用的工法學自日本的裱褙工法，在貼壁紙之前會先黏貼一層底紙，後來證明他在海島型氣候的台灣不適用，而被改成直貼的工法。

通常在外國，壁紙是一種季節與流行花色，所以很少壁紙一貼就用了十幾年，尤其是用在旅館或是商業空間。但在台灣的飯店，我可以看到十幾年沒換的壁紙。為了更換壁紙快速與方便，壁紙在施工前的第一次被貼面的處理要非常仔細，他需要像塗裝工做那樣的做好補土、批土、研磨，然後在刷上一層清漆。這樣的底部處理，可以有效防止壁紙背黏死在牆面上，在下次更換壁紙時，可以很容易剝除，並且不留殘膠。

壁紙的黏貼多數使用一種叫「文山糊」的糨糊，這種糨糊有可能會產生發霉現象，但不會在短的時間內產生，如果有必要可以更換好一點的糨糊。

關於施工品質的問題，除了施工規範的品質要求外，有些時候他是一種比較，而比較的基礎應該是同樣的立足點。這個問題很籠統，我用下列的幾張照片解說一下：

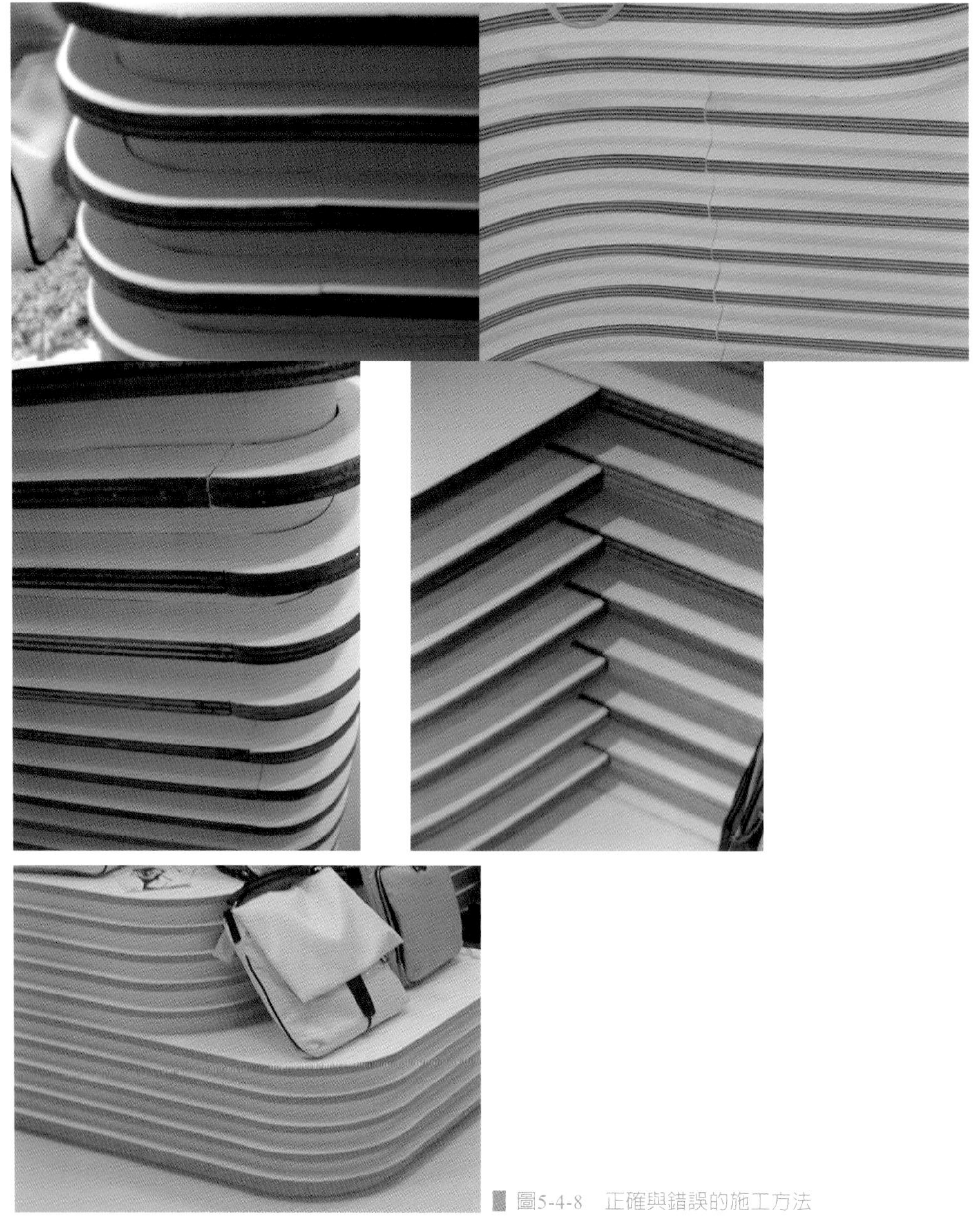

圖5-4-8　正確與錯誤的施工方法

5-5　所謂「藝術」成就的忍耐度

藝術是一個很抽象的名詞，單純的說就是「藝能技術」。《後漢書・安帝紀》：

詔謁者「劉珍」，及五經博士，校訂「東觀」五經、諸子、傳記、百家、藝術。

《晉書・藝術傳序》：

藝術之興，由來尚矣。先王以是決猶豫，定吉凶，審存亡，省禍福。

長久以來，對藝術的說法有廣義與狹義的兩種說法：

廣義的說法是指：凡含技巧與思慮的活動及其製作，如機械工匠建築房屋之類，都稱為藝術，是一種技術表現。

狹義的指含有審美價值的活動或其活動的產物，如詩歌、音樂、戲劇、繪畫、雕刻、建築等；有時也專指繪畫而言，其意義和美術（fine arts）相同。

圖5-5-1　十二版屏

圖5-5-2　金絲楠木書桌

圖5-5-3　工藝美術的成就須包含造作技術

裝修發展成為一種專業設計，並且是以美學做為基礎，這當中不能不說他包含了藝術創意。只是很可惜的一點，室內設計的成就表現需包含工程造作，但往往都把這些成就歸功在設計領域。對於室內設計的藝術欣賞，必須注意工程美學，而不是一昧的追求所謂的創意，有些所謂的創意，真的只為了玩造型而已，他根本就沒考慮工程力學、施工技術與施工成本。就因為裝修設計在表現這些創意時需受到一定的創意限制，所以當我教課時，我會跟學生講：室內設計可以是一門藝術，但不是純藝術。

業主對於設計師的創意美學的好惡因人而異，所以說哪個設計師的設計有創意或有藝術品味，都是個人的選擇。室內設計在台灣初興之時，是由一些留學國外的人士，或是一些有能力出國觀摩的人，模仿一些國外建築及室內設計，到現在你在路上看的的樣品屋設計也還是如此。因為「新奇」，所以給人一種新鮮感，也因為「少見多怪」，所以讓人感覺很有藝術感。

所謂藝術品味往往跟所謂的「匠氣」只在一線之隔，那是一種「近廟欺神」的心理，因為大常見、太普遍、太沒有新潮感，而讓人有一種匠氣的感覺。這就好像你看得懂「漢字」，你對他沒有神祕感，但你看到一堆看不懂的英文字，你會感覺他「好像」比較高雅一點。其實外國人也是這樣，所以才會有人把「買櫻花，送油網」的中文字刺青在胳臂上。

圖5-5-4　美人靠

有次我在上音樂課時，那老師正在介紹一部與交響樂有關的電影，他提到交響樂裡的「古典樂」，我很疑惑的請教老師：「什麼叫作古典樂？」老師的答案是：古代的流行音樂，時間久了就變成古典樂。相同的道理，室內設計也會有流行趨勢，可能流行哪種木材、木紋、方向、工法或者顏色，當設計創意是在一種合理的狀況下，他是一種經典風格，不然就會讓人感覺「退流行」。

在講求設計風格的這一問題上，就是看設計者個人對藝術的素養與知識，有人欣賞中國風，有人欣賞西洋美術，這些經典美學之所以能歷久不衰退，永遠都有追求者，就是奠基在合理的創意表現。他們不是老死不相往來的，並且透過適當的「混搭」而產生驚人的效果，例如香港半島酒店大量使用「中國元素」在他的家具擺設上。

他的道理很簡單，經過幾百年的沉澱，時間讓很多的器物加入了古典價值，當他擺脫流行的外衣時，他就不會跟所謂的「風格」產生衝突了。當然，你也可能不喜歡半島酒店的設計風格，這就是每個人對藝術的主觀判斷了。

附錄：裝修工程契約樣本

（一）內政部的契約範本

中華民國101年6月25日內政部台內營字第1010805614號公告

契約審閱權

本契約及簽約注意事項於中華民國____年____月____日經甲方攜回審閱。（審閱期間至少爲7日）

甲方簽章：

乙方簽章：

建築物室內裝修—工程承攬契約書範本

內　政　部　編

中華民國101年6月

立契約書人——消費者：＿＿＿＿＿＿＿＿（以下簡稱甲方）

業　者：＿＿＿＿＿＿＿＿（以下簡稱乙方）

乙方登記證書字號或專業證照字號：＿＿＿＿＿＿＿＿

茲因甲方委託乙方辦理室內裝修工程，經雙方同意訂立本契約，約定條款如下：

第一條　工程案名稱：＿＿＿＿＿＿＿＿

第二條　工程案地點：＿＿＿＿＿＿＿＿

第三條　工程範圍

設計、施工、圖說、文件規格應經甲方同意，乙方應按設計施工圖說文件、估價單及施工範圍說明書規範確實施工，其圖說文件及估價單如附件。

第四條　工程施工期限

自中華民國＿＿年＿＿月＿＿日起至中華民國＿＿年＿＿月＿＿日止（工程施工進度表如附表一）。

第五條　工程總價計新臺幣元（含稅），詳如估價單。

第六條　付款辦法

甲方付款方式應依下列規定辦理：

一、本契約簽訂日，甲方支付工程總價款＿＿%之簽約金，計新臺幣元（含稅）。

二、依附表一工程進行至＿＿＿時，甲方支付工程總價款＿＿%，計新臺幣元（含稅）。

三、依附表一工程進行至＿＿＿時，甲方支付工程總價款＿＿%，計新臺幣元（含稅）。

四、工程完工時，甲方支付工程總價款＿＿%，計新臺幣 元（含稅）。

五、全部工程驗收完畢並取得室內裝修合格證明後，甲方支付尾款＿＿%，計新臺幣＿＿＿元（含稅）。

六、上述各款付款，甲方應自乙方請款日起＿＿日（不得少於7日）內，以現金、即期票據、信用卡或雙方合意之方式支付；如甲方遲延給付者，應自遲延之日起按年利率百分之＿＿＿＿（最多不得超過5%）計算遲延利息給予乙方。

第七條　乙方告知事項

乙方應告知甲方下列事項：

一、建築物室內裝修設計或施工涉及固著於建築物構造體之天花板、內部牆面或高度超過一點二公尺固定於地板之隔屏或兼作櫥櫃使用之隔屏之裝修施工或分間牆之變更者，應申請審查許可。

二、裝修材料應合於建築技術規則之規定，且不得妨害或破壞防火避難設施、消防設備、防火區劃及主要構造。

前項告知不得減免乙方於本契約應負之義務及責任。

第八條　代辦及其他費用

乙方代辦及甲方負擔之其他費用應依下列規定辦理：

一、依法應辦理消防查驗或其他申請，由乙方代爲辦理時，其發生查驗費用及相關專業簽證費用，依約應由甲方負擔者，金額爲新臺幣＿＿＿元。

二、其他依法令應由甲方繳納之各項規費，應由甲方負擔者，甲方應於簽約時或約定於預定申請送件前＿＿＿日，全數預付，並於交屋時結清，憑單據核實多退少補。

第九條　甲方負責事項

甲方負責事項應依下列規定辦理：

一、乙方施工期間，有第三人就甲方之合法權源提出異議或阻礙進行者，應由甲方負責排除，否則乙方因此所受之損害應由甲方賠償。

二、本工程若由甲方供給材料而未能按期供應，或因他包配合工程而未能按期施工，致使乙方之工程進度遲延時，得依遲延日數延長本工程施工期限，其延長期間逾30日致乙方受有損害者，應由甲方賠償。

第十條　乙方負責事項

乙方負責事項應依下列規定辦理：

一、乙方應依本契約書、所附圖說文件及估價單施工，其有違反致甲方或其他第三人任何損害，乙方應負賠償責任。

二、乙方得依專業分工原則，將本工程分包給第三人承作，但不得將本工程轉包或全部分包予第三人承作。

三、乙方工程完成後應進行環境清潔，並將施工期間內造成公共設施之損害予以修復。

四、乙方應採取適當之安全措施，以避免發生損及他人生命、身體、健康或財產之事故；如遇有緊急事故，乙方應立即採取必要之措施，並儘速通知甲方。

五、乙方應遵守環境保護、勞工安全衛生等相關法規，並辦理有關工程意外保險及火災保險。

第十一條　工程變更

工程變更應依下列規定辦理：

一、本工程範圍及內容得經雙方同意後增減之，其增減部分如與本工程契約附件內所訂項目相同時，即比照該單價計算增減金額；其增減項目與本契約附件有所不同時，應由雙方議定其金額。由甲方簽認後施工，並用書面作爲本契約之附件。

二、增減工程價款之支付或扣減，雙方另行協議付款期程。

三、因甲方指示廢棄部分工程及已訂購之成品、半成品、材料，依本契約所訂購單價計算，由甲方收購之。

四、設計變更、工程變更致使局部或全部停工，其合理延展工程期限，由雙方協議之。

第十二條　工期展延

有下列情事之一影響工程進度，乙方得向甲方要求展延合理工期，其天數由雙方協議之：

一、甲方變更設計：包含施工前或施工中，甲方書面指示，要求變更原始設計、機能、空間尺寸、材料及施工方法等，而導致局部或全部停工。

二、不可抗拒之天災、人禍等因素。

三、因等候甲方確認之施工圖說文件，致局部或全部停工。

四、甲方爲配合其他工程之進行而指示局部或全部停工者。

五、非可歸責於乙方因素所致之延遲或停工者。

第十三條　工程驗收

工程驗收應依下列規定辦理：

一、本工程完工時，乙方書面通知甲方驗收，甲方應於書面通知送達之翌日起算10日內會同乙方進行驗收。如甲方無正當理由未於期間內會同驗收，經乙方再定相當期限催告，如仍未會同驗收者，推定完成驗收程序。

二、經驗收發現瑕疵部分，乙方應於甲方書面通知或驗收紀錄所協商約定之期限內修繕，並依前款方式通知甲方再行驗收；乙方未於修繕期限內完成修繕者，經甲方催告，乙方仍未完成修繕者，甲方得另委託第三人修繕，所生費用得由未撥付款項支應。

三、前二款規定，不妨礙甲方就工作物之瑕疵，依民法向乙方主張承攬瑕疵擔保、不完全給付或其他責任。

四、工作物之瑕疵經驗收完成後逾5年者，甲方不得主張。

第十四條　工程管理不當責任

乙方於工程施工期間，因工程管理疏失造成甲方或第三者之損失，損失之金額應由乙方負責賠償。

第十五條　提前使用

甲方提前使用應依下列規定辦理：

一、甲方對於已完成之工程，如有提前使用之必要，應會同乙方驗收完成後使用，且依前條約定完成驗收者，乙方得請領該部分工程全部費用。

二、甲方對於未完成之工程，得經乙方同意後使用。但因甲方使用致工程延宕，或造成工程瑕疵時，甲方應負其責。

三、甲方對使用部分負保管之責。

第十六條　違約之處理

甲方及乙方違約之處理應依下列規定辦理：

一、乙方違約：乙方如未於期限內完成工程者，乙方應按日以工程總價千分之一之遲延違約金給付甲方。本罰款得由甲方於應付乙方之工程款中扣除，乙方不得異議。但因甲方之因素或不可歸責於乙方之事由而遲延者，不在此限。

二、甲方違約：甲方未依約定付款時，經乙方書面定相當期間催告履行，仍不履行付款者，乙方得停止工程之進行，俟甲方付款後再行復工，其停工之日數不計入工程期限，完工期限亦應順延。因而終止契約時，乙方得自已收之價款抵償已完成工作之報酬，差額得向甲方追償。

第十七條　契約解除

甲乙雙方於一方有下列情形之一者，他方得解除本契約：

一、乙方簽約後，無正當理由遲未依第四條約定期限進場施工，超過約定期限30日以上者。

二、甲方無正當理由遲未交付場地，致乙方無法進場施工。

第十八條　契約終止之事由

甲方及乙方契約終止應依下列規定辦理：

一、甲方之終止權：

（一）本契約工程未完成前，甲方得以書面終止契約，但應賠償乙方因契約終止而產生之損害。

（二）乙方有下列情形之一者，甲方得以書面終止本契約：

1.因可歸責於乙方之事由致未能依第四條規定施工期限完成工作，經甲方書面催告逾15日仍無法完成者。

2.乙方未依相關法規及雙方協議內容辦理，並無法在議定時間內辦理完成，經甲方書面催告逾15日，乙方仍無法完成者。但乙方有正當理由者，不在此限。

3.違反第十條第二款但書規定，將本契約工程轉包或全部分包給第三人承作者。

二、乙方之終止權：

因可歸責於甲方之事由致甲方遲延給付乙方之工程費用，經乙方書面催告逾15日，仍未給付者，乙方得以書面終止本契約。

第十九條　契約終止之結算

甲方及乙方契約終止結算應依下列規定辦理：

一、不可歸責於甲方之終止，應依下列方式結算相關費用：

（一）已施作之工程經雙方驗收同意者依估價單內項目及單價結算。

（二）已預先訂購之成品與半成品、材料由乙方自理，甲方毋須支付費用。甲方若願收購，則由雙方協議價購。

二、可歸責於甲方之終止，應依下列方式結算相關費用：

（一）已施作之工程經雙方驗收同意者依估價單內項目及單價結算。

（二）已預先訂購之成品與半成品、材料，依估價單項目單價計算之，由甲方收購。

第二十條　權利讓與及義務承擔

甲乙雙方未經他方書面同意，不得將本契約讓與第三人。但依第十條第二款專業分工之分包原則辦理者，不在此限。

第二十一條　所有權

本契約工程所有乙方自備之裝修材料未固定前，在甲方尚未付清工程款前，其所有權歸乙方所有。但該材料甲方已付款者，不在此限。

第二十二條　保固期限及範圍

乙方對於施作之工程，應自驗收完成之日起負保固一年，在保固期間內非可歸責於甲方之損壞者，乙方應無條件照圖說文件負修復之責。但因不可抗力及材料自然之因素，或甲方使用不當、未善盡保管之責所造成之損害及消耗性物品（如燈泡等），不在此限。

第二十三條　通知送達

本契約雙方所爲之通知辦理事項，以書面通知時，均依本契約所載之地址爲準，如任何一方遇有地址變更時，應即以書面通知他方，其因拒收或無法送達而遭退回二次者，以最後退件日推定已依本契約受通知，雙方仍宜以簡訊（電子郵件或其他約定方式）告知他方此通知之事由。

第二十四條　爭議處理

因本契約發生之爭議，雙方得於直轄市、縣（市）政府消費爭議調解委員會、鄉（鎮、市、區）公所調解或法院調解，或依下列方式擇一處理：

□除專屬管轄外，以標的物所在地之法院爲第一審管轄法院。但不排除消費者保護法第四十七條或民事訴訟法第四百三十六條之九小額訴訟管轄法院之適用。

□依仲裁法規定進行仲裁。

第二十五條　附件效力及契約分存

契約附件均爲本契約之一部分；附件牴觸契約，以契約爲準。本契約正本貳份，由雙方各執乙份爲憑，並自簽約日起生效。

第二十六條　未盡事宜之處置

本契約有未盡事宜者，依相關法令及平等互惠與誠實信用原則協議之。

立委任契約書人

甲　　方：

負 責 人：

統一編號或國民身分證統一編號：

地　　址：

電　　話：

乙　　方：

負 責 人：

統一編號：

地　　址：

電　　話：

中華民國　　　　年　　　　月　　　　日

工程承攬契約書附件

■附表「整體工程施工預定進度表」（請參閱簽約注意事項八、付款約定）

1. 需說明工程施工順序，包括但不限於各主要工種進場施工期間，例如牆壁、天花板、地板、表面裝飾材（例如油漆、壁紙）、燈具、廚俱、傢俱、衛浴設備……等工程其完成預定時間。

2. 註明配合階段完工之請領工程款之節點及其時間。

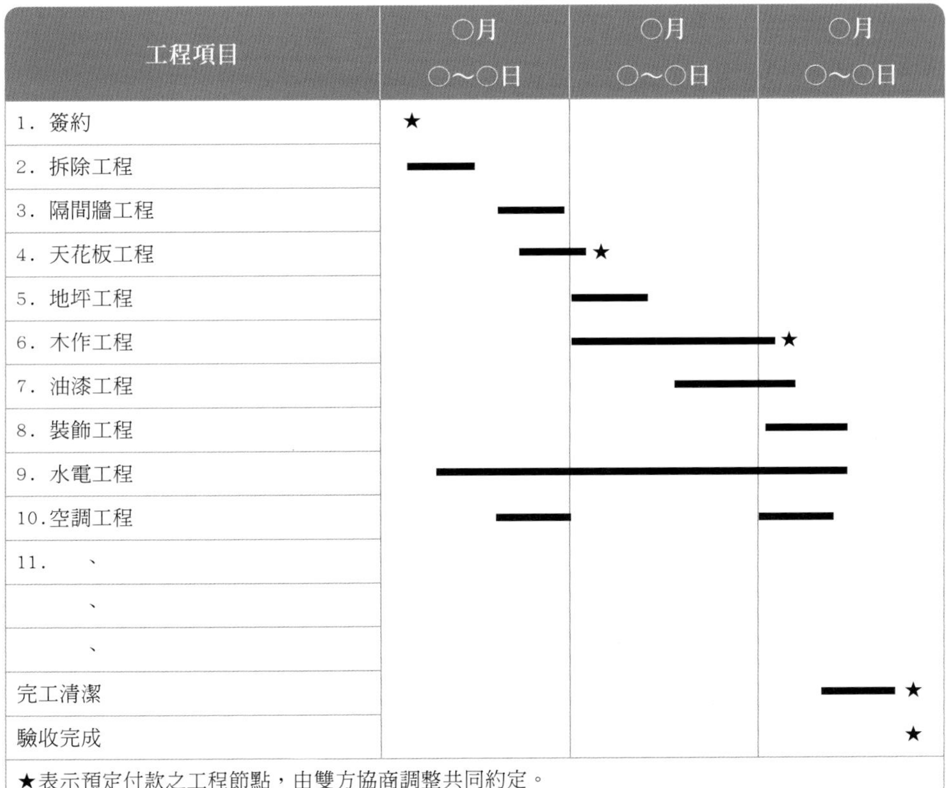

工程項目	○月 ○～○日	○月 ○～○日	○月 ○～○日
1. 簽約	★		
2. 拆除工程			
3. 隔間牆工程			
4. 天花板工程		★	
5. 地坪工程			
6. 木作工程			★
7. 油漆工程			
8. 裝飾工程			
9. 水電工程			
10.空調工程			
11.　、			
、			
、			
完工清潔			★
驗收完成			★
★表示預定付款之工程節點，由雙方協商調整共同約定。			

註：本表係以約100平方公尺至300平方公尺內一般住宅規模之階段流程製作，僅供參考。

（二）筆者修改的簡易裝修工程合約樣本

（以下簡稱甲方）

閣騰室內裝修工程設計有限公司（以下簡稱乙方）

甲乙雙方業經審酌議定由甲方委託乙方裝修工程乙案，依約所定，設計、承覽裝修工程施工。承攬之工程茲訂合約條款如下：

一、工程依據：以乙方所列施工估價單之估算項目、材料、數量、單價，經由甲乙雙方簽字同意之估價單及施工圖說之設計圖為依據。

二、工程名稱：

三、工程期限：自民國年月　　日開工起，至民國年　　月　　日止，共計　　工作天完成。（開工期程因可歸責於甲方之拖延，其工作期限依開工日順延，其因延誤開工所造成不可預期之施工能力改變，因此所造成之施工延誤由甲方負責）

四、工程總價：新臺幣　億　仟　佰　拾　萬　千　百　拾　元整。

五、付款方式：以現金支付（以下以新臺幣為單位）。

1.簽約時付款40%計：　　元。

2.第一期工程款付款30%計：　　元。

以工程施工進度完成為支付本期工程款日。

3.第二期工程款付款20%計：　　元。

以工程施工進度完成為支付本期工程款日。

4.完工驗收付款10%計：　　元。

工程完工之定義為本承攬項目施作完成（不含臨時追加工程），其若有工程之品質認定，以本業施工慣例為標準;或以公共工程之施工規範為標準。在工程可做為瑕疵擔保及瑕疵或缺失為可修復、改善的實際認定時，乙方提出相對的工程保留款為保證，其餘尾款，應以工程完工結算。

經收款註記

	工程進度	收款日期	金　額	簽　章
簽約款				
第一期				
第二期				
第三期				
追加款				
尾款				
合計				

六、增減工程：本工程範圍得經雙方同意，在可能修改的範圍及施工進度合理下進行工程之增減。其所增減之工程項目為本合約已估算之施工項目時，以原估價單的單價做為計價。增加之施工項目如為新增施工項目，由乙方提出施工報價，經甲方同意後始得進行增加工程之施工。已完成之工程，非歸責於乙方施工之瑕疵或錯誤，其施工變更所減損之數量，應依已完工之工程項目計算。

因工程之追加，致使施工期程改變，應有效延長施工期限，甲方不得以乙方配合不力為工程期限之主張。

施工圖說經甲方審閱無誤，並經乙方作應有之解說，甲方不得以不了解、看不懂施工圖的施工內容為藉口，要求修改已施作或已委託訂製之施工項目。如因此所造成之施工損失概由甲方負責。

工程之追加逾本合約總價之5%時，甲方需預付追加工程部分50%之工程費用，其餘工程價款不得保留於本合約之工程尾款。

七、合約效力：本工程合約之效力於雙方依合約內容完成合約標的之給付完成，合約中止。但有以下情況發生時，可視為違約而中止合約效力：

1.甲方未依約支付工程期款。

2.甲方所之支付之標的未如合約之約定。

3.乙方沒有執行合約標的之能力。

4.因發生不可預期而影響工程之施工事件時，致雙方無法執行本合約。

本合約之一部分失效時，不影響本合約之全部。

八、工程驗收：概由乙方書面通知甲方驗收（如以電話通知，其錄音視為有效證據），甲方須於受通知時起三日內應盡甲方驗收工程之責任；就實據施工內容驗收工程。並應於驗收後的五日內，就施工品質、數量、項目等問題，以書面明列改善清單通知乙方。乙方須於受到書面通知即刻修復。

甲方所提前述書面改善清單以貳次為限，除乙方不能就甲方所提之瑕疵改善外，乙方所改善之瑕疵修復品質以本合約之工程估算為品質認定，其認定需符合市場行情及本業慣例，不得藉詞推託工程尾款之支付或工程驗收。

九、罰則：乙方在不能歸責甲方而工程延誤時，應於工程期限起，按日以工程總價之千分之一計算違約金。於工程尾款中扣除，乙方不得異議。但工程因有追加工程施工而致使施工期程改變時，應另議，甲方不得就此一情形為工期延誤之主張。

十、工程保固：本工程應由乙方在完工後一年內予以保固，所有在保固期限內發現之工程瑕疵，如屬於乙方施工不良或使用材料不佳所致者，由乙方無償修復。又如屬於甲方不當使用者，應酌量付予工料費。

本項條款，甲方不得要求乙方提供擔保之主張。

十一、合約轉讓：本合約之權利不得轉讓。乙方居於施工慣例之工程分包，其責任概由乙方負責，不視為合約之轉讓。

十二、上列條款已具法律效果必須甲乙雙方信守，就本合約所生之訴訟，甲乙雙方同意以台灣新竹地方法院為第一審管轄法院。

十三、本合約及其附件自簽約之日起生效，至全部工程完工驗收併付清尾款之日止失效。

十四、本合一式兩份，甲乙雙方各執一份。

立約人甲方：

負責人或代表人：

地址：

電話：

立約人甲方：

公司名稱：

負責人：

地址：

電話：

中華民國　　年　　月　　日

國家圖書館出版品預行編目資料

當個快樂的裝修主人／王乙芳著.--初版.--臺北市：書泉,2014.03
面：公分
ISBN 978-986-121-891-5（平裝）
1.房屋建築 2.施工管理
441.52 102027227

3M63 **當個快樂的裝修主人**

作　　者 — 王乙芳　著(16.5)
文字校對 — 馬蕾茵、黃燦馥
發 行 人 — 楊榮川
總 編 輯 — 王翠華
副總編輯 — 蘇美嬌
責任編輯 — 邱紫綾
封面設計 — 果實文化設計
出 版 者 — 書泉出版社
地　　址：106台北市大安區和平東路二段339號4樓
電　　話：(02)2705-5066　傳　　真：(02)2706-6100
網　　址：http://www.wunan.com.tw
電子郵件：shuchuan@shuchuan.com.tw
劃撥帳號：01303853
戶　　名：書泉出版社

台中市駐區辦公室/台中市中區中山路6號
電　　話：(04)2223-0891　傳　　真：(04)2223-3549
高雄市駐區辦公室/高雄市新興區中山一路290號
電　　話：(07)2358-702　傳　　真：(07)2350-236

法律顧問　林勝安律師事務所　林勝安律師

出版日期　2014年3月初版一刷
定　　價　新臺幣480元

總經銷：朝日文化
進退貨地址：新北市中和區橋安街15巷1號7樓
TEL：(02)2249-7714 FAX：(02)2249-8715